U0377785

TURING

图灵教育

站在巨人的肩上

Standing on the Shoulders of Giants

TURING

图灵教育

站在巨人的肩上

Standing on the Shoulders of Giants

TURING 图灵程序设计丛书

DOCUMENTATION LIVING

活文档

与代码共同演进

[法] 西里尔·马特雷尔 (Cyrille Martraire) —— 著

黄晓丹 —— 译

人民邮电出版社

北　京

图书在版编目（CIP）数据

活文档：与代码共同演进 / (法) 西里尔·马特雷尔 (Cyrille Martraire) 著；黄晓丹译. -- 北京：人民邮电出版社，2021.2（2021.11重印）
（图灵程序设计丛书）
ISBN 978-7-115-55379-9

Ⅰ. ①活… Ⅱ. ①西… ②黄… Ⅲ. ①程序语言-程序设计 Ⅳ. ①TP312

中国版本图书馆CIP数据核字（2020）第230827号

内 容 提 要

这是一本活文档参考指南，教你如何像写代码一样有趣地持续维护文档。

书中系统地阐述了计算机软件开发各个阶段中文档写作的步骤、内容、方法、工具、特点和要求，详尽指导软件开发人员和文档开发工程师写出规范的文档，包括软件文档的概念和内容，软件文档编写的原则和步骤，软件文档的管理和维护，可行性研究报告、软件需求报告、软件测试计划等文档的写作方法和写作技巧。

本书适合软件开发人员和软件文档开发工程师阅读，也可作为高等院校的软件工程参考书。

◆ 著　　　 [法] 西里尔·马特雷尔（Cyrille Martraire）
　　译　　　 黄晓丹
　　责任编辑　杨　琳
　　责任印制　周昇亮

◆ 人民邮电出版社出版发行　　北京市丰台区成寿寺路11号
　　邮编　100164　电子邮件　315@ptpress.com.cn
　　网址　https://www.ptpress.com.cn
　　北京虎彩文化传播有限公司印刷

◆ 开本：800×1000　1/16
　　印张：20.5　　　　　　　　 2021年 2 月第 1 版
　　字数：508千字　　　　　　　 2021年11月北京第 2 次印刷
　　著作权合同登记号　图字：01-2019-6584号

定价：109.00元
读者服务热线：(010)84084456-6009　印装质量热线：(010)81055316
反盗版热线：(010)81055315
广告经营许可证：京东市监广登字 20170147 号

版 权 声 明

Authorized translation from the English language edition, entitled *Living Documentation*, by Cyrille Martraire, published by Pearson Education, Inc., Copyright © 2019 Pearson Education, Inc.

All rights reserved. No part of this book may be reproduced or transmitted in any form or by any means, electronic or mechanical, including photocopying, recording or by any information storage retrieval system, without permission from Pearson Education, Inc.

CHINESE SIMPLIFIED language edition published by POSTS & TELECOM PRESS CO., LTD., Copyright © 2021.

本书中文简体字版由 Pearson Education Inc. 授权人民邮电出版社独家出版。未经出版者事先书面许可，不得以任何方式或途径复制或传播本书内容。

本书封面贴有 Pearson Education（培生教育出版集团）激光防伪标签，无标签者不得销售。

版权所有，侵权必究。

献给我的妻子 Yunshan，以及我们的孩子 Norbert 和 Gustave。

推　荐　序

我们是否听够了这样的抱怨？

- □ 我要维护的遗留系统乱得一团糟，像迷宫一样找不到出路。文档都是错的，开发这个系统的人早溜了，根本没法维护！
- □ 写的是什么烂代码！简直恶臭难闻，当初写代码的人到底是干什么吃的？
- □ 压根儿就没有自动化测试，每改一处代码都要小心翼翼，就怕不小心踩到雷啊！
- □ 架构师是专门做 PPT 的吗？画了这么多漂亮的设计图，对开发实现却没什么参考价值！
- □ 敏捷不是不提倡写文档吗？怎么还让我天天写文档写到吐！关键是写了文档也没人看，简直是浪费！

或许深谙开发工作的老鸟会风轻云淡地说："淡定，淡定！哪个系统不是这样开发的呢？只要需求总在变化，这些问题就是不得不存在的技术债，慢慢还吧！"说罢，继续为了追求进度疯狂写代码，制造更多总也偿还不完的技术债。直到有一天，当他接手这样一个满目疮痍的软件系统时，也开始了比以上抱怨还要激烈的哀嚎！

如果说开发新系统是一项高难度的工作，那么维护旧系统要比这难上一百倍！如果说编写新代码是一件痛苦的事儿，那么写文档要比这痛苦一百倍！俗语说："虱子多了不咬，债多了不愁！"哪个开发人员不是扛着一堆债务还要冲锋陷阵呢？然而当肩负了太多技术债时，真的就不愁吗？与其被动地承受痛苦，为何不主动向冗长乏味的无用文档、恶臭难闻的烂代码、迷宫一般无解的遗留系统发起进攻呢？

可有决心发起进攻？倘若你真的愿意，请带上本书，它将是助你冲锋陷阵的冲锋枪与防弹衣，因为打造攻防两端的有力武器就是活文档！

我最初接触到活文档这个概念，是在 ThoughtWorks 做交付项目的时候。当时，我刚刚加入一个大型项目，被项目经理安排到验收测试组，每天负责编写 Cucumber 验收测试。对于每个验收测试，我都按照 Specification 的方式编写。由自然语言组成的测试文档，不仅帮助我们梳理了业务需求，还有效地保护了实现代码。

我做得最为成功的一个项目则严格实践了 BDD，那是为北美一家医疗行业的头部企业开发医疗内容管理系统。当作为开发人员的我领取到用户故事时，团队的需求分析人员与测试人员已经就该用户故事写好了验收测试，而我们的目标是让覆盖了完整业务场景的验收测试从红色变成绿色。在实现层面，我们通过结对按照 TDD 的节奏进行：分解任务，编写单元测试，让单元测试通过，重构，然后编写下一个测试……生活继续！

为了追求开发进度，在几个迭代中我们渐渐放松了验收测试的要求。为了尽快将任务卡挪到"已验收"，我们对验收测试的完成采取睁一只眼闭一只眼的态度。没想到惩罚很快就来了！需求变更让我们的修改变得战战兢兢，持续集成的反馈变得不再准确，总是营造出"假装通过"的错觉。幸好，我们在回顾会议上及时发现了这一问题。为了要求开发人员必须实现验收测试，我们甚至调整了看板，在"开发完成"与"测试中"两列之间，特地引入了"验收测试已完成"列。没有完成验收测试，就没有接受手工测试的资格，也就无法交付。

效果不用多说：整个项目的迭代与交付几乎没有延迟；每次演示的功能都让客户感到满意；代码质量高；团队的进度平稳进行，氛围轻松惬意，没有劳心劳力的高强度加班，也没有制造惊心动魄的意外惊喜；技术债虽然存在，但我们总能及时偿还！

阅读本书时，我又回忆起这一成功的项目经历。该项目以及其他成功项目推行的最佳实践在本书都有所体现。本书就像一座宝藏，包含诸多项目取得成功的秘诀，只要你愿意付出成本去学习和接受它们：

- ❑ 如何通过活需求说明推进 BDD 或者 ATDD；
- ❑ 如何通过活文档表现领域知识，并对活知识进行管理；
- ❑ 如何让文档变得自动化，变得能够运行；
- ❑ 如何让文档与代码、设计和架构共同演进。

显然，本书提及的内容已经超越了文档，甚至超越了最初由 Gojko Adzic 提出的"活文档"概念涵盖的范畴。尤为可喜的是，作者将活文档与领域驱动设计结合起来，详细描述了如何让活文档遵循通用语言，并为此建立"活词汇表"，真实而完整地传递领域知识，并且介绍了如何通过注解（annotation）去表达限界上下文、领域服务、聚合等领域驱动设计的要素和模式。这一理念恰好和我提出的菱形对称架构的角色构造型不谋而合——在我的领域驱动设计项目中，正好通过定义诸如@Remote、@Local、@DomainService、@Aggregate、@Port 和@Adapter 等注解，用以描述角色构造型。这不由得让我生出遇见知音的喜悦之情。

当然，本书对注解的运用不仅限于此。作者提倡"使用注解编写文档"，此时"注解不只是标签"，"使用注解来阐明源代码语义的代码库将成为机器可以解释的数据网"，还可以用注解来"描述决策背后的依据"，支持所谓的"嵌入式学习"。

本书提及的可视化活文档的实践更是给我们打开了一扇崭新的窗户。不是死板的代码逆向工程，而是通过运用诸如 Graphviz 这样的工具，形成活图表来清晰、直观地呈现软件系统的设计质量与编码质量，如通过代码自动生成六边形架构图、上下文映射图和业务领域概览图等。这些活图表实际上就是活架构文档的重要组成部分。

本书提出了太多真知灼见！乍一看，与传统的软件工程观点相比，一些建议显得有些离经叛道，甚至可能颠覆开发人员沿袭多年的工作习惯。因此，阅读本书需要怀有空杯心态，主动拥抱理念上的变化，然后精炼书中的内容，有选择地推行到自己的团队。软件开发讲究团队精神，一个人的改进抵御不了整个团队坏习惯的侵袭。只有大家都愿意为活文档的创建与演进添砖加瓦，活文档才能展现它推动快乐编程的魅力与"杀敌制胜"的威力。

　　在阅读本书时，我已经迫不及待地在团队推行了一些小小的变革，譬如通过改进 README 文件建立常青文档，引入 DSL 改进代码的可读性，引入提交变更的类型让代码的提交信息更加规范、具备自说明能力。我也正在考虑为领域驱动设计角色构造型引入可视化活文档的实践。总之，我在许多交付项目中已经尝到了活文档的甜头。在读完本书后，我更加坚定地选择为团队引入更多活文档实践。那么，睿智如你，还犹豫什么呢？

张逸

领域驱动设计布道师，《解构领域驱动设计》作者

2021 年 1 月 5 日写于冬日暖阳中的蓉城

推 荐 语

"活文档是开发思维右移（基础设施即代码）、左移（需求即代码）的具体表现。本书不局限于让需求文档变得可执行，介绍详细的落地实践，还扩展到了活设计、活架构，让设计与代码、需求同步演进，并将活文档上升到知识开发、知识增强和管理层次，满足了软件研发的知识工程需求。本书有故事，有幽默感很强的插图，更有丰富的实例，极大提升了阅读体验。"

——朱少民，《全程软件测试》《敏捷测试》作者，QECon 大会发起人

"文档在软件工程中有着不可替代的作用，文档质量是衡量软件团队成熟度的一把标尺。但在实践中，很多程序员不愿意写文档。本书针对文档问题分享了很多新方法和新思维，值得一读。"

——张银奎，格蠹科技创始人，《软件调试》《格蠹汇编》作者

"让 BDD 落地一直是非常困难的事情。活文档是 BDD 的重要产出物之一，也是促使 BDD 落地的重要因素之一。本书系统讲解活文档的各个方面，深入浅出地从理论讲到实践，是一本很好的活文档实施案头参考书。"

——刘冉，ThoughtWorks 首席测试与质量咨询师

前　言

我从未想过要写一本关于活文档的书，甚至没想过这个话题值得写一本书。

很久以前，我就有一个宏伟的梦想，希望能开发一些工具，它们能理解我们在编码时做出的设计决策。几年来，我花了大量闲暇时间试图构思一个框架来实现这个梦想，却发现打造一个适合所有人的框架非常困难。尽管如此，每当发现这种想法有助于我正在实施的项目时，我就会尝试。

2013 年，我在 Øredev 开发者大会上就重构需求说明发表了演讲。演讲结束时，我提到了一些一直在尝试的构思，结果人们对活文档概念给出了热烈反馈，这令我非常惊讶。那时，我才意识到人们可能需要更好的方法来编写文档。从那以后，我又在其他一些场合做了类似的演讲，收到的反馈源源不断：关于文档、如何改进文档，以及如何无须人工介入即可实现实时和自动化文档。

活文档这个术语由 Gojko Adzic 在《实例化需求：团队如何交付正确的软件》①一书中引入。该书将它作为实例化需求说明的优势之一。对于一个不局限于需求说明的概念来说，活文档是个好名称。

关于活文档，我有很多想法想与大家分享。我将所有已经试过的想法列了一个清单，并写下了我从中学到的与这个主题相关的其他内容。更多的想法则来自其他人，包括我现实生活中认识的人以及我通过 Twitter 认识的人。想法越来越多，所以，我决定将它们编辑成书。我相信，与其提供一个现成的框架，不如用一本书来帮你快速创建和自定义解决方案来编写你自己的活文档。

本书主题

《实例化需求：团队如何交付正确的软件》一书介绍了活文档的概念，其中用于文档编写的一个行为示例促成了自动化测试。只要测试失败，就表示文档与代码不同步，你就能快速修复它。这个想法表明我们可以编写出有用的文档，它们不再是"发布即过时"的。但是，我们还能做得更多。

---

① 该书已由人民邮电出版社出版，详见 ituring.cn/book/837。——编者注

本书拓展了 Gojko 的活文档概念，包含一种能与项目的业务目标、业务领域知识、架构和设计、流程和部署等方面的代码同步发展的文档。

本书结合了一些理论和实践，并配有插图和具体示例。你将学习如何开始编写始终保持最新的文档。此外，由于精心设计的工件和合理的自动化程度，这种文档需要额外投入的成本极低。

你将发现你可以兼顾软件开发和文档维护。

目标读者

本书的主要目标读者为软件开发人员，以及任何不怕在源代码控制系统中阅读或使用代码的人。本书以代码为中心，适用于开发人员、编码架构师以及懂代码的高层人员。通过那些修改源代码并将文件提交到源代码控制系统的开发人员的视角，本书还解决了其他干系人（从商业分析师到管理人员）的一些需求。

本书并不介绍如何生成用户文档。撰写用户文档需要技术写作等技能，而这并非本书讨论的主题。

阅读建议

本书讨论的是活文档，并呈现了相关模式之间的网状关系。每个模式独立存在，你可以单独阅读。然而，为了在上下文中完全理解并正确定位每个模式，你通常还需要查看相关的模式。在本书的网站上，你可以找到模式图表，它们说明了模式之间的一些关系。

本书内容循序渐进，从管理知识问题，到从 BDD（Behavior-Driven Development，行为驱动开发）中获得的灵感，到一些基础理论，再到知识变化的不同速度和相应的文档技术。然后，它又进一步扩展，重点关注架构和遗留系统的应用，以及如何在你的环境中引入活文档。

建议你从第 1 章开始阅读，确保掌握了第 3 章和第 4 章的关键概念之后，再阅读第 5 章到第 9 章（其中介绍了一些通用的实用技巧），然后阅读第 10 章来转变观点。第 11 章到第 14 章介绍了更具体的主题并提供了额外的示例。

有些人喜欢从头到尾阅读本书。但是，你也可以随意浏览或深入研究某个特定领域，并以任意顺序阅读。

本书内容

第 1 章 "重新思考文档" 从根本上重新审视文档，为本书其余内容奠定基础。

第 2 章 "BDD：活需求说明的示例" 描述了 BDD 如何成为活文档背后的关键灵感，尽管 BDD 本身并不是本书的核心主题。

第 3 章"知识开发"和第 4 章"知识增强"为其他实践构建奠定了基础，具体讨论了提取已有的知识，以及用缺少的内容来增加知识。

第 5 章"活知识管理：识别权威性知识"强调知识是不断变化的，展示了如何通过管理将这样的知识为我们所用。

第 6 章"自动化文档"详述了如何将知识同步转化为文档和图表，使其能反映知识的每个变化。

第 7 章"运行时文档"是前一章的延伸，讨论了如何使用仅在运行时才能访问的知识。

第 8 章"可重构文档"以代码为中心，重点描述如何使用开发工具来使文档保持最新状态。

第 9 章"稳定文档"探讨了这样一种观点，即对于不变的知识，你不需要使用活文档技术，并讨论了如何更好地记录这类知识。

第 10 章"避免传统文档"介绍了一种更加叛逆的观点，重点描述文档的替代方法。

之前的章节都在介绍如何通过设计改进文档，第 11 章"超越文档：活设计"则介绍如何通过关注文档帮助你改进设计本身。

第 12 章"活架构文档"将活文档理念应用于软件架构，并讨论了一些特殊技术。

第 13 章"在新环境中引入活文档"指导如何在你的环境中引入活文档。这基本上是一种社会性挑战。

因为遗留系统不可避免，所以第 14 章"为遗留应用程序编写文档"介绍了一系列特定的模式，用于处理这些"难啃的"遗留系统。

"补充知识：显而易见的文档"介绍了一些实用的建议，可以使你的文档更加引人注目，从而让你所有的活文档计划更为有效（内容见图灵社区本书页面 ituring.cn/book/2555）。

"活文档模式图表"将活文档的模式做成了图表，便于你深刻认识模式之间的一些关系（内容见图灵社区本书页面）。

致　　谢

首先要特别感谢我的官方审稿人 Rebecca Wirfs-Brock、Steve Hayes 和 Woody Zuill。他们在很短的时间内审阅了我的文稿并提出了深刻的修改意见，帮助我更好地改进和组织了材料。

非常感谢 Pearson 团队，他们是：开发编辑 Chris Zahn，我有幸经常与他合作；出版人 Mark Taub，他负责了本书的整个出版流程；Kitty Wilson 对本书进行了细致的文字编辑；还有 Tonya Simpson，非常高兴在整个项目里与你一起工作。我还要感谢执行编辑 Chris Guzikowski，他在 2016 年让 Pearson 公司签下了本书。

本书的概念都来自一些我非常尊重的人。Dan North、Chris Matts 和 Liz Keogh 提出了 BDD（Behavior-Driven Development，行为驱动开发）实践，它是活文档在工作中的最佳示例之一。Eric Evans 在《领域驱动设计：软件核心复杂性应对之道》一书中提出了许多概念，这些概念又促成了 BDD。Gojko Adzic 在《实例化需求：团队如何交付正确的软件》一书中提出了**活文档**一词。在本书中，我将详细阐述这些概念并将其推广到软件项目的其他领域。DDD（Domain-Driven Design，领域驱动设计）强调了该思想在项目的生命周期中是如何发展的，而且它的支持者建议统一领域模型和代码。同样，本书也建议统一项目工件和文档。

模式运动及其作者（以 Ward Cunningham 和 Kent Beck 为首）让我们明白，通过参考那些已经在程序模式语言（PLoP）会议上发布或介绍过的模式，可以编写出更好的文档。

Pragmatic Programmers①、Martin Fowler、Ade Oshyneye、Andreas Rüping、Simon Brown 和其他许多作者已经就如何以更好的方式编写更好的文档总结了宝贵的经验。Rinat Abdulin 最先描述了活图表，也是创造了这个术语的人。谢谢你们所有人！

非常感谢 Eric Evans 与我进行的所有讨论（尽管大部分讨论与本书无关）以及提出的建议。

还要感谢 Brian Marick 与我分享了他在可见工作方式（visible working）领域的工作。鼓舞和激励很重要，与 Vaughn Vernon 和 Sandro Mancuso 就写书进行的讨论确实令我获益良多。谢谢两位！

有些讨论非常重要，尤其是那些催生新想法、加深理解或令人兴奋的讨论。感谢 George Dinwiddie、Paul Rayner、Jeremie Chassaing、Arnauld Loyer 和 Romeu Moura 与我进行的所有激动

---

① 这里指《程序员修炼之道》（*The Pragmatic Programmers*）一书的作者 Andrew Hunt 和 David Thomas。——译者注

人心的讨论，同时也感谢你们与我分享自己的故事和经历。

通过本书的写作，我尽可能地收集了大家的想法和反馈，尤其是在软件开发会议的开放空间会议期间。Maxime Sanglan 和 Franziska Sauerwein 给了我第一个反馈，令我深受鼓舞。谢谢你们！在一些会议或非会议场合（例如，Agile France、SoCraTes Germany、SoCraTes France、CodeFreeze Finland、Meetup Software Craftsmanship Paris 圆桌会议，以及 Arolla 公司在晚上举办的几次 Jams of Code 比赛等），我都做过关于活文档的演讲，感谢所有参与者。

有一段时间，我一直在不同会议上做演讲，但讲的都是业内已广泛接受的实践。对于像活文档这样更为新颖的内容，我还必须测试不同受众的接受程度。感谢第一批冒着风险选择这个主题的会议，包括巴黎的 NCrafts 会议、伦敦的 Domain-Driven Design eXchange 会议、波尔多的 Bdx.io 会议和布加勒斯特的 IT.A.K.E 会议。感谢你们主办了最初几届相关讲座或研讨会，从中获得的大量反馈激励我更努力地创作本书。

很幸运，我在 Arolla 公司有一群非常热心的同事。感谢你们对本书的贡献并做了本书的第一批读者，特别是 Fabien Maury、Romeu Moura、Arnauld Loyer、Yvan Vu 和 Somkiane Vongnoukoun。Somkiane 建议我在书中加一些故事，使内容读起来不那么乏味，这是本书收到的最佳改进建议之一。感谢法国兴业银行企业与投资银行部（SGCIB）Craftsmanship 中心的所有指导人员，感谢他们在午餐时与我进行的所有讨论和提出的想法，以及他们对改进我们的软件开发方法的热情。特别感谢 Gilles Philippart（我在本书中多次提及他的想法）、Bruno Boucard 和 Thomas Pierrain。

还必须感谢 Clémo Charnay 和 Alexandre Pavillon，他们为 SGCIB 商品贸易部门信息系统中的一些实验想法提供了早期支持，还要感谢 Bruno Dupuis 和 James Kouthon 使这些想法成为现实。本书中的许多想法已经在我以前合作的公司中尝试过了，包括 SGCIB 的商品部门、Sungard Asset Management 的 Asset Arena 团队、Swapstream 的所有员工、CME 的同事，等等。

感谢 Café Loustic 和那里所有优秀的咖啡师。这是一个非常适合作家写作的地方，我在那里写了很多章节，带给我动力的通常是来自 Caffenation 的埃塞俄比亚单一产地咖啡。感谢我的爸爸和妈妈，是你们鼓励我追求自由的灵魂。最后，感谢我的妻子 Yunshan，在本书写作过程中，她一直给予我支持和鼓励。非常重要的是，你画的那些可爱图片使得阅读本书成为一种愉快的体验！亲爱的，你的支持极为重要，我会像你支持我写作本书一样去支持你的项目。

目 录

第 1 章　重新思考文档

忘了文档吧。将你的注意力放在软件开发速度上。你想更快地交付软件，这不仅是指当下能快速交付，还指能长期持续地快速交付；也不仅是指你能快速交付，还指整个团队或公司都能快速交付。

更快地开发软件需要更高效的编程语言和框架、更好的工具和更高水平的技能。但行业在这些方面取得的进展越多，我们就越需要关注其他瓶颈。

开发软件不仅需要使用技术，还需要基于知识做出大量决策。当知识储备不足时，你必须学习经验并与他人合作来获取新的知识。这个过程需要时间，同时也意味着这种知识昂贵且富有价值。快速交付其实就是能在需要新知识时更快速地学习，或者能在已有的知识储备中快速找出有价值的知识。下面，我们用一个小故事来说明这一点。

1.1　一则来自活文档世界的故事

我们先讲一个故事。想象一个软件项目：你需要开发一个新的应用程序，作为公司大型信息系统的一部分。假设你是该项目的开发人员，任务是为新的忠实客户提供一种新折扣。

1.1.1　为什么需要这个功能

你见到了营销团队的 Franck 和专业测试员 Lisa。你们三个人开始讨论这个新功能，提出问题，并找了一些具体的例子。Lisa 问："为什么需要这个功能？"Franck 解释说，根本原因是为了奖励新的忠实客户，以游戏机制提高客户留存率。同时，他提供了维基百科上关于这个主题的链接。Lisa 记下了主要观点和场景。

这一切都进行得很快，因为大家围坐在一起，沟通很容易。此外，因为使用了具体的例子，所以那些一开始不太清晰的需求也更容易理解和阐明了。所有需求都清楚之后，每个人回到自己的办公桌前开始工作。接下来轮到 Lisa 写下最重要的场景并发送给每个人了（上次，这是 Franck 的工作）。收到场景后，你就可以开始写代码了。

在你以前的工作经历中，工作流程不是这样的。以前，团队之间的沟通靠一些难以理解而且描述模糊的文档。现在，看着这些场景，你笑了。你很快将第一个场景转化为自动验收测试，观察它是否失败，然后根据测试结果修改代码，一直到测试结果显示为绿色（表示成功）为止。

你有了一种美好的感觉：能将宝贵的时间花在真正重要的事情上了，而不是其他事情上。

1.1.2　明天你就不再需要这个草图了

那天下午，两位同事 Georges 和 Esther 向团队询问需要做出的设计决策。你们围着白板，一边画着草图，一边快速评估每个选项。这时，你不需要用到太多 UML（ Unified Modeling Language，统一建模语言），只需要一些自定义方框和箭头来确保当下每个人都能理解。几分钟后，你们选定了一个方案。因为要彻底分开收到的订单和装运请求，所以你们计划在消息传递系统中使用两个不同的主题。

晚些时候可能会有人擦掉白板上的内容，所以 Esther 用手机对着白板拍了一张照片。但是她知道，不出半天，白板上的内容就会实现，之后就可以放心地删掉手机里的照片了。一小时后，当提交创建新的消息传递主题时，她在提交注释里提供的理由是"分开收到的订单和装运请求"。

第二天，前一天缺席的 Dragos 看到了新代码，想知道为什么代码变成了这样。他只要在线上运行 `git blame` 就能迅速得到答案。

1.1.3　抱歉，我们没有营销文档

一周后，新来的营销经理 Michelle 接替了 Franck。Michelle 比 Franck 更重视客户维系。她想知道应用程序中实现了关于客户维系的哪些功能，所以想看看相关的营销文档。结果，她很惊讶地发现根本没有营销文档。

"你说的不是真的吧？"她问道。但是，你很快向她展示了网站上在构建时生成的所有验收测试。页面顶部有一个搜索区域，她只要输入 customer retention 就能搜索到相关信息。她点击提交并看到了以下结果：

```
1   为了提高客户留存率
2   作为一名营销人员
3   我想为新的忠实客户提供一个折扣
4
5     Scenario：新的忠实客户再次下单享 10 美元优惠
6     ...
7
8     Scenario：新的忠实客户在过去一周内购买 3 次
9     ...
```

该结果列表展示了对新的忠实客户使用特殊折扣的场景。Michelle 笑了。她甚至不需要浏览营销文档来查找所需的信息。这些场景描述的精确程度远远超出了她的预期。

Michelle 问："用欧元购买时也能享受同样的折扣吗？"你回答道："我不确定代码能否完成

不同货币间的转换，但我们试一下就知道了。"你打开 IDE（Integrated Development Environment，集成开发环境），修改了验收测试中的货币类型，再次运行测试，结果测试失败了。所以，你知道还需要再加工一下代码让它支持货币转换。Michelle 几分钟内就得到了她想要的答案。她开始想，与以前的工作环境相比，你的团队真有些特别。

1.1.4　你一直在用这个词，但并非其本意

第二天，Michelle 又提出了一个新问题：purchase 和 order 之间有什么区别？

按以前的做法，她会要求开发人员查看代码并解释其中的差异。但是，你的团队已经预见到了这个问题，所以这个项目的网站上包含一个词汇表。她问道："这个词汇表是最新的吗？""是的，"你回答，"每次构建过程中，这个词汇表都会根据代码自动更新。"她惊呆了。为什么不是每个人都这样做呢？尽管你很想详细地向她介绍 Eric Evans 的《领域驱动设计：软件核心复杂性应对之道》一书中的通用语言，但只是简单地回答道："你需要让你的代码与业务领域保持一致。"要知道，你非常热衷于通用语言。

看着那个词汇表，Michelle 发现有些词的定义混淆了，但之前没有人发现。她建议用正确的名称修复词汇表。但是，在这个团队里，修复操作有点不一样。你首先要做的是在代码中修复名称，接着重命名这个类并再次运行构建，然后……看！词汇表也一起修复了。所有人都很开心，你也新学了电子商务方面的一些业务知识。

1.1.5　给我看看完整的图，你就知道哪里有问题了

现在，你想删除两个模块之间不恰当的依赖关系，但是并不熟悉完整的代码库。因此，你让 Esther 提供一个依赖关系图，因为她最清楚模块之间的依赖关系。但是，即使是她也记不住每一个依赖关系。"我会从代码中生成一个依赖关系图。我一直想做这件事。这个过程可能需要几个小时，但是生成图之后就一劳永逸了。"Esther 说。

Esther 知道她可以使用一些开源库，从类或包中轻松地提取依赖关系，然后她很快将其中一个连接到 Graphviz（一个能自动完成布局的神奇图表生成器）。几小时后，这个小工具就生成了依赖关系图。你得到了你想要的，很开心。她则又花了半小时将这个工具集成到构建中。

有趣的是，当 Esther 第一次看到生成的图表时，她发现了一些有意思的东西：两个模块之间不应该存在依赖关系。通过比较她脑中的图和根据实际系统生成的依赖关系图，很容易被找到了设计中存在的问题。

在下一个项目迭代中，设计问题就被修复了，而且在下一个构建中，依赖关系图也自动更新了。关系图变得更加清楚了。

1.1.6　活文档属于未来？不，是现在

这个故事描述的事情并不是发生在未来，它已经发生了，而且多年前就已经发生了。引用小说作家 William Gibson 的一句话："未来已来，只是分布不均。"

工具是现成的，技术也是现成的。多年来，人们一直在做这些事，但这还不是主流。多么遗憾啊，因为这些概念对于软件开发团队来说是非常有用的。

在后续章节中，我们将介绍所有这些方法和许多其他方法，你将学习如何在项目中使用它们。

1.2　传统文档存在的问题

> 文档是程序开发过程中的蓖麻油：主管们认为它会对程序员有益，而程序员却讨厌它！
>
> ——Gerald Weinberg，《程序开发心理学》

文档是一个无聊的话题。我不知道你怎么想，但就我以往的工作经历来说，文档一直是令我倍感挫败的重要原因。

当我想使用文档时，总是找不到需要的信息。我拿到的文档往往已经过时而且具有误导性，以至于我都不敢相信它。

为他人编写文档是一项无聊的任务，我宁愿写代码。**其实，这件事可以不那么无聊。**

我曾经多次看过、用过或者听说过一些处理文档的更好的方法，并试过了其中很多方法。我还收集了大量这种故事，在本书中你会读到其中一些。

良方自然是有的，但是你必须换一种新的思维来考虑编写文档这件事。有了这种思维方式以及随之而来的技术，编写文档可能就和写代码一样有趣了。

1.2.1　编写文档通常不太酷

当你听到**文档**这个词时会想到什么？你可能会给出如下答案。

- 它很无聊。
- 要写很多字。
- 意味着你要试着使用 Microsoft Word，还不能忘了在哪里插入图片。
- 作为开发人员，我喜欢那些展现动作和行为的动态可执行文件。对我而言，文档是静止的，它就像一株枯死的植物，干枯不动。
- 本来以为它能帮上忙，结果它经常误导我。
- 编写文档很无聊。我宁愿写代码也不愿意编写文档（参见图 1-1）！

1

图 1-1　哦不，我还是写代码去吧

编写和维护文档需要大量时间。文档很快就会过时，通常不完整，而且不太好玩。文档是令人沮丧的一个原因。要带你领略这么无聊的一个话题，我感到很抱歉。

1.2.2　文档的缺陷

> 就像劣质酒的香味会快速消失一样，纸质文档的内容也会迅速失效，令你头痛不已。
> ——@gojkoadzic

传统文档存在许多缺陷和几种常见的反模式。**反模式**是指对重复出现问题的常见不良响应，应该避免。

下面描述了一些最常见的文档缺陷和反模式。你的项目中存在相关问题吗？

1. 独立活动

即使在声称敏捷的软件开发项目中，决定构建内容、编码、测试和准备文档这几项工作之间也常常是相互独立的，如图 1-2 所示。

需求说明　　　　编码　　　　测试　　　　文档

图 1-2　软件开发项目中的独立活动

活动相互独立会导致大量浪费并丧失机会。基本上，所有的活动都会用到**相同**的知识，只是以不同的形式和工件来使用，并且可能伴有一定程度的重复。另外，在流程中，这些"相同"的知识可能会演进发展，从而导致不同活动中的知识内容不一致。

2. 手工转录

需要编写文档时，团队成员会选择一些已完成工作的知识要素，然后手动将它们转化成适合目标受众的格式。基本上，这是一个为代码里已经写好的文档再写一份文档的过程，就像古登堡发明印刷机之前的抄写员一样（见图 1-3）。

图 1-3　手工转录

3. 冗余知识

以上描述的转录过程导致了知识的重复：最终，你获得了反映真实情况的原始知识来源（通常是代码）和一堆以各种形式复制成的知识副本。不幸的是，当一个工件（例如代码）发生变化时，你很难记得要更新其他文档。于是，文档内容很快就过时了，留给你的是一份无法信任的不完整文档。这样的文档有什么用呢？

4. 无聊的时间陷阱

管理层想为用户提供文档，还想用文档来解决团队中人员流动引发的问题。然而，开发人员讨厌编写文档。与写代码或使任务自动化相比，写文档一点意思也没有。对于开发人员来说，他们不太有兴趣编写一些会迅速过时且无法执行的无效文本。当开发人员写文档时，他们宁愿去处理真正在工作的软件。矛盾的是，当他们想复用第三方软件时，一般希望能有更多有用的文档。

技术文档工程师喜欢写文档，而且以此为生。但是，他们通常需要开发人员的协助才能获得编写文档所需的技术知识，而且经常做的仍是手工转录知识。这个过程令人沮丧，也浪费了大量宝贵的时间（见图 1-4）。

图 1-4 编写文档是一个时间陷阱

5. 脑转储

因为编写文档不是一件有趣的事，而且我们只是因为必须要有文档才会这么做，所以编写文档时一般比较随意，不会考虑太多。结果是作者在编写文档时就做了脑转储，即想到什么就写什么（见图 1-5）。问题在于，这种随机的脑转储对任何人都无益。

图 1-5 编写文档时脑转储不一定有用

6. 优美的图表

对于那些喜欢使用 CASE（Computer-Assisted Software Engineering，计算机辅助软件工程）工具的人来说，这种反模式很常见。这些工具并不是为制作草图设计的。相反，它们鼓励使用各种布局和根据建模参考的验证来创建优美的大型图表。整个过程需要很长时间。即使这些工具能神奇地自动完成布局，创建一个简单的图表仍然需要很长时间。

7. 迷恋符号

我们发现 UML 符号现在越来越不受欢迎了。UML 在 1997 年被采用为标准，并在之后的十年里成为所有软件的通用符号，尽管它并不适用于所有情况。从那时起，再也没有其他符号被广泛地使用，而且即使不太合适，世界各地的团队仍会用一些 UML 符号来记录内容。当你只知道 UML 时，每一个图表看起来都像是它的标准图集之一。

8. 不用符号

实际上，与迷恋符号完全相反的另一个极端已经相当普遍了。许多人完全无视 UML，使用一些没人能理解的自定义符号绘制图表，并将诸如构建依赖项、数据流和部署之类的随机问题混为一谈。

9. 信息墓地

企业知识管理解决方案是知识消亡的地方。看看这些：

- 企业 wiki
- SharePoint
- 大型 Microsoft Office 文档
- 共享文件夹
- 搜索功能很差的工单系统和 wiki

这些文档编写方法通常会失败，要么是因为通过它们很难找到正确的信息，要么是因为将信息保持最新状态需要大量工作，或者两者皆有。这些方法促进了**只写文档**（write-only documentation）或**只写一次文档**（write-once documentation）的形式。

在最近的一次 Twitter 交流中，著名软件开发商 Tim Ottinger（@tottinge）问了这样一个问题。

> *产品类别："文档墓地"——所有文档管理、wiki、SharePoint 和团队空间是否注定失败？*

James R. Holmes（@James_R_Holmes）回复如下。

> *我们的标准笑话是这样的：说"它在内网上"会引发"你刚刚是让我自己去＿＿吗？"的回应。*

> （注意：因为原话用了粗俗的语句，所以做了编辑。你懂的。）

10. 误导性的帮助

只要文档不能严格保持最新，就会产生一定的误导性，如图 1-6 所示。虽然文档看起来有用，但事实上是错误的。因此，这些文档可能读起来有意思，但是辨别哪些内容仍然正确以及哪些内容已经不再正确会造成额外的认知负担。

图 1-6　当文档无法正确指导用户时，它就是有害的

11. 总有更重要的事

编写高质量的文档需要很多时间，而维护它甚至需要更长时间。如果一个人时间紧迫，他就会经常略过文档任务，或者快速、粗糙地完成文档。

1.2.3　敏捷宣言与文档

《敏捷宣言》是由一群软件从业者于 2001 年撰写的。在这份宣言中，他们列出了自己认为有价值的东西，包括：

- □ 个体和互动高于流程和工具
- □ 工作的软件高于详尽的文档
- □ 客户合作高于合同谈判
- □ 响应变化高于遵循计划

第二个偏好"工作的软件高于详尽的文档"常常被误解。很多人认为《敏捷宣言》完全无视文档。实际上，《敏捷宣言》并没有说"不写文档"，它描述的只是一个偏好。用宣言作者的话说："我们接受文档，但不是浪费大量纸张印成一堆从不维护也基本不用的大部头。"但是，随着敏捷方法在大型公司中成为主流，这种对文档的误解仍然存在，而且很多人忽略了文档。

但是，我最近发现客户和同事经常因为文档缺失而感到挫败，而且这种挫败感越来越严重。2013 年，在瑞典 Öredev 会议上首次提到活文档时，我惊讶地发现很多人对这个概念很感兴趣。

1.2.4　是时候开启文档 2.0 了

传统文档是有缺陷的，但是我们现在对文档了解得更多了。自 20 世纪 90 年代末以来，诸如整洁的代码、测试驱动开发（TDD）、行为驱动开发（BDD）、领域驱动设计（DDD）和持续交付之类的实践越来越流行。这些实践改变了我们关于软件交付的思考方式。

对于 TDD，测试一开始被视作需求说明。对于 DDD，我们可以识别代码和业务领域的建模，从而打破模型与代码相隔离的传统。这么做的一个结果是，我们希望代码能够描述相关领域完整的故事。BDD 借用了业务语言的概念，并在工具支持下使它更为直白。最后，持续交付表明，几年前我们认为在没有特殊原因的情况下每天交付几次的想法很荒谬，而这实际上却是可能实现的，而且如果遵循建议的做法，这甚至是可取的。

当前正在发生的另一件趣事是由时间的影响引起的：尽管文学式编程（literate programming）或 HyperCard 这样的旧概念并没有成为主流，但是它们仍然缓慢而悄无声息地产生了影响，尤其是在 F#和 Clojure 等较新的编程语言社区里，这些旧概念焕发了新生。

现在，我们终于可以期待有这样一种文档编写方法：它实用，能使文档内容永远保持最新，成本低，并能让编写文档变得有趣。我们意识到了传统文档编写方法存在的所有问题，也认识到了文档的必要性。本书就其他方法如何更高效地满足文档需求做了探讨并提供了指导。但是首先，让我们探讨一下文档到底是什么。

1.3　文档编写的是知识

软件开发过程需要知识，并需要基于这些知识做出决策，而这些决策反过来又创造了新的知识。这里说的知识包括需要解决的问题、做出的决策、如此决策的原因、导致做出该决策的事实以及所考虑的替代方案。

你可能从来没这么想过，但是以编程语言键入的每条指令都是一个决策。决策有大有小，但是无论大小，都是决策。在软件开发中，设计阶段之后不会有昂贵的构造阶段：构造（运行编译器）非常便宜，昂贵的只有一个设计阶段（有时候是长久存在的）。

软件设计可以持续很长时间，有时会长到令你忘了前面的决策以及背景。有些设计阶段很长，会经历人员更替。旧人员会带着他们的知识离开，而新成员则缺乏所需知识。对于软件开发一类的设计活动来说，知识至关重要。

毫无疑问，这种设计活动大多数时候是团队合作，涉及多个人。合作意味着大家共同决策或根据某人的知识做出决策。

软件开发的独特之处在于设计不仅与人有关，还与机器有关。计算机就是其中之一，很多决策只要交给计算机执行就好了。整个操作一般是通过称为**源代码**的文档来完成的。我们使用编程语言这样的形式语言，将知识和决策以一种计算机能理解的形式传递给它。

但是，困难之处并不是让计算机理解源代码。即使是缺乏经验的开发人员通常也能成功地做到这一点。最难的是让其他人了解已经完成的工作，以便他们更好、更快地完成之后的工作。

目标越大，我们就越需要更多的文档来实现知识管理的累积过程。整个过程会超出我们大脑的处理能力。当大脑和记忆力无力应对时，我们就要求助于书写、打印和软件之类的技术来记住和组织更多知识。

1.3.1 知识的来源

知识来自哪里？知识主要来自**对话**。通过与其他人对话，我们积累了很多知识。这种对话发生在诸如结对编程的集中办公中，发生在会议期间，还发生在咖啡机旁、电话里或者公司的聊天软件或电子邮件里。对话的示例包括 BDD 需求说明研讨会和敏捷开发中的 Three Amigos[①]。

然而，作为软件开发人员，我们还要与机器对话。我们将这些对话称为**实验**。我们用某种编程语言编写代码，告诉机器一些事情，然后机器运行这些代码并返回这些信息：测试失败或成功，用户界面（UI）响应如预期或者结果并不是我们想要的（在这种情况下我们会知道一些新的东西）。实验的示例包括 TDD、新兴设计和精益创业（Lean Startup）实验。

知识也来自于对背景的**观察**。在一家公司里，你只要注意观察别人的对话、行为和情绪就能学到很多东西。观察的示例包括领域沉浸、情绪墙、信息发射源和精益创业的"走出办公楼"观察。

知识来自人与人之间的对话和在可观察环境中对机器做的实验。

1.3.2 知识如何演进

有些知识可以保持数年稳定不变，而有些却在短短几个月甚至几个小时内频繁地变化。

任何形式的文档都必须考虑维护成本，并尽可能使这个成本接近零。对于稳定的知识，可以使用传统的文档编写方法。但对于那些频繁变化的知识，书写文本并在每次变更后对其进行更新就不是一种好的选择。

因为软件行业发展很快，所以我们希望能够快速开发软件。软件开发速度快到我们不可能花费时间编写一页又一页的文档，但我们又希望获得文档带来的所有好处。

1.3.3 为什么需要知识

开发软件时，我们会遇到很多问题，做出很多决策，并在学习中不断调整。

- 我们要解决什么问题？从现在开始，每个人都应该知道这一点。
- 我们到底要解决什么问题？（当意识到一开始就做错了时，就要试着回答这个问题。）
- 我们一直无法分清 trade（贸易）和 deal（交易）之间的区别。但是，当我们终于认识到它们并不是同义词时，就不能再混淆它们了。
- 我们试了这个新数据库，但是出于三个原因，它并不能满足我们的需求。所以只要我们的需求不变，就无须再试了。

---

① "三个好朋友"，指敏捷开发过程中的三种角色：业务分析人员、开发人员和测试员。——译者注

- 我们决定分离购物车模块和支付模块，因为我们发现一个模块的变更并不会引起另一个模块的变更。我们不应该再将它们耦合在一起。
- 我们偶然发现这个功能没什么用处，所以计划在下个月删除这段代码。但是，我们很可能会忘了这么做的根本原因。因此，假如代码没被删除，它将永远是个谜。

使用现在的软件时，如果我们没想起以前的知识，就会再做一遍已经做过的事情，因为我们不知道已经做过了。我们最终还会将一个功能放到不相关的组件中，因为不知道应该将它放在哪里，从而导致软件变得越来越臃肿，而与这个功能有关的代码则分散在各个不同的组件里。

要是我们有足够的知识来回答以下这些日常问题就好了。

- 我在哪里可以安全地解决这个问题？
- 我应该在哪里添加这个增强功能？
- 原作者会在哪里添加这个增强功能？
- 这行代码看起来没什么用，删了它安全吗？
- 我想修改一个方法签名，但是改了以后会有什么影响呢？
- 为了看懂一套代码的工作原理，我真的要对它进行逆向工程吗？
- 每当业务分析员需要了解当前的业务规则时，我真的需要花时间阅读源代码吗？
- 当客户要求添加一个功能时，如果需要开发，我们如何知道代码是否已经支持这个功能？
- 我们可能总是以为自己开发代码的方法是最好的，但是如果我们对它的工作原理缺乏全面的了解该怎么办？
- 我们怎样才能轻松找到与特定功能相关的代码？

知识缺失会导致两种后果。

- **浪费时间**：这些时间本可以更好地投入到其他方面的改进上。
- **次优决策**：从长远来看，其他决策可能更有意义或成本更低。

随着时间的推移，这两种代价会叠加——花在寻找缺失知识上的时间没有花在做出更好的决定上。反过来，一个又一个的次优决策会使我们的生活越来越悲惨，直到我们别无选择，只能不再维护并重新开发软件。

有些知识对执行开发任务有用。能够访问这类知识似乎是一个好主意。

软件编程即理论建立与传递

1985 年，Peter Naur 的著名论文 "Programming as Theory Building" 完美地揭示了程序设计是集体努力的结晶这一真相。他说，与其说是告诉计算机该做什么，不如说是与其他开发人员分享那些已经通过学习、实验、对话和深刻的反思而精心阐述过的世界理论（想一下"心智模型"）。用他自己的话说：

正确地编程应该被看作这样一种活动，程序员通过其形成或获得对当前问题的某种见解（即理论）。一种更为常见的观点则是编程应被看作程序和某些其他文本的生产过程。这两种看法正好相反。

问题在于这个理论的大部分是不言而喻的。代码仅仅代表了冰山一角。它更像是开发人员心目中的理论结果，而不是代表理论本身。Peter Naur 认为，这个理论涵盖了三个主要的知识领域。

- 代码与它所代表的世界之间的映射关系：掌握程序理论的程序员能解释该解决方案与它有助于处理的现实世界事务之间的关系。
- 程序的根本原理：掌握程序理论的程序员能解释程序的每个部分为什么是现在这样的。换句话说，程序员能够以某种理由支持实际的程序文本。
- 程序扩展或发展的潜力：掌握程序理论的程序员能够对修改程序的任何需求做出积极的响应，从而以新的方式支持现实世界事务。

随着时间的推移，我们已经掌握了许多技术，这些技术能让人们相互传递理论。简洁的代码和 Eric Evans 的 DDD 鼓励程序员去寻找一种方法，更直白地用代码表达他们头脑中的理论。例如，DDD 的通用语言弥合了真实世界的语言和代码语言之间的鸿沟，从而帮助解决了映射问题。我希望未来的编程语言能够认识到，它们不仅需要代表代码的行为，而且要代表程序员更大的心智模型，代码就是这种心智模型的结果。

人们还发明了模式和模式语言，试图以直白的文字来描述一些理论。知道的模式越多，我们就越可以对那些不言而喻的理论进行编码，从而使其变得更明确、更容易移植。模式在对自己力量的描述中体现了选择它们的基本原理的关键要素，而且有时暗示了应该如何扩展。它们还可能暗示了程序的潜力。例如，策略模式应该通过添加新策略来扩展。

但是，随着逐渐弥补知识方面的不足，我们还要应对更大的挑战，因此挫败感依然存在。我相信 Peter Naur 在 1985 年说的这句话在未来的几十年中仍然适用：

> 对于新程序员来说，要掌握一个程序的现有理论，有机会熟悉程序文本和其他文档是不够的。

我们永远不能彻底解决知识转移问题，但是可以接受这一事实，并学会与它共存。作为程序员头脑中的一种心智模型，这个理论永远不能与一些人完全共享，因为这些人并没有参与构建这个理论的思考过程。

结论似乎是不可避免的：至少在某些大型程序中，错误的持续适应、修改和纠正是由一组持续、紧密联系的程序员根据共有的某种知识决定的。

值得注意的是，定期集中办公的永久性团队不会因为这一理论传递而遭受太大痛苦。

1.4   文档是为了传递知识

文档一词一般会让我们想到很多含义：书面文档、Microsoft Word 或 PowerPoint 文档、基于公司模板制作的文档、印刷文档、网站或 wiki 站点上的大篇沉闷文本等。但是，所有这些含义都只展示了过去的一些文档编写方法，并没有提供更新、更有效的方法。

为了本书要实现的目标，我们将使用一个更广泛的定义：

> 文档是指将有价值的知识传递给当前以及未来的人的过程。

这个定义体现了文档的一种"物流"特性。文档既可以在处于不同物理空间的人之间传递知识，也可以在处于不同时间的人之间传递知识，技术人员称之为**持久性**或**存储性**。总的来说，我们对文档的定义看起来像是货物的运输和仓储，这里的货物就是知识。

在人与人之间传递知识实际上是在不同大脑之间转移知识（见图 1-7）。从一个大脑转移到另一个大脑，这是**传播**或扩散的问题（例如，为了吸引更多的受众）。从现在的大脑转移到以后的大脑，这是知识的持久性，与记忆有关。

将知识传递给其他人

存储知识给未来的人用

图 1-7   文档是为了传递和存储知识

你知道吗？

开发期限的半衰期为 3.1 年，而代码的半衰期为 13 年。文档必须帮助解决这种半衰期不一致的问题。

1

要将知识从技术人员的大脑传递到非技术人员的大脑，需要将知识变得易于**获取**。使知识变得易于获取的另一种情况是使其能被有效地**搜索**到。

还有一些情况，例如为了合规，你需要将知识整理成特定格式的文档。

关注真正重要的事情

作为传递有价值的知识的一种方式，文档可以有多种形式：书面文档、面对面的对话、代码、社交工具上的活动或者没必要时就不写文档。

基于文档的定义，我们可以传达一些重要的原则。

- □ 只有**长期**令人感兴趣的知识才值得被写成文档。
- □ 只有令**很多人**感兴趣的知识才值得被写成文档。
- □ **有价值**的或**重要**的知识也可能需要被写成文档。

只要不是以上任何一种知识，你就不需要考虑将其写成文档。将时间或精力花费在将这种知识写成文档上是一种浪费。

你最需要考虑的是知识的价值。如果知识不能在足够长的时间内给足够多的人带来足够大的价值，那么你就不需要花费精力去传递它。如果某项知识已经众所周知，或者仅对某个人有用，又或者人们只在某一刻对它有兴趣，那么它也不需要被传递或存储。

> **默认不记录知识**
>
> 除非真有不得不传递的理由，否则没必要专门花费精力去记录知识，否则就是一种浪费。不要因为没有记录那些不需要记录的东西而感到难过。

我们已经从知识的传播和保存以及应如何管理文档的一些早期后果出发，为文档重新下了定义，下面该介绍活文档的中心思想和核心原则了。

1.5　活文档的核心原则

活文档一词最早是通过 Gojko Adzic 的《实例化需求：团队如何交付正确的软件》一书为人所知的。Adzic 描述了执行 BDD 的团队有一项关键优势：他们为需求说明和测试而创建的场景对于编写业务行为文档也非常有用。由于测试自动化，只要测试全部通过，这个文档就会始终保持最新。

软件开发项目的各个方面都可以从活文档中获得同样的好处：首先当然是业务行为，还有业务领域、项目愿景和业务驱动、设计和架构、遗留策略、编码规则、部署以及基础设施。

活文档有以下四个原则（参见图 1-8）。

- ❑ **可靠**：无论何时，活文档都是准确的，并且与所交付的软件保持同步。
- ❑ **省力**：活文档最大限度地减少了文档工作量，即使是软件发生了变更、删减或添加。它仅需极少的额外工作，而且只需要操作一次。
- ❑ **协作**：活文档可以促进所有参与者之间的对话和知识共享。
- ❑ **有见地**：活文档会将人们的注意力引导到工作的各个方面，从而提供反馈机会并鼓励深入思考。它能帮助你反思正在进行的工作并做出更好的决策。

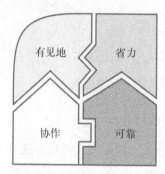

图 1-8　活文档的原则

活文档还为开发人员和其他团队成员带来了乐趣。他们可以专注于更好地工作，同时也可以直接完成活文档。

以下各节简要介绍了活文档的四个核心原则。以它们作为准则，你可以从这个方法中获得最大收益。本章最后几节以及后续三章会详细阐述这些重要概念。

1.5.1　可靠

如果想要文档有用，它们就必须值得信赖。换句话说，文档必须百分之百可靠。人类从来都不那么可靠，因此我们需要一些行为规则和工具来帮助自己提高可靠性。

为确保文档的可靠性，我们要依靠以下观点。

- ❑ **利用可用的知识**：大多数知识已经存在于项目的工件中。为了编写文档，我们要做的只是对它们进行利用、扩充和整理。
- ❑ **准确性机制**：制定一个准确性机制，以确保知识与项目始终保持同步。

1.5.2　省力

活文档必须不费吹灰之力就能在一个始终变化的环境中保持可用及可持续。你可以通过以下思路来实现这一目标。

- ❑ **简洁**：如果一个文档没有需要声明的内容却一目了然，那它就是最好的文档。

- ❏ **标准优于自定义解决方案**：标准应该是众所周知的，如果没有这样的标准，只需从外部参考文献中引用标准即可（例如，你最喜欢的书、作者或维基百科）。
- ❏ **常青内容**：总有些内容是固定不变或是不经常变化的，因此我们不需要花费太多成本来维护这种内容。
- ❏ **不怕重构的知识**：有些事情在发生变更时，不需要人工处理。这可能是由于重构工具会自动传送相关的变化，或者是某些事物固有的知识与它本身并置，知识会随之改变和移动。
- ❏ **固有文档**：关于事物的额外知识最好随它同时出现，或者尽可能接近它。

1.5.3 协作

活文档必须通过以下这些偏好实现协作性。

- ❏ **对话优于正式文档**：面对面对话是有效交换知识最好的方法，即使没有记录下每一次讨论也不要感到难过。尽管我通常更喜欢对话，但仍有一些知识在很长一段时间内或对许多人来说不断地发挥作用。我们需要关注的是想法随着时间推移而沉淀的过程，从而决定哪些知识值得以持久的形式记录下来。
- ❏ **易于获取的知识**：在活文档方法中，知识一般在源代码控制系统的技术工件中声明，从而导致非技术人员很难获取这种知识。所以，你应该提供工具，使所有读者不借助任何人工操作就能轻松获取这些知识。
- ❏ **集体所有权**：所有知识都存在源代码控制系统中并不意味它为开发人员所有。开发人员并非拥有这些文档，只是有责任使用技术手段来处理这些知识。

1.5.4 有见地

前述的原则很有用，但是要充分发挥活文档的潜力，它必须有深刻的见解。

- ❏ **谨慎的决定**：如果你不太清楚自己在做什么，那么当你准备编写活文档时，自然就知道了。这种反馈激励你弄明白自己的决定，这样你所做的事情就很容易解释了。谨慎的决定做得越多，工作的质量通常也会越高。
- ❏ **嵌入式学习**：你想编写出色的代码和其他技术工件，以便同事只需使用系统工作并通过交互就可以学习设计、业务领域以及其他所有内容。
- ❏ **真实性检查**：活文档有助于揭示系统的真实状态（例如，"我没想到实现会变得如此混乱"，就像"我以为我的头被剃得很好，但一照镜子才发现完全不是这么回事"）。同样，尽管系统不是你想要的样子，但是接受系统的真实状态有助于改进系统。

以下各节将更详细地描述这些原则，而后续几章将深入介绍相关的模式和实践，以实现成功的活文档编写方法。我很惊讶地从蚂蚁和其他社会性昆虫的协作与交流知识的方式中找到了活文档的重要灵感。

1.5.5   蚂蚁怎么交换知识：共识主动性

Michael Feather（@mfeathers）在线分享了 Ted Lewis 的精彩文章 "Why Can't Programmers Be More Like Ants? Or a Lesson in Stigmergy"。Ted Lewis 将"共识主动性"（stigmergy）的概念引入了我们团队的软件工作中：

> 法国昆虫学家 Pierre-Paul Grassé 描述了一种昆虫协作机制，并称之为"共识主动性"，即一个参与者所做的工作会刺激它自己或其他参与者的后续工作。也就是说，建筑物、代码库、高速公路或其他实体结构的状态决定了下一步需要做什么，而无须统一的中央计划或强制规则。基于已经完成的工作，这些参与者（昆虫或程序员）知道下一步要做什么。这种扩展他人工作的直觉冲动成了现代软件开发的组织原则。
>
> 蚂蚁使用一种特殊的化学标记物（信息素）来标记它们活动的结果。

类似地，程序员使用电子邮件、GitHub 议题和各种可增强代码的文档来创建自己的标记。正如 Lewis 做出的结论：

> 现代软件开发的本质是群体性智慧和嵌在代码库中的标记。通过让程序员的注意力更可靠地集中在与需要完成的工作最相关的事情上，标记使共识主动性的效率更高。

开发软件时，共识主动性已经成为人与相关机器之间交换知识的主要方式。活文档的一个关键概念是承认这种群体性效果的存在，并找到将其发挥到极致的方法。从你所使用的系统中获得大部分知识开始吧，就像蚂蚁一样。

1.6   大部分知识是已经存在的

> 如果知识已经记录在系统中，就无须再被编写成文档。

每个有趣的项目都是一个会产生专门知识的学习之旅。我们通常希望文档能够提供我们所需的专门知识，但有趣的是，所有这些知识都已经存在了：可能在源代码里、在配置文件里、在测试里、在应用程序运行时的行为里、在各种相关工具的存储里，当然还可能在所有从事这个工作的人的大脑里。

在软件项目中，大多数知识以某种形式存在于工件中。这有点类似于蚂蚁主要从巢本身来学习如何改进它们的巢。

因此，要承认大多数知识已经存在于系统中。需要它们时，找到并识别它们，再就地进行开发。

即使知识已经存在，也不意味着我们无事可做。那些已经存在的知识仍然存在很多问题。

- ❑ **不易获取**：有些知识存储在源代码和其他工件中，非技术人员无法访问。例如，非开发人员无法读取源代码。
- ❑ **体量太大**：项目工件中存储了大量知识，所以我们无法高效使用。例如，每行逻辑代码都编码了知识，但是对于某个指定的问题，可能只有一两行与答案相关。

- **碎片化**：我们以为有些知识是一个整体，但实际上它们分布在项目工件的多个位置。例如 Java 中的类层次结构，即使我们想将它作为一个整体来看待，但实际上，它一般分布在多个文件中，一个文件里有一个子类。

- **隐性**：在现有的工件中隐含着大量的知识。比如说，可能有 99% 的知识是显而易见的，但缺失的 1% 则令它变成了隐性知识。例如，如果你使用了一个设计模式（如合成模式），只有在你熟悉这个模式时，才能在代码中看出来。

- **不可恢复**：知识可能已经存在，但是由于这些知识过于混乱，我们可能无法恢复它们。例如，代码表达了业务逻辑，但是代码太乱了，所以没人能读懂业务逻辑。

- **未成文**：最差的情况是知识仅存在于人们的大脑中，系统里只有这些知识的结果。例如，可能有一条通用业务规则，已经通过编程成为一系列特殊用例，所以任何地方都找不到对它的描述。

1.7 固有文档

> 存储文档的最佳位置是被记录的事物本身。

你可能已经看过 Google 数据中心和巴黎蓬皮杜艺术中心的照片（见图 1-9）。它们都有许多用颜色编码的管道，并在管道上印刷或铆接了其他标签。在蓬皮杜艺术中心，空气管是蓝色的，水管是绿色的。这种用颜色编码的逻辑不仅用于管道，还用于其他地方，比如电力传输线是黄色的，而与人移动相关的一切（包括电梯和楼梯）都是红色的。

图 1-9　蓬皮杜艺术中心大楼用颜色编码

这种逻辑在数据中心也被广泛使用，甚至越来越多的文档直接印在了管道上。管道上有标签用于标识，而且会有箭头指示管道中的水流方向。在真实世界中，防火和消防通常必须使用这种颜色编码和特殊标记——消防员所用的水管上铆接了可见标签，指示它们来自何处。建筑物的紧急出口上方会有非常明显的指示。在飞机上，中间走道上的明亮标志指示去向。在危急情况下，你没有时间去找手册，答案需要位于最明显的地方：你当前所在的位置，也就是事物本身上。

1.7.1　固有文档与外部文档

持久性文档有两种形式：外部文档和固有文档。

如果知识被编写成外部文档，那么文档的形式与你所选择的项目实现技术将完全无关。传统形式的文档就是这种情况，即共享文件夹里存着的独立 Microsoft Office 文档或带有数据库的 Wiki 站点。

外部文档的优点在于，它会采用对读者和文档工程师来说最方便的格式和工具。它们的缺点是，要确保与产品版本保持同步更新非常困难（尽管也有可能做到），而且很容易丢失。

相反，固有文档通过使用现有的实现技术直接表达知识。固有文档的一个良好示例是：在语言标识符上使用 Java 注解或命名约定来声明和解释设计决策。

固有文档的优点在于，它是源代码的一部分，所以始终与产品版本保持同步更新。因为固有文档内嵌在源代码中，所以它们不会丢失。因为固有文档就在开发人员的眼皮子底下，所以它们随时可用，而且所有正在开发相关代码的开发人员都会注意到它们。

固有文档还能使你从出色的 IDE 的所有工具和优点中受益，例如自动补全、即时搜索以及元素内部和元素之间的无缝导航。固有文档的缺点是你的知识表达受限于语言内置的扩展机制。例如，你几乎不可能用每个依赖项的额外知识扩展 Maven XML。另一个很大的缺点是，非开发人员不容易获得固有文档记录的知识。但是，我们也可以通过自动化机制来解决这个限制。这种自动化机制可以提取知识并将其转换为目标受众可以访问的文档。

如果你熟悉 Martin Fowler 和 Rebecca Parsons 的《领域特定语言》一书，就会知道内部领域特定语言和外部领域特定语言的相似概念。外部领域特定语言独立于所选的实现技术。例如，正则表达式的语法与项目所选择的编程语言无关。相反，内部领域特定语言使用通常会选择的技术（例如 Java 编程语言），从而使它看起来像另一种语言。这种风格通常被称为**流畅**风格，而且在模拟库中很常见。

1.7.2　固有文档与外部文档示例

判断一个文档是固有的还是外部的并不那么容易，因为有时这与你看它的角度有关。Javadoc 是 Java 编程语言的标准组成部分，因此是固有文档。但是从 Java 实现者的角度来看，它是 Java 语法中嵌入的另一种语法，因此是外部文档。位于灰色中间区域的常规代码注释是语言的正式组成部分，但它们只是一些自定义文本，不提供其他任何功能。你可以自由发挥、自行撰写，而且编译器只会根据英语词典做默认的拼写检查，不会帮助检查其他输入错误。

从开发人员的角度来看，用于构建软件产品的每种标准技术都包含固有文档。

- 用于业务可读的需求说明和测试工具的功能文件。
- 紧随代码出现的 Markdown 文件和图片：带有命名约定，或者从代码或功能文件链接过去。
- 工具清单，包括依赖关系管理清单、自动部署清单、基础结构描述清单等。

每当我们在这些工件中添加文档时，都会因为能使用标准工具集而受益，而且，因为文档就在源代码控制系统中并且靠近相应的实现代码，所以能与代码一起发展变化。

可用于制作固有文档的方法举例如下。

- 自记录代码和使用简洁代码的实践，包括类和方法的命名，使用组合的方法和类型。
- 将知识添加到编程语言元素中的注解。
- 对公共接口、类和主要方法的 Javadoc 注释。
- 文件夹组织方式，以及模块和子模块的分解和命名。

外部文档包括如下示例。

- README 和类似的文本文件。
- 项目相关的任何 HTML 文档或 Microsoft Office 文档。

1.7.3　首选固有文档

> 记住我之前说过的话：存储文档的最佳位置是被记录的事物本身。

就像你在本书中所看到的那样，我绝对支持固有文档。它还应提供足够的自动化功能，用于一些需要发布更多传统文档的情况。我建议你默认选择固有文档，这样至少可以处理那些经常变更的知识。

即使是对于稳定的知识，我也建议你优先使用固有文档。除非编写成外部文档能明显地为知识增值，否则我不会使用外部文档。例如，一个文档必须极有吸引力（可能出于营销原因），在这种情况下，我建议你使用手工制作的幻灯片、精心设计的图表和精美的图片。使用外部文档的意义在于能在最终文档中增添些许人情味，因此我会使用 Apple Keynote 或 Microsoft PowerPoint，选择或创建精美的图片，并召集同事一起对文档的效果做 β 测试，确保它能受到好评。

请注意，吸引力和幽默很难自动化或编码到正式文档中，但也不是不可能。

1.7.4　就地文档

固有文档也是一种就地文档，即"在原地"的文档。

这意味着在构建产品的工件中，文档不仅使用相同的实现技术，而且也直接混在了源代码中。"在原地"意味着将有关事物的附加知识放到事物所处的位置，例如放到源代码中，而不是远离源代码的位置。

这种文档对开发人员来说很方便。在设计用户界面时，术语"在原地"意味着用户不需要转到另一个窗口就可以执行特定的用户操作，而回到文档上来，"在原地"是指开发人员不需要打开另一个文件或使用另一个工具就能使用和编辑文档。

1.7.5   机器可读的文档

好的文档重点关注高级知识，例如代码顶部描述的设计决策以及这些决策背后的依据。我们一般认为只有人类才对这种知识感兴趣，实际上，工具也能利用它们。由于固有文档是使用实现技术表示的，因此通常只能用工具解析它们。这为工具提供了新机会来帮助开发人员完成日常任务。尤其是，这个过程能自动处理知识以进行管理、合并、格式转换、自动发布或保持一致。

1.8   专门知识与通用知识

有一些知识仅适用于你所在的公司、你的特定系统或者你的业务领域，而有些知识则能同时被某个行业多家公司的很多人通用或共享。

与编程语言、开发者工具、软件模式和实践相关的知识属于通用知识，例如 DDD、模式、使用 Puppet 和 Git 教程进行的持续集成。

与成熟商业行业有关的知识也是通用知识。即使在竞争激烈的领域（如金融定价或电子商务中的供应链优化）中，大多数知识也是公开的，而且可以在行业标准图书中获得，只有小部分商业知识是特定且机密的——但只是暂时的。

例如，每个业务领域都有自己必不可少的书单，而且可能都有一本书被称为该领域的"圣经"，例如 John C. Hull 的《期权、期货和其他衍生品》和 Martin Christopher 的《物流与供应链管理》。

好消息是行业文献中已经记录了通用知识。书籍、博客文章和会议演讲也已经对它们做了详尽的描述。你可以用标准的词汇来讨论它们，也可以通过参加培训从行家那里更快地学习它们。

1.8.1   学习通用知识

你也可以通过工作、读书以及参加培训和会议来学习通用知识。只需几个小时，你就能提前知道你要学什么、要花多长时间以及要花多少钱。学习通用知识就像去商店买吃的一样容易。

通用知识记录的都是已经解决的问题。这些知识是现成的，可供所有人重复使用。当你使用它时，只需链接到权威来源即可完成文档说明，就像添加一个互联网链接或参考书目一样简单。

1.8.2　专注于专门知识

使用文档获取专门知识，并通过培训学习通用知识。

专门知识是你公司或团队所拥有的、不与（或者尚未与）同行共享的知识。学习这种知识要比学习通用知识成本高得多，因为它需要时间来实践和犯错。这是最值得我们关注的知识。

专门知识很有价值，而且都不是现成的，所以这才是你必须用心学的知识。你和同事值得付出最大的努力去学习专门知识。作为专业人员，你应该充分了解通用知识以及行业标准知识，这样才能专注于增长专门知识来实现你的抱负。

因此，要确保所有人都接受过行业通用知识的培训，然后将文档工作的重点集中到专门知识上。

1.9　确保文档准确

仅当能通过机制保证文档的准确性时，你才能信任文档。

说到文档，它的主要问题一般是不准确，而这往往是因为内容过时了。不能一直保持百分之百正确的文档是不能被信任的。一旦你发现自己时不时被文档误导，文档就失去了它的信誉。它可能仍然有一点用处，但是你可能需要花更长的时间来分辨哪些内容是对的、哪些内容是错的。而且，创建文档时，如果知道自己写的内容很快就不再准确，你就不愿意花大量时间去做这个文档了。所以，文档的短命成功地扼杀了人们写文档的热情。

更新文档从来都是最不被重视的任务之一，因为这种工作没什么意思，而且似乎没什么回报。但是，如果你认真看待文档，并且决定采用精心选择的机制来保证文档内容始终准确，那么你就能有一份好文档。

因此，你需要想一想如何解决文档的准确性问题。

1.9.1　准确性机制保证文档可靠

如前所述，可以信任的权威性知识已经存在，它们通常以源代码的形式存在。因此，复制这样的知识会带来问题：更新这种知识以使它跟上变更速度所需的成本会成倍增加。当然，这个道理也适用于源代码，同时还适用于所有其他工作。通常，我们认为"设计"是为了保证任何时间更改成本都不会太高。当然，我们需要为设计编码，而且需要将同样的设计技能应用于与文档有关的所有事情上。

如何更好地编写文档是一个设计问题。它需要设计技能来设计出内容始终准确的文档，而且不会降低软件开发工作的速度。

对于随时可能变化的知识，我们有很多方法可以保证文档内容的准确性。以下各节按最理想到最不理想的顺序对它们进行了描述，第 3 章会进一步详细阐述。

想一下，一些权威性知识存在单一来源中，而且只能由那些可以阅读这些文件的人访问。例如，对于开发人员来说，源代码天然就是描述它自身的文档，而且只要代码好，开发人员就不需要其他任何文档。例如，对于 Maven 或 NuGet 这种依赖关系管理工具来说，一个配置它们所有依赖关系列表的清单对于这些依赖关系列表来说自然就是权威的文档。如果这些知识仅对开发人员有意义，这样的文档就足够了，没有必要将它们发布出来供其他受众访问。

1. 单一来源发布机制

只要有可能，就首选单一来源这种方式。单一来源是指知识只存于一个权威的来源中。由于采用了自动发布机制，它可以被发布或版本化成各种形式的文档。只要有变化，就在这个权威的来源（也只需要在这个权威来源）更新。

例如，源代码和配置文件通常是大量知识的天然权威来源。必要时，我们可以从这个单一知识源中提取知识并以另一种形式发布，但是仍要清楚地知道，这些知识的权威来源仍只有一个。这一发布机制还应该自动化，以便经常运行。手动编写文档经常会引入一些错误，而自动化发布则可以避免类似问题发生。

即使没有其他注释，Javadoc 也是这种方法的一个好示例：参考文档就是源代码本身，由 Javadoc Doclet 解析，而且会自动发布成一个网站，供所有人浏览接口、类和方法的结构，包括类层次结构。这种发布方法方便，而且能保证始终准确。

2. 具有传播机制的冗余源

同一份知识可能会被复制到不同的地方，但是使用可靠的工具可以将某处知识的任何修改自动传播到另一处。IDE 中的自动重构是此方法的最佳示例。类名、接口名和方法名在代码中到处重复，但是重命名很容易，因为 IDE 知道哪里引用了这些名称并能正确地更新它们。这比使用“查找”和“替换”功能强多了，也更安全，因为使用“查找”和“替换”功能可能会错误地替换掉随机字符串。

同样，AsciiDoc 之类的文档工具提供了内置的机制来声明属性，之后你可能会将其嵌入文本的任何位置。借助内置的包含和替换功能，你可以在一个位置重命名并修改，而且不费吹灰之力就能将这个修改传递到多个位置。

3. 具有一致性机制的冗余源

如果在两个来源中声明了知识，那么在一个来源中修改了而另一来源中却可能没有修改，这就是问题。所以，我们需要一种机制来随时检查两个来源是否保持一致。这种一致性机制应该是自动化的，并且应该经常运行以确保两个地方的内容永远一致。

带有自动化工具的 BDD（例如 Cucumber）是这种方法的一个示例。在这种情况下，代码和场景是知识的两个来源，它们描述相同的业务行为。每当运行场景的测试失败时，就表明场景和代码不再同步。

4. 反模式：人类的专注

人类的专注是一种反模式。如果知识被复制到不同的地方，那么有时需要团队成员来确保它们始终保持一致，这个过程会耗费大量的精力和体力。实际上，这是行不通的，也不建议这样做。

1.9.2 当文档不需要准确性机制时

在某些情况下，例如下述情况中，你的文档不需要准确性机制。

1. 一次性知识

有时候准确性并不是问题，因为所记录的知识使用几个小时或几天后就会被处理掉。这种暂时性知识不会再深入，也不会再发展，因此我们就不需要考虑它的一致性——只要它只会被使用很短的一段时间而且在使用后真的会被立即丢弃。例如，只要当前的工作能完成，结对编程的两个人之间的对话和刚开始 TDD 实践时编写的代码就不重要了。

2. 过去的描述

对过去事件的描述（例如博客文章）与准确性无关，因为读者明白这种文本不可能保证永远准确。例如，博客文章的目的可能是描述当下发生的事情，包括当时的想法和由此引发的情绪。

如果一种知识在某个时间点是准确的，而且在该时间点的上下文中做了记录，那么它就不会被看作过时的文档。博客文章中的知识确实会随着时间的流逝而过时，但这不是问题，因为它所在的博客文章标记了日期，而且文章所描述的故事也是过去发生的。一种明智的做法是对一系列工作和故事背后的创意进行持续归档，而不是假装这些知识会一直有效。博客文章不会让人误以为它是新信息，因为很明显它是对过去反思的一种记录。作为对过去的记录，即使你不相信它所引用的一些特定代码或示例，它也一直是一个准确的故事。这就像读一本历史书，无论故事是在什么样的环境下发生的，都有很多宝贵的经验可以学习。

对于过去的描述，最坏的情况是，随着时间流逝不再需要关注它时，它可能变得无关紧要。

1.10 挑战文档的大问题

> 在制作文档上每多耗费一分钟就表示用于做其他事情的时间少了一分钟。它能增加价值吗？它是最重要的事吗？
>
> ——@dynamoben

想象一下，你的老板或客户要求有"更多文档"。在决定下一步要做什么之前，你需要询问和回答许多重要问题。这些问题是为了确保你能长期尽可能高效地利用自己的时间。

以下几节中列出了你要问的几个重要问题。以什么样的顺序问这些问题取决于具体情况，你可以随意跳过或重新排列问题。以下各节说明了在决定如何编写文档时你要经历的思考过程。一旦理解了这个过程，你就可以自己制定过程了。

1.10.1　质疑是否真的需要文档

文档本身并不是目标，对于一个必须明确的目标来说，它是一个方法。除非你了解这个目标，否则将无法做出有用的事情。所以第一个问题是：

> 为什么我们需要这个文档？

如果不能轻易给出答案，那么你肯定还没有准备好投入精力来编写额外的文档。你应该先搁置这个话题，直到你想得更明白。你不会想将时间浪费在定义不明确的目标上。

然后，下一个问题就来了：

> 谁是这个文档的目标受众？

如果答案不太清楚或者听着像是"所有人"，那么你就没准备好开始做任何事。高效的文档必须有确定的受众。即使文档描述的是一个"所有人都应该知道"的事，它也应该有目标受众，例如"对业务领域只有浅显知识的非技术人员"。

现在，如果仍想避免浪费时间，那么你已经准备好就编写文档提出第一个问题了：

编写文档时的首要问题

我们真的需要这个文档吗？

有些人可能想为某个主题创建文档，但可能只有自己对这个主题感兴趣，或者这个主题只在他研究它的这段时间重要，甚至连在 wiki 里添加一个段落可能都没有多大意义。但是，他们还有另一个（甚至更糟的）理由要求你提供文档。

1.10.2　因缺乏信任而需要文档

编写文档时间的第一个问题的答案可能会是"我需要文档，因为我担心你的工作量不尽如人意，所以需要查看可交付成果以确认你工作得足够努力"。在这种情况下，文档并不是主要问题。

正如 Matt Wynne（@mattwynne）和 Seb Rose（@sebrose）两人在 2013 年 BDD eXchange 大会上说的："需要细节可能意味着缺乏信任。"在这种情况下，缺乏文档只是一种症状，其根本问题是缺乏信任。这个问题非常严重。如果你有这个问题，就应该停止阅读本书，并试着找到方法来改善这种情况。没有任何文档能够解决信任缺失的问题。但是，由于交付价值一般是建立信任的好方法，因此看得到的文档能帮忙补救这个问题。例如，让工作更清晰可见可以帮助建立信任，而且它是文档的一种形式。

1.10.3 即时文档，或者未来知识的廉价选择

你需要文档，但实际上可能并不是马上需要它。于是，就有了编写文档时要问的另一个首要问题。

编写文档时的另一个首要问题

我们真的现在就需要这个文档吗？

创建文档需要付出一定的代价，但它将来能带来的收益却是不确定的。当你不能确定将来是否会有人需要这些信息时，文档的收益是不确定的。

多年的软件开发经历让我明白了一件事：人类不擅长预测未来。通常人们只能打赌，而他们下的赌注往往是错的。因此，使用多种策略来确定何时编写文档很重要。

- ❏ **需要时才准备文档**：仅在真正需要时才添加文档。
- ❏ **提前准备文档比较便宜**：现在以非常低的成本添加一些文档。
- ❏ **提前准备文档比较昂贵**：即使创建文档比较费时间，现在也要添加文档。

1. 需要时才准备文档

鉴于不确定一个文档将来是否有用，你可能会认为现在不值得花费成本来编写这个文档。这种情况下，你可能会推迟文档编写，直到真正有必要为止。通常，最好等某人发起文档编写工作。在一个有很多干系人的大型项目中，你甚至可能觉得需要在收到第二个或第三个请求后再决定是否值得花时间和精力来创建文档。

请注意，这是假设当你需要共享知识时，团队中某个地方仍然可以提供这些知识。它还假定将来编写文档所需花费的精力并不会比现在更多。

2. 提前准备文档比较便宜

你可能会认为，现在编写文档的成本非常低，所以不值得推迟，即使它不会真正被人使用。当知识在你的脑海中还很新鲜，而且你以后要记住所有利害关系和重要细节会变得更加困难时，这个策略就显得尤为重要。当然，如果你有成本更低的方法预先创建文档，这么做就更有道理了，稍后你会看到。

3. 提前准备文档比较昂贵

你可能会认为值得把赌注押在未来对这些知识的需求上，然后决定现在就创建文档，即使这样做并不便宜。这可能会是一种浪费，但是出于某种充分的理由（例如，规范或合规性要求，或者多个人都相信这个文档是必要的），你可能会乐于承担这种风险。

重要的是要记住，当前围绕文档做的任何工作都会对工作质量产生影响，因为它将重点放在工作的完成方式以及原因上，而且看起来像是做了一次审查。这意味着，即使将来这个文档不会被用到，至少现在为了清晰地考虑决策及其背后的依据而用了一次。

1.10.4 质疑是否需要传统文档

假设为了某个确定的目的和特定的受众确实需要其他文档,那么现在你可以问关于编写文档的第二个问题了。

编写文档时的第二个问题

我们可以通过对话或集中办公来分享知识吗?

传统文档永远不应成为默认选择,除非绝对必要,否则太浪费了。当需要在人与人之间传递知识时,最好通过简单的交谈来完成,即通过问与答来完成,而不是通过书面文档。

集中办公时人们会频繁地对话交流,所以集中办公是一种特别有效的文档形式。结对编程、交叉编程、敏捷开发的 Three Amigos 以及 Mob 编程等技术彻底改变了文档的玩法,因为人与人之间的知识传递是持续进行的,同时知识根据任务进行创建或应用到任务上。

对话和集中办公是首选的文档形式,尽管有时并不够用。有时确实需要将知识形成正式文档。

挑战对正式文档的需求

这种知识一定要长久存在吗?它真的需要与大量受众分享吗?它是关键知识吗?

如果每个问题的答案都是"否",那么对话和集中办公就足够了,不需要更多正式的文档。

当然,如果你问管理者这些问题,得到的回答可能是"是",因为这是一个安全的选择。多做点事情并不会错,是吧?这有点像设置任务的优先级:很多人给所有任务都设置了高优先级标志,使得高优先级变得毫无意义。编写文档看起来像是一个安全的选择,但是它会使项目成本增加,进而可能危害项目。真正安全的选择是平衡地考虑这三个问题,而不是直接回答"是"或"否"。

即使是那些必须与大量受众分享的知识,或者那些需要长久保存的文档,再或者那些至关重要的知识,也有多种文档形式可供选择:

- ❑ 全体受众一起参加的全体会议,或在会议上给希望做笔记的听众做一场讲座
- ❑ 播客或视频,例如录制的会议演讲或录制的采访
- ❑ 自记录或者以固有文档方法增强的工件
- ❑ 手写的书面文档

关键是,即使是对于那些特别重要的知识,手写的书面文档也不必是默认选择。

1.10.5 减少现在的额外工作

假设你真的需要以正式形式保留一些知识。如你所知，大多数知识已经以某种形式存在于某处，所以你需要回答另一个问题。

知识定位问题

这些知识现在在哪里？

如果知识仅存在于人们的头脑中，那么我们需要在某个地方将它编码为文本、代码、元数据或其他内容。如果知识已经在某个地方描述了，那么你就要考虑尽可能多地使用它们（**知识开发**）或复用它们（**知识增强**）。

你可能可以使用源代码、配置文件、测试、应用程序在运行时的行为以及可能涉及的各种工具的内存中的知识。后续各章对此过程做了详细描述，涉及以下问题。

- 知识是可利用的、模糊的还是不可恢复的？
- 知识太丰富了吗？
- 目标受众能否获取知识？
- 知识是集中在一个地方还是散落在多处？
- 补上什么内容会使知识百分之百明确？

如果已有的知识不完整，或者不够明确而无法使用，我们就要找到一种方法将知识直接添加到产品源代码中。这是第 4 章的重点。

1.10.6 减少以后的额外工作

仅创建一次文档是不够的，你必须考虑随着时间的推移如何保持它的准确性。因此，还有一个重要的问题。

知识稳定性问题

这些知识的稳定性如何？

稳定的知识很容易，因为你可以忽略文档维护问题。与稳定知识相对的是活知识，它很有挑战性。活知识经常或随时会变动，而你不想一遍又一遍地更新多个工件和文档。

变更速度是关键指标（见图 1-10）。多年来一直保持稳定的知识可以编写成任何传统文档，例如手动编写文本并将其打印在纸上。多年稳定的知识即使多次复制仍不会受到影响，因为它不需要更新。

图 1-10　知识的变更速度是关键指标

相反，那些按小时或更短周期变更的知识就不能以传统方式编写文档。开发成本和文档维护成本是关键，需要牢记于心。修改了源代码之后，手动更新其他文档并不是一个好方法。

我们会在后续几章中描述这个过程。这个过程涉及以下问题。

❑ 如果发生变化了，同时还会发生什么变化？
❑ 如果一份知识被复制到了多个地方，我们如何使这份知识在不同的地方保持同步？

1.11　让活动变得有趣

　　　　如果要让一个活动一直发展下去，就让它变得有趣吧。

对于可持续实践来说，有趣很重要。如果一个事情很无趣，你就不会经常想要做它，然后，慢慢地，这个事情就会消失。那些需要持续的实践一定要很有趣。对于文档之类的无聊主题，有趣尤其重要。

因此，选择尽可能有趣的活文档实践。如果一件事很有趣，那就多做一些；如果这件事完全无趣，就去找替代方法，例如以其他方式或通过自动化解决问题。

这种对有趣活动的偏好显然是假设与人共事是有趣的，要不然就不能很好地理解这种偏好了。例如，如果你觉得编码有趣，就会试着尽可能多地用代码编写文档。这就是本书中许多建议的依据。如果将信息从一个地方复制到另一个地方很麻烦，那么最好将该过程自动化，或者最好找到一个能完全避免移动数据的方法。修复一个流程并使部分流程自动化通常很有趣，因此你可能也会想做这些事情（见图 1-11），这很幸运。

图 1-11　乐趣始于琐事自动化

融合乐趣与专业性

　　只要你在工作时保持专业，那么在工作中获得乐趣并没有什么问题。这意味着，你要尽最大努力解决真正重要的问题、交付价值并降低风险。只要你在工作时能考虑到这一点，就可以自由选择那些使你的生活更有趣的做法和工具。经过 18 年的编程工作，我确信我们可以在玩乐的同时完成工作。有些人认为工作应该是无聊和不愉快的，因为那是工作，或者因为你用得到的报酬来弥补这种不愉快的感觉，这种想法是愚蠢的。你会得到报酬是因为你交付了价值，而这些价值比你的报酬更值钱。所以，交付价值很有趣，而且表现得专业也很开心。对于在愉快的氛围中高效地进行团队合作，乐趣是必不可少的。

1.12　文档重启

　　本书的书名可以是《文档 2.0：活文档、连续文档或无文档》。即使用了"活文档"这个主书名，促成本书的关键仍是从目的出发重新考虑我们编写文档的方式。从目的出发，我们可以找到无数适用的解决方案。本书探讨了各种类别的实践和技术，并将它们整理成近 100 种模式。表 1-1 总结了这种模式语言。

表 1-1　模式总结

模　　式	简短描述
重新思考文档	
大部分知识已经存在	如果知识已经记录在系统中，它就无须再编写成文档
更喜欢固有文档	存储文档的最佳位置是被记录的事物本身

（续）

模　　式	简短描述
专注于专门知识	使用文档学习专门知识，通过培训学习通用知识
准确性机制	只有当有准确性机制能保证文档内容准确时，你才能信任文档
有趣的活动	如果要让一个活动一直发展下去，就让它变得有趣吧
知识开发	
单一来源发布	将知识保存在一个单一来源处，需要发布时，就以它为源发布
一致性机制	如果同一个知识被复制到多个位置，设置一个一致性机制实时检查不一致之处
整合分散各处的信息	将分散在各处的信息放到一起，成为有用的知识
工具历史	你所用的工具记录了你系统的所有知识
现成的文档	你做的大部分事情已经被记录在文献中
知识增强	
增强代码	当代码没有反映完整的故事时，补全缺失的知识，使故事完整
使用注解编写文档	为了编写文档，通过使用注解来扩展你的编程语言
按照约定编写文档	依靠代码约定将知识编写成文档
全模块知识增强	对于一些有共同之处的工件，如果一些知识同时适用于所有这些工件，最好将这些知识摘出来单独放在一个地方
固有知识增强	仅仅用元素固有的知识来注解元素
嵌入式学习	将更多的知识放到代码中可以帮助代码维护人员在工作中学习
边车文件	如果无法将注解加到代码里，就将它们放到一个紧邻代码的文件里
元数据数据库	如果无法将注解加到代码里，就将它们放到一个外部数据库里
机器可访问的文档	能被机器访问的文档为工具开辟了新的机会，使它们在文档设计阶段就能提供帮助
记录你的决策依据	决策背后的依据是用于增强代码最重要的事情之一
确认你的影响力	一个团队的主要影响力是理解他们构建的系统的关键
将提交消息作为全面的文档	精心编写的提交消息使每一行代码都有据可查
知识管理	
动态管理	（就像艺术品策展一样）即使所有艺术品都已经在收藏里了，仍然需要做点什么将它们展示出来
突出核心	领域的某些元素比其他元素更重要
启发性的范例	关于如何编写代码的最佳文档通常就是已有的最佳代码
导览或观光地图	借助于导览或观光地图，你可以轻松快速地在一个新地方找到最好的景点
自动化文档	
活文档	与本身描述的系统同步发展的文档
活词汇表	与本身描述的系统同步发展的词汇表，反映了代码中使用的领域语言
活图表	随时能根据变动再生成的图表。图表上的信息一直保持最新
一图一故事	一个图表应该只描述一个特定的消息

（续）

模　式	简短描述
运行时文档	
可见的测试	测试可以产生使用领域特定符号的可视化输出，以便于人工审核
可见的工作方式	工作的软件在运行时可以成为自身的文档
内省的工作方式	内存中的代码可以成为知识的来源
可重构文档	
代码即文档	大多数时候，代码本身就是它们自己的文档
集成的文档	你的 IDE 已经满足了许多文档需求
纯文本图表	对于那些不能成为真正的活图表的图表，应该根据纯文本文件创建，以使图表更易维护
稳定文档	
常青内容	常青内容是长时间不变的有用内容
持久命名	喜欢持续时间相对较长的命名系统
链接的知识	只要知识之间的联系稳定，当知识连在一起时，知识就变得更有价值
链接注册表	在单个位置修改间接链接来修复断链
加书签的搜索	搜索链接比直接链接更稳定
断链检查器	尽快检测断链有助于产出受信任的文档
投资稳定知识	稳定知识是一项可以在较长时间内收回成本的投资
如何避免传统文档	
集中办公即持续地共享知识	集中办公是持续共享知识的机会
在咖啡机旁沟通	并不是所有的知识交流都需要计划和管理。在轻松的环境中进行自发的讨论往往效果更好，必须加以鼓励
想法沉淀	确认某个知识是否重要需要一些时间
一次性文档	有些文档在删除前仅在有限的时间内有用
按需文档	将你认为有必要记录下来的内容编写成文档
惊讶报告	新来者的超能力带来了新的视角
交互式文档	文档可以尝试模拟对话交互
声明式自动化	每次自动化软件任务时，你都应该抓住机会将它变成文档的一种形式
强制性规范	最好的文档能在正确的时间用正确的知识提示你。对于这种文档，你甚至不需要阅读它
受限行为	影响或约束行为，而不是编写文档
可替换性优先	可替换性的设计减少了了解事物工作方式的需要
一致性优先	保持一致性可以减少对文档的需求
超越文档：活设计	
倾听文档	编写文档可以指出产品的哪些地方还需要改进
丢脸的文档	出现自定义的注释通常表明代码中有一些丢脸的行为
谨慎决策	要想实现更好的设计和文档，必须谨慎地做出决策
干净透明	越透明、越干净，因为灰尘无法掩盖

（续）

模　　式	简短描述
文字云	代码中由标识符组成的文字云应该能说明代码的含义
签名调查	仔细查看代码能看出它的结构
文档驱动	从说明你的项目目标或最终结果开始，例如系统将如何被使用
滥用活文档（反模式）	不要教条式地使用活文档，而要专注于为用户创造价值
活文档拖延症	享受活文档工具带来的乐趣，避免在生产代码中玩得太开心而拖延了文档
可降解的文档	编写文档的目的应该是使其本身变得冗余
无处不在的设计技巧	学习并实践良好的设计，这既有利于你的代码也有利于你的文档
活架构	
记录问题	只是记录解决方案而不解释试图解决的问题，几乎没什么用
利害（stake）驱动架构	理解领域知识时，你碰到的最大挑战是质量属性还是社会技术方面的知识
明确的质量属性	不要让朋友猜你设计系统时的质量属性要求
架构全景图	将多个文档机制整理成一个统一的整体，更便于导航
决策日志	在决策日志中记录重要的决策
分形架构文档	如果你的系统是由几个子系统组成的，就将子系统的文档按要求组合在一起
架构规范	记录你们做决策的方式可以实现分散决策
透明的架构	对所有人开放架构，只要他们能访问信息
架构实现检查	确保架构的实现与其目的匹配
测试驱动架构	最终的活架构是由测试驱动的
小规模模拟即文档	用较小版本的系统来记录一个大规模系统
系统隐喻	在所有人（包括客户、程序员和管理者）之间分享一个具体类比，它能帮你理解系统是如何工作的
引入活文档	
秘密实验	先做一下实验，不需要太多人知道，这样实验失败也不会有任何影响
边际文档	一般只在新工作上使用新的方法
在精神实质上合规	因为活文档方法是在精神实质上合规，而不是在字面上合规，所以它能符合最苛刻的合规性要求
为遗留应用程序编写文档	
知识化石	不应盲目地认为遗留系统是可靠的文档
气泡上下文	创建一个隔离的空间，在那里工作可以不受遗留系统的约束
叠加结构	将所需的结构关联到现有的、不太理想的结构上
突出结构	使叠加结构相对于现有源代码可见
外部注解	有时候你不想仅仅为了添加一些知识而去动一个脆弱的系统
可降解的转化	当一个临时过程完成后，它的文档应该随之消失
商定标语	很多有共同目标的人会对遗留系统做出重大修改；使用标语来共享愿景
强制执行的遗留规则	可能遗留系统转化还没完成，执行转化的人就已经离开了；自动强制执行重大决策来保护它们

1.12.1　活文档：非常简短的版本

如果你只想花一点时间了解什么是活文档，请记住以下几个主要概念。

- 支持对话和集中办公，而不是各种形式的文档。大多数知识已经存在，只需要把它们找出来即可。
- 大多数知识已经存在。你只需要用缺失的上下文、意图和原理来扩充它即可。
- 注意变更的频率。
- 思考文档是将人们的注意力引到系统质量或缺乏质量上的一种方法。

如果上述列表对你来说已经足够清晰，说明你已经理解了本章的关键信息。

1.12.2　更好的文档编制方法

考虑文档这个话题的方法有多种。这些方法涵盖的过程形成了一个循环，循序渐进：从避免编写文档，到制作最大量的文档，到编写的文档超出范围，再到再次质疑文档需求，并再次减少文档来关闭整个循环。而你也可以将这个循环看成一个从轻量级方法到重量级方法的过程。

这个循环涉及所讨论知识的变化速度（波动率）——从稳定的知识到不断变化的知识。

以下描述了本书中将讨论的文档编写方法类别。

- **避免编写文档**：最好的文档通常就是没有文档，因为除了完成工作以外，不值得为知识付出任何特别的努力。通过对话或集体工作进行协作很重要。有时候你可以做得更好，并能改善基本情况，而不是用文档来解决。示例包括自动化和解决根本问题。
- **稳定文档**：不是所有的知识都是始终在变化的。只要知识足够稳定，文档就会变得更加简单，同时也更加有用。有时，只需做一点点改动就可以将一个知识变得更稳定——这就是你要利用的机会。
- **可重构的文档**：由于现代 IDE 和工具的重构功能，代码、测试、纯文本等都能持续同步发展。可重构的文档使我们花费极少或者零代价就可能制作出准确的文档。
- **自动化文档**：自动化文档是最"极客"的操作，是指使用特定工具，并根据软件结构的变化，以"活的"方式自动生成文档。当软件正在运行时，自动化文档的一种特殊形式是在运行时中执行的每一种方法，这与在构建时起作用的其他方法相反。
- **超越文档**：最后，我们来讨论超越文档领域，在这里我们可以质疑一切，并认识到文档这个概念在转移和存储知识之外还能带来很多好处。我们因此获得启发，并且以一种更具批判性的方式重新考虑其他所有方法和技术。活文档的这一方面更为抽象，但很重要。活文档实践能激发你对工作的注意力，也能提高工作质量。

这些类别构成了本书的主要章节，但本书的章节顺序正好与上述类别顺序相反——从技术性更高、更易于掌握的观点到更抽象和以人为本的观点。这种顺序意味着本书先介绍不太重要的类别，再介绍重要的类别。

在所有这些方法中，本书讨论了一些核心原则，这些原则将指导你如何有效地编写文档。

1.13　DDD 入门

花点时间学习使用活文档，你就离领域驱动设计近了一步。

活文档有助于指导一个团队或一组团队执行 DDD（领域驱动设计）实践。它能使这些实践更具体，并将团队的注意力集中到生成的工件上。当然，怎样使用 DDD 思维方式工作要比生成的工件重要得多。尽管如此，这些工件至少可以让你看到什么是 DDD，以及任何有问题的做法，并提供相关指导。

1.13.1　DDD 概述

DDD 是一种解决软件开发核心复杂性的方法。它主要提倡将重点放在特定的业务领域上，即编写直接表达领域知识的代码，而不在领域分析和可执行代码之间进行任何转换。因此，与许多有关建模的文献相反，它要求**直接用编程语言编写的代码进行建模**。只有与领域专家或所有使用同样通用语言（即业务领域语言）的人进行频繁且密切的对话，你才有可能做到。

DDD 要求将精力集中在核心领域上。所谓的核心领域是指有可能区别于竞争对手的业务领域。因此，DDD 鼓励开发人员不仅要交付代码，而且要以建设性的双向关系为业务合作伙伴做出贡献，从而使开发人员加深对业务的了解并深入了解重要利益。

DDD 深深植根于 Kent Beck 的《解析极限编程：拥抱变化》一书。它也建立在模式文献的基础上，其中最著名的是 Martin Fowler 的《分析模式：可复用的对象模型》和 Rebecca Wirfs-Brock 的《对象设计：角色、责任和协作》，后者开始了以 xDD 形式命名的实践。

Eric Evans 的《领域驱动设计：软件核心复杂性应对之道》还包括许多成功应用 DDD 的模式。最重要的概念之一是限界上下文。**限界上下文**定义了系统中可以保持语言精确且无歧义的区域。限界上下文对系统设计的主要贡献是它们将大型、复杂的系统简化并划分为多个较小、较简单的子系统（没有太多缺点）。在团队之间高效地划分系统和工作非常困难，而限界上下文概念是一个强大的设计工具，可以帮助实现这一目标。

Evans 的《领域驱动设计：软件核心复杂性应对之道》一书出版于 2003 年，所以书中提到的大部分示例是这个概念在面向对象的编程语言中的应用。但是很明显，自该书出版后，DDD 在函数式编程语言中也同样适用。我经常声称，即使在面向对象的编程语言中，DDD 也提倡使用函数式编程风格的代码。

1.13.2　活文档和 DDD

本书重点介绍 DDD 的几个方面。

- □ 它支持在项目中使用 DDD，特别是通过选中的这些示例来说明这一点。
- □ 它显示了文档如何支持使用 DDD 以及 DDD 如何做出反馈进而改进你的实践。
- □ 它本身就是 DDD 在文档和知识管理上的应用——以解决文档的方式。
- □ 特别是，许多活文档实践实际上是直接来自 Eric Evans 书中的 DDD 模式。
- □ 撰写本书的目的是当团队没有做好设计时，通过使设计可见的文档实践将团队的注意力真正吸引到设计或设计的缺失上来。

上述这些因素会使本书成为介绍 DDD 的书吗？我想会的。作为 DDD 的粉丝，我真是乐见其成。

活文档就是要使每个决定都明确，不仅包括代码运行后的结果，还包括使用代码的所有表现力作为文档介质来表达（或建模）的依据、上下文和相关的业务利害。

如果一个项目解决了一个没有标准解决方案的问题，那么它就很有趣。这个项目在探索这个领域时，必须通过不断学习和探索大量知识来找到解决问题的方法。结果，生成的代码一直在变化，从小的变化到大的突破。

如果要"尝试，再尝试"，那么就需要易于修改的文档。但是，随时保存那些花费大量精力学习的重要知识是很重要的。一旦掌握了这些知识，你就可以通过编写和重构源代码以及其他技术工件，将其转化为有价值的可交付软件。但是你需要找到在整个过程中保存知识的方法。

DDD 提倡将"用代码建模"作为基本解决方案。这个想法认为代码本身就是知识的一种表示。只有当代码不足以传递知识时，你才需要求助于其他东西。战术模式利用了代码是主要媒介的理念，并指导开发人员如何使用普通的编程语言在实际中使用代码。

因此，你在学习活文档的同时也在学习领域驱动设计的某些内容。事半功倍，还免费。

1.13.3　当活文档是 DDD 应用时

活文档不仅支持 DDD，而且本身就是在整个生命周期中将 DDD 方法应用于知识管理领域的一个示例。在许多情况下，活文档是 DDD 的直接应用案例，只是名称略有不同。

1.13.4　BDD、DDD、XP 和活文档同根而生

"活文档"一词是 Gojko Adzic 在《实例化需求：团队如何交付正确的软件》一书中引入的，这是一本关于 BDD 的书。BDD 是 Dan North 提出的一种关于软件开发中人与人之间协作的方法，他通过将 TDD 与 DDD 的通用语言相结合介绍了这一概念。由此可知，即使是术语"活文档"也扎根在 DDD 中！

活文档严格遵循 DDD 的以下原则。

- ❑ **代码即模型**：代码是模型（反之亦然），所以你希望在代码中尽可能多地了解模型。根据定义，这就是文档。
- ❑ **使代码表达所有知识的战术技术**：你想利用编程语言最大限度地表达内容，甚至表达在运行时未执行的知识。
- ❑ **随着 DDD 不断螺旋式发展知识**：知识消化主要是业务领域专家和开发团队之间的协作问题。通过这个过程，一些最重要的知识会体现在代码中，甚至可能体现在其他一些工件中。因为所有知识随时都可能在发展，所以任何记录在案的知识都必须拥抱变化，而不能受维护成本等障碍的影响。
- ❑ **明确什么是重要的，什么是不重要的**：换句话说，重点需要放在管理上。"专注于核心领域"和"突出显示核心概念"的想法出自 Evans 的《领域驱动设计：软件核心复杂性应对之道》一书。尽管人类的记忆力和认知能力有限，但你仍可以通过管理来帮助控制知识，从而完成更多的事情。
- ❑ **注意细节**：许多 DDD 模式都强调注意细节。决策应该是审慎的而不是武断的，并且应该以具体反馈为指导。活文档方法必须通过使记录经过深思熟虑的内容变得更容易，并在整个过程中给予有见地的反馈，来鼓励关注细节。
- ❑ **战略设计和大规模结构**：DDD 提供了在战略级别和大规模处理不断发展的知识的技术，也为更智能地编写文档提供了机会。

如果不重写其他书的部分内容，我们很难描述活文档概念与 DDD 之间的所有对应关系。但是有一些例子有必要说一下（见表 1-2）。

表 1-2　活文档与 DDD 的对应关系

活文档模式	DDD 模式（出自 Evans 的书或者之后的贡献）	说　明
现成的知识；承认参考书目	尽可能利用既定的形式主义；查阅书籍；应用分析模式	明确声明所有与参考资料一起使用的现成知识
常青文档	领域愿景说明	高层级的知识是可以在常青文档中编写的稳定知识的好例子
代码即文档	模型驱动设计；释意接口；声明式设计；模型驱动设计的构件块（以实现表达性代码）	DDD 是用纯代码建模的，目的是使所有领域知识都体现在代码及其测试中
活词汇表	通用语言	当代码在字面上遵循通用语言模式时，它会成为该领域词汇表的唯一参考
倾听文档	亲身实践的建模者	亲手用从代码中提取出来的活文档在代码中建模，能对设计质量提供快速反馈
易于修改的文档	通过重构得到更深层的理解；尝试，再尝试	使用 XP、DDD 和活文档时，"拥抱变化"是永恒不变的主题
知识管理	突出核心；标明核心；分离核心；抽象核心	在 DDD 中，将特别重要的部分与其他部分分离开来是关键驱动力；目的是更好地分配精力和认知注意力

活文档超越了传统文档及其局限性。它详细介绍了 DDD 技术，关于业务领域和设计的知识建议，以及基础结构和交付过程（对于项目干系人来说，这同时也是技术领域）。对于指导开发人员如何以战术和战略方式进行知识投资，以及在短期和长期内如何应对变化来说，DDD 的思想至关重要。因此，在进行活文档开发时，你同时也在学习 DDD。

1.14　小结

在本章中，你已经看到，一些传统的做法无法改进，导致编写文档一直是一项很费劲的工作。从某方面来说，这是一个好消息，因为这意味着，考虑到现今处理的快节奏、易于变更的项目，我们还有很多机会在解构这个主题后再从根本上重新构建它。

活文档关注的是软件开发过程中涉及的知识。有些知识比其他知识更重要，而最重要的知识几乎肯定已经存在于项目的工件中。活文档的目标和乐趣是，识别有价值的知识，确认它当前的位置，并确定可能缺失的知识以及变更的频率，以便以最小的代价获得最大的收益。换句话说，它要在代码库中设计知识系统，而且像编码一样需要设计技能！

第 2 章

BDD：活需求说明的示例

编写文档来描述业务行为怎么样？（如你所知，业务人员都认死理。）

BDD（行为驱动开发）是活文档的第一个示例。Gojko Adzic 在《实例化需求：团队如何交付正确的软件》一书中解释了，许多执行 BDD 的团队认为活文档解释了应用程序正在做什么，而且因为文档的内容始终保持最新，所以他们可以信任活文档。他们认为这是执行 BDD 取得的最大收益之一。

以下各节将带你快速了解与活文档有关的 BDD 是什么以及不是什么。

2.1 BDD 是为了对话

如果你以为 BDD 是用于测试的，那么请把你自认为懂得的都忘了吧，你根本就不懂 BDD。BDD 是为了有效地分享知识。这意味着不需要任何工具就可以执行 BDD。BDD 能促进三个（或更多）好朋友之间的深入对话，如图 2-1 所示。BDD 还依赖于一些具体场景的使用（这些场景必须使用业务领域语言）来及早发现误解和歧义。

业务分析师　　　　　　开发人员　　　　　　测试员

图 2-1　Three Amigos

2.2　实现自动化的 BDD 是为了活文档

执行 BDD 的团队只靠对话就能产生很大的价值。但是，如果再投入一点精力设置自动化，会带来更多好处。使用诸如 Cucumber 之类的工具时，BDD 仍然需要在干系人（尤其在业务分析师、开发人员和测试员）之间使用领域语言，专注于高层级目标，同时也经常使用具体示例（即场景）。这些场景后来会在工具中用于测试，同时它们也会成为活文档。

冗余与一致性

BDD 场景描述的是应用程序的行为，但是应用程序的源代码描述的也是同样的行为，所以场景和源代码彼此冗余，如图 2-2 所示。

图 2-2　场景和代码描述了同一行为

这种冗余是好事：如果处理得当，以纯领域语言表述的场景可供非技术人员使用，如从未读过代码的业务人员。但是，这种冗余同时也是一个问题——如果某些场景或部分代码发生了变化，那么你将遇到两个问题：你必须决定是信任场景还是信任代码；更大的问题是，你必须能发现你的场景和代码已经不同步了。

因此，我们需要一种一致性机制。对于 BDD，你可以使用测试和 Cucumber 或 SpecFlow 等工具来保障一致性。这些工具就像罗伯威尔结构一样在两个冗余知识之间实现平衡，如图 2-3 所示。

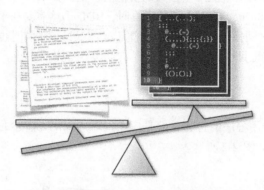

图 2-3　工具定期检查场景与代码是否描述了相同的行为

这些工具以纯文本的形式解析场景，并使用开发人员提供的一些粘合代码来驱动实际代码。调用实际代码时，场景的 Given（假设）和 When（当……时）部分中的数量、日期和其他值被提取出来并作为参数传递。从场景的 Then（那么）部分提取出来的值用于断言，以根据代码匹配的结果检查场景中的期望值。

这些工具将场景转变为自动化测试。令人欣喜的是，这些测试还提供了一种能判断场景和代码何时不再同步的方法。这是一致性机制的一个例子，该机制能确保冗余信息始终互相匹配。

2.3　在文件中解析场景

使用诸如 Cucumber 或 SpecFlow 之类的工具将场景自动执行到测试中时，你会创建一些文件，即**功能文件**。这些文件是纯文本文件，与代码一样，存储在源代码控制系统中。它们通常存储在测试附件中，或者作为 Maven 测试资源被存储。这意味着它们会像代码一样进行版本管理，并且便于区分。

我们来仔细了解一下功能文件。

2.3.1　功能文件的意图

功能文件必须以叙述开头，描述文件中所有场景的意图。它通常采用的格式为 "In order to… As a… I want…"（为了……，作为一名……，我想要……）。以 "In order to"（为了……）开头可以让你专注于最重要的事情，即你正在寻找的价值。

以下是一个应用程序的叙述示例，描述的是一个在包裹运输车队管理中检测潜在欺诈的应用程序：

```
1    Feature：加油卡交易异常
2    为了检测司机潜在的加油卡异常行为
3    作为一名车队管理人员
4    我想要自动检测所有加油卡交易中的异常行为
```

注意，工具仅将这段叙述看作文本，没有对它做任何处理，只是将它包括在报告中，因为它们承认这很重要。

2.3.2　功能文件场景

功能文件的其余部分通常会列出与功能有关的所有场景。每个场景都有一个标题，而且场景描述几乎都采用"Given... When... Then..."（假设……当……那么……）这种模式。

一个在包裹运输车队管理中检测潜在欺诈行为的应用程序包含诸多场景，以下示例描述的是其中一个具体场景：

```
1    Scenario：加油业务中的燃油交易量超过了油箱的容量
2    Given 23 号汽车的油箱容积为 48L
3    When 在加油卡上报告 23 号车的 52L 燃油交易
4    Then 报告异常"52L 的燃油交易量大于油箱容积（48L）"
```

一个功能文件通常会描述 3 到 15 个场景，包括最理想的场景、理想场景的可能变数，以及最重要的情况。

描述场景的方式还有很多，例如使用大纲格式，而且还有一些方法可以排除场景和背景场景之间的共同假设。

2.3.3　需求说明的细节

在许多情况下，只用场景就足以描述预期的行为，但是在某些业务丰富的领域（例如会计或财务）中，只有场景肯定是不够的。在这种情况下，你还需要抽象的规则和公式。

与其将所有这些额外的知识放在 Word 文档或 wiki 中，还不如将其直接嵌入到相关功能文件中，置于意图和场景列表之间，如下所示（示例所用的功能文件如前述）：

```
1    Feature：加油卡交易异常
2    为了检测司机潜在的加油卡异常行为
3    作为一名车队管理人员
4    我想要自动检测所有加油卡交易中的异常行为
5
6    描述：
7    监测发现以下异常行为：
8    * 燃油泄漏：每当 capacity > 1 + 公差时，其中
9    capacity = 燃油交易总量/汽车油箱容积
10   * 交易地点离汽车位置很远：每当 distance to vehicle > 阈值时，其中
11   distance to vehicle = geo-distance（汽车坐标，加油站坐标），汽车坐标由 GPS 提供，通过
(vehicle, timestamp)追踪，加油站坐标通过对邮寄地址进行地理编码提供
12
```

```
13 Scenario: 无异常的燃油交易
14 When 在加油卡上报告一笔交易
15 ...///  更多场景描述
```

这些需求说明的细节只是自由文本形式的注释，工具会完全忽略它们。但是，将它们放在这里是为了将其与相关的场景放在一起。每当你修改场景或细节时，就更有可能会去更新需求说明细节，因为它离得非常近。毕竟，我们一般都是"别久情疏"，看不到，自然就忘了。但是，这并不是说你一定会这么做。

2.3.4　功能文件中的标签

功能文件的最后一个重要特征是能添加标签。每个场景都可以有标签，如下所示。

```
1 @acceptance-criteria @specs @wip @fixedincome @interests
2 Scenario: 一年计两次复利
3    Given 本金为 1000 美元
4    ...//
```

标签就是文档。一些标签描述了项目管理知识，例如@wip 代表 "Work in progress"，即工作正在进行中，表示当前正在开发此场景。其他类似的标签甚至可能将参与开发的人员名字加了进来（例如，@bob、@team-red），或者提及冲刺（例如，@sprint-23）或目标（例如，@learn-about-reporting-needs）。这些标签都是临时的，在所有任务完成后就会被删除。

有些标签描述了场景的重要性。例如，@acceptance-criteria 标签表示这个场景是少数用户验收标准的一部分。其他类似的标签可能有助于管理场景，例如@happy-path、@nominal、@variant、@negative、@exception 和@core。

最后，有些标签描述了业务领域中的类别和概念。例如，在上述示例中，标签@fixedincome 和@interests 表示这个场景与固定收入和利息财务领域相关。

标签也应被记录。例如，搭配一个文本文件列出所有有效标签以及每个标签的文本描述。为了确保功能文件中使用的所有标签记录在文档中，我的同事 Arnauld Loyer 喜欢添加一个单独的单元测试作为另一个一致性机制。

组织功能文件

随着功能文件数量的增加，我们有必要将它们整理到文件夹中。你所用的整理方法也是一种传播知识的方法：文件夹本身就可以讲述故事。

如果业务领域是最重要的，我建议你按功能领域组织文件夹，以显示整体业务情况。例如，你可能会有以下文件夹：

- 会计
- 报告规则
- 折扣

❏ 特别优惠

如果你还有其他内容（如文本和图片），也可以将其放到同一个文件夹中，以便尽可能靠近相应的场景。

在《实例化需求：团队如何交付正确的软件》一书中，Gojko Adzic 列出了三种将信息整理成文件夹的方法：

❏ 按功能领域
❏ 根据 UI 导航路径（当记录用户界面时）
❏ 根据业务流程（当端到端用例的可追溯性是必需的）

通过这种方法，文件夹的名称就代表了业务文档的各章（如本章后面的示例所示）。

2.3.5　场景即交互式活文档

场景构成了活文档的基础。更好的是，这种文档一般是交互式的，就像生成的一个交互式网站。例如，如果结合使用 Pickles 和 SpecFlow，则每个构建过程都会生成一个特定的单页网站（请参见图 2-4）。如果一个文件夹表示一章功能领域的内容，那么网站就会有一个按章组织的导航窗格。网站展示了所有场景，以及测试结果和统计信息。这个功能非常强大，比你以前见过的任何纸质文档都要强大得多。

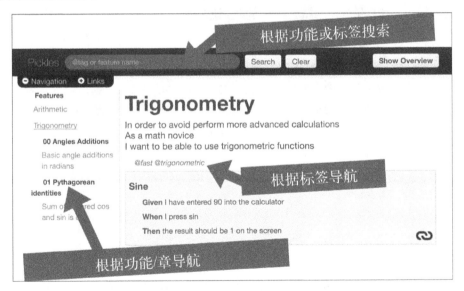

图 2-4　用 Pickles 生成的交互式文档网站

Pickles 中内置的搜索引擎让你能通过关键词或标签即时访问任何场景。这是标签的第二个强大作用——使搜索更加有效和准确。

2.3.6　将场景做成无聊的纸质文档

像上节所示的交互式网站对于团队来说很方便，可以快速访问业务行为知识。但是，在某些情况下（例如有强制合规性要求时），你必须提供无聊的纸质文档（boring paper document，有些人称之为 BPD）。

创建这类文档的工具有很多，其中一个是我在 Arolla 的同事 Arnauld Loyer（@aloyer）开发的，名为 Tzatziki，因为它是一种黄瓜酱的名字[①]。它能从功能文件中导出漂亮的 PDF 文档。更进一步，它还能导出 Markdown 文件，并能将与功能文件一起存储的图片一起导出到文档里。因此，它有助于在每个功能领域章节的开头创建漂亮的说明。

> **注意**
>
> 如果你缺少项目背景所需的工具，那么应该在现有工具基础上开发一个工具，或开发一个工具作为现有工具的衍生工具。万事皆有可能。你可以在黑客马拉松日或闲暇时间开发自定义工具或工具扩展程序，将它们视为一个有趣的项目。这种工具不一定要由供应商或其他人来开发。

BDD 是活文档的一个很好的例子：它并不是让你额外多做工作，所做的工作都只是正常工作的一部分。因为有监控一致性的工具，所以活文档的内容始终与代码保持同步。而且，如果源代码中的功能文件不够用，那么生成的网站会指导你如何让文档变得有用、可交互、可搜索且组织良好。

2.4　功能文件示例

本节提供了金融业务领域中虚构但切合实际的功能文件的一个完整示例。为了简短起见，这个示例仅包含一个大纲格式的场景以及相应的数据表。它举例说明了使用 Cucumber、SpecFlow 和等效工具的另一种风格，针对这个表的每一行评估这个场景。这是一个完整的功能文件示例：

```
1   Feature: 根据本金计算复利
2   为了管理公司资金
3   作为一名财务人员
4   我想根据账户上的本金计算复利
5
6   描述：
7   复利是指银行为本金（即最初的金额）和利息（即账户已获得的利息）之和而支付的利息
8
9   为了计算复利，使用以下公式
10
11  在公式中，A 表示本金为 P 的账户经过 t 年以利率 r 计息 n 次后所得的最终金额
12
```

---

① BDD 开发工具名叫 Cucumber（黄瓜），这个工具的名称为 Tzatziki（一种黄瓜酱），以此说明 Tzatziki 是 Cucumber 的一种配套工具。——译者注

```
13
14
15  A = P*(1+(r/n))^n*t
16
17
18  Scenario: 每年计两次复利
19  Given 本金为 1000 美元
20  And 每年两次计算复利的利率为 5%
21  When 计算时间为 1 年整
22  Then 账户中的金额为 1053.63 美元
23
24  Scenario: 每年计四次复利
25  //... 以大纲格式描述的场景
26
27  示例:
28
29  | 约定       | 利率   | 时间  | 金额       | 备注            |
30  |-----------|------|------|-----------|----------------------|
31  | LINEAR    | 0.05 | 2    | 0.100000  | (1+rt)-1             |
32  | COMPOUND  | 0.05 | 2    | 0.102500  | (1+r)^t-1            |
33  | DISCOUNT  | 0.05 | 2    | -0.100000 | (1 - rt)-1           |
34  | CONTINUOUS| 0.05 | 2    | 0.105171  | (e^rt)-1 (rare)      |
35  | NONE      | 0.05 | 2    | 0         | 0                    |
36  |---------------------------------------------------------|
```

借助于这些工具,所有业务场景同时成为自动化测试和活文档。这些场景只是功能文件中的纯文本。要弥合场景中的文本和实际的生产代码之间的鸿沟,你需要创建一些步骤。每个步骤都在一个特定的文本语句上触发,与正则表达式匹配,并调用生产代码。文本语句中可能有一些参数,经过解析能以不同的方式调用生产代码,示例如下:

```
1  示例:
2  Given VAT(Value Added Tax, 增值税)是 9.90%
3  When 我想以 25 欧元的不含税价格买一本书
4  Then 我需要支付 2.49 欧元的增值税
```

为了使这个场景自动化,你需要为场景中使用的每一行定义所谓的**步骤**。例如,你可以对以下句子做如下定义:

```
1  "当我想用欧元以不含税价格<exVATPrice>买一本书时"
```

它会触发以下粘合代码:

```
1  Book(number exVATPrice)
2  Service = LookupOrderService();
3  Service.sendOrder(exVATPrice);
```

在这个代码段中,工具(Cucumber 或 SpecFlow)将变量 exVATPrice 传递给粘合代码。这个变量的值是从场景的句子中自动提取的。例如,在上述场景中,exVATPrice 的值为 25。

使用这种方法,场景就会变成由场景及其声明的值驱动的自动化测试。如果你在不更改代码的情况下更改了场景中价格的舍入模式,那么测试就会失败。如果你在不更改场景描述的情况下更改了代码中价格的舍入模式，那么测试也会失败。这是一种一致性机制，用于指示冗余双方之间的不一致。

2.5　用典型案例展示活文档的方方面面

BDD 已经证明，通过更认真地完成需求说明，可以编制出始终与代码保持同步的准确文档。BDD 是活文档的典型案例，而且活文档所有核心原则在 BDD 中均有体现。

- □ **协作**：BDD 的主要工具是人与人之间的对话，确保三个（或更多）好朋友中的每个角色都在场。
- □ **省力**：围绕具体示例进行的对话有助于达成共识。再额外做些工作，这些示例就会成为自动化测试和活文档，正可谓是一箭多雕。
- □ **可靠（因为一致性机制）**：由于文本场景和实现代码同时对业务行为做了描述，所以像 Cucumber 和 SpecFlow 之类的工具可以确保场景和代码始终保持同步（或者至少在不同步时显示出来）。只要存在知识重复，这么做就是必要的。
- □ **有见地**：对话会提供反馈，编写和自动化场景也是如此。例如，如果场景描述太长或太糟糕，BDD 可能建议查找缺失的隐式概念，从而使场景描述更短、更简单。

它还举例说明了本书后面描述的其他理念。

- □ **目标受众**：整个工作面向的是包括业务人员在内的受众，因此在讨论业务需求时，重点是使用清晰的非技术性语言。
- □ **想法沉淀**：一般有对话就足够了，而且不是所有的内容都需要写下来。为了归档或自动化，只有那些最重要的场景（即**关键场景**）才需要被记录下来。
- □ **纯文本文档**：纯文本很便于管理一直变化的内容，并且它在源代码控制系统中与源代码共存也很方便。
- □ **可访问的已发布快照**：并非每个人都能或想要访问源代码控制系统来读取场景。Pickles 和 Tzatziki 等工具提供了一种解决方案，它们可以将当前所有场景的快照导出并生成交互式网站或可打印的 PDF 文档。

既然你已经将 BDD 视为活文档的典型案例，就可以继续研究应用活文档的其他情况了。就像 BDD 一样，活文档并不是只能用于描述业务行为，它还可以为你在软件开发项目的很多其他方面（甚至在软件开发之外）提供帮助。

2.6　更进一步：充分利用活文档

描述业务场景的功能文件是有效收集丰富领域知识的好方法。

支持团队执行 BDD 实践的大多数工具支持 Gherkin 语法。使用这种工具时，功能文件最好采用如下所示的固定格式：

```
 1  Feature: 功能名称
 2
 3  为了……，作为一名……，我想要……
 4
 5  Scenario: 第一个场景的名称
 6  Given……
 7  When……
 8  Then……
 9
10  Scenario: 第二个场景的名称
11  ……
```

随着时间的流逝，在金融或保险等知识丰富的领域里，团队意识到他们需要更多的文档，而不只是顶部的意图和底部的具体场景。所以，他们开始在两者之间（即"描述区域"）添加对业务案例的额外描述，这些描述会被工具无视。像 Pickles 这种能根据功能文件生成文档的工具适应了这种用法，并开始为所谓的"描述区域"支持 Markdown 格式：

```
 1  Feature: 投资现值
 2
 3  为了计算投资机会的盈亏平衡点
 4  作为一名投资经理
 5  我想要计算未来现金的现值
 6
 7
 8  描述
 9  ===========
10
11  我们需要知道给定的未来现金*FV*的现值*PV*，计算公式如下：
12
13  - 使用负幂符号：
14
15          PV = FV * (1 + i)^(-n)
16
17  - 或者用一种等效形式：
18
19          PV = FV * (1 / (1 + i)^n)
20
21  示例
22  -------
23
24     例: n = 2, i = 8%
25     PV?                              FV = $100
26     |                   |             |
27     ------------------------------------> t (years)
28     0                   1             2
29
30
31  Scenario: 单笔现金的现值
32    Given 两年后的现金金额为 100 美元
33    And 利率为 8%
34    When 我们计算它的现值
35    Then 它的现值是 85.73 美元
```

这个文档会被渲染成一个标题为"Feature：投资现值"的漂亮文档，显示在活文档网站上。

这个示例说明了功能文件如何让你直接在源代码控制系统中的同一位置收集大量文档。请注意，文件中间这个包含文本、公式和 ASCII 图表的描述区域并非真的是"活的"，它只是与场景位于同一位置。如果你修改了场景，那么可能还需要更新场景附近的描述。但是，这并不是说你一定会这么做。

最佳策略是将不经常修改的知识放入描述部分，并将易变的部分写入具体场景中。为了做到这一点，一种方法是澄清描述使用样本编号，而不是在任何时间点用于业务流程配置的编号。

诸如 Pickle、Relish 和 Tzatzikinow 之类的工具能支持 Markdown 格式的描述，甚至能支持紧临功能文件的纯 Markdown 文件。这使得领域文档很容易被集成并保持一致。正如金融监管机构所期望的那样，Tzatziki 可以从所有这些知识中导出 PDF 文档。

基于属性的测试和 BDD

需求通常自然地作为属性出现（例如，"所支付和收到的所有款项之和必须始终为零"或"没有人可以同时成为律师和法官"）。在执行 BDD 或 TDD 时，你必须用特定的具体示例来说明这些常规属性，这将有助于发现问题并逐步构建代码。

跟踪常规属性来挖掘它们的文档价值是个好主意。如本章前面所述，你通常在功能文件中使用纯文本注释来描述常规属性。但事实是，基于属性测试的技术恰恰是针对随机生成的样本来使用这些属性。这是通过基于属性的测试框架来执行的，该框架使用样本生成器生成的输入来反复运行相同的测试。典型的基于属性的测试框架是 Haskell 中的 QuickCheck，现在大多数其他编程语言中有类似的工具。

将基于属性的测试集成到你的功能文件中，最终也会使常规属性成为可执行文件。实际上，只需添加一些描述常规属性的特殊场景并在它们下面调用基于属性的测试框架，如下所示。

```
1  Scenario: 衍生品兑换的所有现金金额之和必须为零
2
3  Given 任意一种衍生金融工具
4  And 它生命周期中的任意一个日期
5  When 我们在这一日期为支付者和收款者产生现金流
6  Then 支付者和收款者的现金流总量一定为零
```

这种场景里通常使用诸如"假设任意一个购物车……"之类的句子。这种措辞给常规场景添了点代码的味道，但是，对于基于属性的测试工具的面向属性的场景来说，它可以补充常规的具体场景。

1. 创建词汇表

理想的词汇表应该是"活的"，是直接从你的代码中提取出来的，即活词汇表。但是，在许多情况下，你无法创建活词汇表，必须手动创建。

你可以手动创建一个 Markdown 格式的词汇表,并将它与其他功能文件放在一起。这样,这个词汇表也会出现在活文档网站上。你甚至可以将它作为虚拟的空功能文件来执行。

2. 链接到非功能性知识

不是所有的知识都应该在同一位置描述。你不想将领域知识与特定于 UI 或遗留系统的知识混合在一起,因为这些知识很重要,也应该存储到其他地方。而且,当语言与领域语言相关时,你应该使用链接来表示关系并使其易于查找。

如本书后面会提到的,你可以使用不同的链接方法。比如:

❑ 直接链接到一个 URL,然而每次链接发生变更时,你都可能会面临断链的风险;
❑ 也可以通过你维护的链接注册表来管理链接,并用有效链接替换断开的链接;
❑ 还可以使用加书签的搜索链接到包含相关内容的位置。

链接到非功能性知识让你能灵活地链接到相关内容,但代价是读者每次都要选择最相关的结果。

2.7 小结

BDD 是活文档的典型示例,主要依靠团队成员之间的频繁对话。这是构建软件的必要工作的直接组成部分,但是它以业务人员和开发人员都能访问的形式保留了在项目中收集的知识。尽管它会在代码和场景中重复知识,但随附的工具仍可确保所有信息保持同步。然而,BDD 仅处理了软件的业务行为。在后续章节中,我们将探讨如何将这些想法外推到与软件开发相关的其他活动中。

第 3 章

知识开发

3

对于一个给定的项目或系统，很多知识本来就存在，而且无处不在：可能在软件的源代码中、在各种配置文件中、在测试的源代码中、在应用程序运行时的行为中、在各种随机文件和周围各种工具的数据中，甚至在所有相关人员的大脑中。

传统文档试图将知识收集起来并编制成纸质或在线文档，便于使用。这些文档只是将其他地方的知识复制过来。如果"其他地方"的知识是权威的、可以信任的，同时又是不断发展变化的，那么通过这种方式创建的文档就会有问题。

因为知识已经存在于多个地方，所以你需要做的只是建立一种机制，以便在需要某个知识时，将它从所存储的地方提取出来，并放到需要它的地方。另外，由于你没有太多时间做这件事情，这个机制必须是轻量级的、可靠的和省力的。

3.1 识别权威性知识

学会发现系统中的权威性知识来源很重要。如果同样的知识在不同的地方重复出现，你就需要知道在哪里可以找到你能信任的知识。当决策发生变化时，知识通过哪些方面最准确地反映这些变化？

因此，要确定权威性知识所在的所有位置。对于给定的需求，设置诸如自动化这样的机制来提取知识并将其转换成适当的形式。确保这种机制保持简单而且不需要你花太长时间去关注它。

关于软件工作方式的知识在源代码里。在理想情况下，这些知识易于阅读，不需要任何其他文档。在不太理想的情况下（可能是因为源代码本来就比较混乱），你只需让这些知识更容易被访问就可以了。

3.2 知识现在在哪里

想象一下，一位同事或经理对你说："给我有关××的文档！"收到这个请求后，你首先要做的是问问自己或团队："这些知识现在在哪里？"

答案通常很明显：知识在代码里、在功能测试里或者在项目目标文档里。但是，有时候，答案又不那么明显：这些知识在人们的大脑里，可能他们自己都不知道自己有这些知识；这些知识甚至可能在多个人的大脑里，在这种情况下，你需要将这些人召集起来开个研讨会来阐明情况。有些知识只会在工作软件评估期间存在于程序运行时的内存中。

确定了权威性知识的位置后，你要如何利用这些知识并使其成为活文档呢？

如果你找到了知识，但其当前形式无法或不便于被目标受众访问，也不能直接用于预期目的，就必须将它们从单一信息源中提取出来并转换为更易于访问的形式。这个过程应该实现自动化，从而发布版本清晰的文档，并提供指向最新版本的链接。

有时，有些知识可能无法提取。例如，也许代码里不是以英语句子描述业务行为，所以无法简单地提取出句子。在这种情况下，你可以手动将这些句子编写为功能场景或测试。这样就在知识里引入了冗余。因此，如上一章所述，你需要一种一致性机制来轻松检测内容的不一致。

当知识分散在多个地方时，你需要一种整合所有知识的方法，将知识汇总起来。当知识过多时，仔细的选择过程，即知识管理过程，也是必不可少的。

3.3 单一来源发布

让知识只有单一信息源，并在需要时以该来源的内容为准发布知识，这一点很重要。当权威性知识来源是某种编程语言编写的源代码或者是采用某种形式语法的工具配置文件时，让那些无法阅读这些文件的受众可以访问这些知识就变得很有必要。解决这个问题的标准做法是以一种所有人都能看懂的格式来提供文档，比如用简单英文书写的 PDF 文档、Microsoft Office 文档、电子表格或者幻灯片。但是，如果你直接创建一个文档以复制粘贴的方式在文档里包含所有相关知识，那么发生变更时就会很难办。在一个正常运转的项目中，经常变更几乎是必然的。

Andrew Hunt 和 David Thomas 在《程序员修炼之道：从小工到专家》一书中说可以将英语看作一种编程语言。他们建议："像编写代码一样编写文档：遵循 DRY（Don't Repeat Yourself，不要重复你自己）原则、使用元数据、MVC、自动生成等。"作为重复的一个示例，Hunt 和 Thomas 提到，如果已经有以 SQL 这类形式语言编写的数据库模式文件，那么需求说明文档中的数据库模式就是多余的。一个内容必须根据另一个内容产生，例如，需求说明文档可以由能将 SQL 或 DDL 文件转换为纯文本和图表的工具产生。

因此，每一项知识都只放在一个地方，使其成为权威性知识来源。当文档受众无法直接访问这些知识，而你又必须为他们提供这些知识时，请从该单一知识来源发布文件。不要通过复制和粘贴的方法将知识元素包含到要发布的文档中，而是使用自动化机制直接从单一的权威性知识来源创建需要发布的文档。

图 3-1 说明了如何通过自动化机制提取现有的权威性知识，从而发布文档。

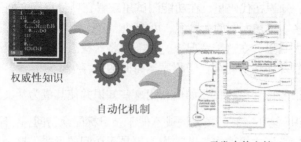

权威性知识

自动化机制

已发布的文档

图 3-1　从权威性知识到已发布的文档

3.3.1　制作并发布文档的示例

能从源代码和其他技术工件中创建文档的工具有很多，下面是几个例子。

❑ **GitHub**：GitHub 会将 README.md 文件转换为漂亮的网页。README.md 文件是描述整个项目目标的单一知识来源。

❑ **Javadoc**：Javadoc 提取了代码的结构以及所有公共或私有 API，并将其作为参考文档发布到网站上。为了生成你指定的报告、词汇表或图表，你可以轻松地基于标准 Javadoc Doclet 创建自定义工具，如第 6 章所述。

❑ **Maven**：Maven 和其他一些工具有内置方法，可以通过将大量的工具报告和渲染好的工件放在一起来生成一致的文档，通常采用网站的形式。例如，Maven 收集测试报告、静态分析工具报告、Javadoc 输出文件夹以及 Markdown 文档，并将其全部整理并发布到一个标准网站上。在这个过程中，每个 Markdown 文档都会呈现。

❑ **Leanpub**：Leanpub 是我用来编写本书的发布平台。它是单一来源发布机制的典型示例：每一章内容对应一个独立的 Markdown 文件，图片保存在外部，代码可以在它们自己的源文件中，甚至目录也在其自己的文件中。换句话说，内容存储的方式更便于使用。每当我需要预览时，Leanpub 的发布工具链就会根据目录整理所有文件，并通过各种工具对 Markdown 文件进行渲染、排版和代码突出显示，从而生成 PDF、MOBI 和 ePUB 等格式的高质量图书。这有点类似于出版界中小说的手稿以书本、漫画或电影的形式出版，而所有这些形式都基于同一份原始手稿（参见图 3-2）。你可以使用任何模板机制和一些自定义代码来遵循这个基本模式。例如，一份资源文件中列出了程序支持的所有货币，你可以从中生成一个 PDF 文档。

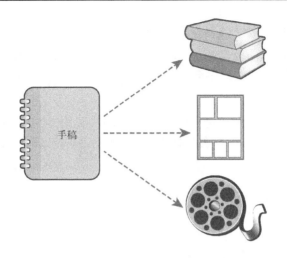

图 3-2 使用一个源文件发布多种形式的文档

3.3.2 发布一个带版本号的快照

基于单一信息源发布的任何文档都是一份快照，因此，严格来说，它是不可变的，而且不可编辑。为了避免有人编辑已发布的文档，你应该选择那些不可编辑的文档格式，或者至少让文档编辑操作比较困难。例如，选择 PDF 文档而不是 Microsoft Office 文档，因为后者很容易修改。无论采用哪种格式，都要考虑使用锁定标记来防止编辑。这并不是说要做到让黑客无法编辑，而是令编辑操作足够困难。如果真要编辑，最简单的方法是直接修改权威性知识并再次发布。

每一个已发布的文档都必须清楚地标识版本，而且要包括最新版本的链接。

如果你要打印很多纸质文档，可以考虑在每个文档上贴上条形码，条形码所带的链接要始终指向包含最新版本文档的文件夹。这样，即使是打印的文档也可以轻松地将读者引导至最新版本。

3.3.3 备注

只有那些无法从已有项目工件中提取的知识才需要手写，并且这类备注应保存在有自身生命周期的文件中。理想情况下，这个文件不会像那些从其他位置提取出来的知识那样频繁变动。如果你需要发布的文档中缺少某些信息，应该通过各种方式尝试将它们添加到与之最相关的工件中，可能是通过注解、标签或命名约定，或者将其做成一个新的协作工件。

3.4 设置一致性机制

只要一份知识在多个地方重复出现，你就应该建立一致性机制（又称验证机制）来随时检测不一致。软件的知识重复是一件坏事，因为它需要执行重复的工作来更新所有位置的重复知识，这也意味着如果忘记更新某处知识就会导致内容不一致。

但是，如果必须在多个地方重复某一知识，你可以使用验证机制来缓解痛苦，例如使用自动测试检查两个副本是否始终同步。这不会消除在多个地方执行变更操作的成本，但至少可以确保你不会忘记更新某个地方的内容。

所有人都熟悉的一种一致性机制是在餐馆里检查账单（见图 3-3）。你知道自己吃了什么（毕竟还能通过桌上的碟子数量来判断），然后你检查账单上的每一行以确保没有差异。

图 3-3　检查餐馆账单是一种一致性机制

因此，如果你想或者必须将同一个知识在多个地方重复，那么请使用一致性机制来确保所有重复的知识保持一致。使用自动化能确保所有内容保持同步，而且能立即检测到差异并向你发起警报，提示你进行内容修复。

3.4.1　运行一致性测试

第 2 章中曾提到，使用 BDD，场景会提供行为文档。每当场景和代码不一致时，你会立即发现，因为测试自动化失败了，就像罗伯威尔平衡结构一样（见图 3-4）。

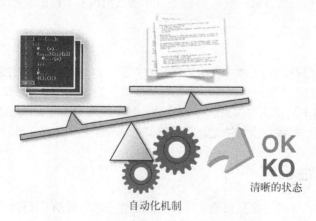

图 3-4　自动化机制检验冗余知识是否同步

有些工具能解析用自然领域语言编写的场景来驱动其实现代码，正是因为这些工具，这种机制才得以实现。这种实现代码由专门为此编写的一小层粘合代码来驱动，通常称为"步骤定义"。这些步骤是已解析的场景和所驱动的实际代码之间的适配器。

想象一下测试以下场景。

- 假设 BARNABA 一方被标记为破产（Given party BARNABA is marked as bankrupt）
- 而且 42 号交易反对 BARNABA（And trade 42 is against BARNABA）
- 当运行风险警报计算时（When the risk alerting calculation is run）
- 就会发出警报：触发了与破产方 BARNABA 的交易（Then an alert occurs: Trade against the bankrupt party BARNABA is triggered）

这个工具解析了这些文本行，并将句子"假设 BARNABA 一方被标记为破产"视为具有以下步骤定义。

```
1 Given("^party (.*) is marked as bankrupt$")
2 public void partyMarkedAsBankrupt(string party){
3   bankruptParties.put(party);
4 }
```

该工具对每一行都执行相同的操作。通常，以 When 开头的语句会触发实际计算，而以 Then 开头的语句会提示该工具检查断言。

```
1 Then("^an alert: (/*) is triggered$")
2 public void anAlertIsTriggered(string expectedMessage){
3   assertEquals(expectedMessage, actualMessage);
4 }
```

为了使所有这些工作能正常进行，这些句子需要真正用参数（句子中间的正则表达式[/*]）来驱动代码，而且必须尽可能准确地核对断言与句子的期望。

作为反例，如果不从句子中提取参数，那么对步骤进行编码就是没有意义的，因为做了一些修改后，你的知识可能就会出现不一致。

```
1 Then("^an alert: Trade against the bankrupt party BARNABA is triggered$" )
2 public void anAlertIsTriggered(){
3   assertEquals("Trade against the bankrupt party ENRON",actualMessage);
4 }
```

不幸的是，即使硬编码的消息并不适用于这个场景，这个场景也会通过，而且没人会注意到。

3.4.2 关于测试假设的一致性

通常，你使用 Given（或普通 xUnit 代码中等效的 Arrange 阶段）来创建模拟对象或将数据注入测试数据库。

在测试遗留系统时，你通常需要处理两种类型的问题。

❑ 模拟数据库太难了，因此你必须以端到端的方式进行测试。

❑ 你不能仅为测试而重新创建或填充数据库，因此你必须在真实的共享数据库上工作。如果其他人正在使用这个共享数据库，它随时可能发生变化。

尽管存在这些问题，你仍然可以使用与 When 语句或 xUnit 中的 Arrange 阶段完全相同的假设声明，但是要有能检查该假设仍然成立的实现，而不是将值注入模拟对象中。

```
1 Given("^party (.*) is marked as bankrupt$")
2 public void partyMarkedAsBankrupt(string party){
3   assertTrue(bankruptParties.isBankruptParty(party));// 调用数据库
4 }
```

这不是对测试的断言，而只是场景（或测试）可能通过的先决条件。如果这种假设已经失败，那么这个场景"甚至不会失败"。我经常将这种"测试之前的测试"称为金丝雀测试。这种测试表明在测试关注点之外也有问题，你就知道不必浪费时间在错误的地方进行调查。

3.4.3　发布的约定

我在 Arolla 的同事 Arnauld Loyer 用一致性机制来处理与第三方（例如调用你的服务的外部服务）之间的约定，这是我第一次知道一致性机制。如果你的服务使用参数 CreditDefaultType 公开了一个资源，这个参数可能有两个值（FAILURE_TO_PAY 和 RESTRUCTURING），那么一旦发布，你便无法按需要对它们重命名。因此，你可以使用谨慎冗余性的测试来强制这些约定的要素保持不变。你可以根据需要进行重构和重命名，但是只要你违反了这种约定，一致性测试就会提醒你测试失败。

这是一个强制执行文档的示例。理想情况下，应该以可读的形式将测试作为约定的参考文档。利用 API 领域中的一些工具可以做到这一点。在这里，你绝对不想通过自动化重构来更新测试。相反，你希望它不能被重构，从而使它保持不变并表示外部消费者服务。

假设 CreditDefaultType 的内部表示形式是一个名为 CREDIT_DEFAULT_TYPE 的 Java 枚举，那么这个方法最简单的实现方式类似于以下内容。

```
1 @Test
2 public void enforceContract_CreditDefaultType
3   final String[] contract = {"FAILURE_TO_PAY", "RESTRUCTURING"};
4
5   for(String type : contract){
6     assertEquals(type, CREDIT_DEFAULT_TYPE.valueOf(type).toString());
7   }
8 }
```

因为你想要确保遵守外部调用代码的约定，所以可以**再次**将该约定定义为字符串数组，就像从外部使用它一样。而且，由于你要检查约定是否已用传入和传出的值进行了磨合，因此请确保使用 valueOf() 将约定字符串识别为输入，并使用 toString() 将约定字符串作为输出发送。

注意

这个示例仅用于解释这种一致性机制的概念。在现实世界中,在测试中使用循环是不明智的做法,因为如果出现异常,测试报告无法准确指出问题出在哪个循环里。相反,你应使用参数化测试,将(作为约定的一部分的)值的集合作为参数来源。

采用这种方法,当新加入团队的人要重命名这个枚举常量时,这个测试无法立即表明不可能做到这一点——实际上,这个测试就像防御性文档一样。它是对不当行为的防御,同时也为违规者提供了现场学习的机会:如果测试失败,他们就会知道这个枚举常量是约定的一部分,不应修改。

3.5　整合分散的信息

各种信息合在一起就会成为有用的知识。有时知识分散在多个位置。例如,实际上可以在六个不同的文件中声明具有一个接口和五个实现类的类型层次结构。包或模块的内容实际上可以存储在多个文件中。实际上,项目依赖关系的完整列表可以在其 Maven 清单(POM 文件)及其父清单中定义。因此,有必要收集和汇总许多小知识点,从而获得一个完整的认识。

例如,一个系统是其每个部分的黑盒视图的并集,如图 3-5 所示。这里的整体知识是由整合机制得到的。

图 3-5　从碎片化的权威性知识到统一知识

即使知识被分成很多个小部分,仍然需要将所有这些小部分视为权威性的单一信息源。因此,派生的整合知识是从多个位置提取知识并发布成文档的一个特例。

因此,应设计一个简单的机制来自动整合所有分散的信息。要尽可能频繁地运行这个机制,以确保整体信息中各个部分的内容是最新的。除非有缓存之类的技术问题,否则不要存储任何整合的信息。

3.5.1　如何整合知识

从根本上说，整合就像 SQL 的 `GROUP BY` 语句：你找了很多具有某些共同属性的东西，并找到了一种能将这些东西变成单个东西的方法。实际上，它是在结果体量不断变大的同时，通过扫描给定范围内的每个元素来完成的，如图 3-6 所示。

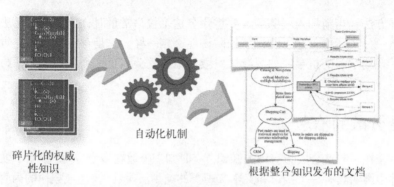

自动化机制

碎片化的权威
性知识

根据整合知识发布的文档

图 3-6　从分散的信息到有用的知识

例如，要在一个项目限制里从单元素重构一个完整的类层次结构，必须扫描项目的每个类和接口。到目前为止，扫描过程使正在构建的每个层次结构的字典不断增长，例如，映射**层次结构顶部 > 子类列表**。每次扫描到一个扩展了另一个类或扩展了一个接口的类时，这个类就会被添加到字典中。

扫描完成后，字典会包含项目中所有类型层次结构的列表。当然，可以简化处理过程，将它缩减为仅包含用于满足特定文档需求的层次结构，例如仅扫描已发布 API 里的类和接口。

作为另一个示例，你可以创建一个由较小组件组成的系统黑盒活图表，每个组件都有自己的一组输入和输出，如图 3-7 所示。

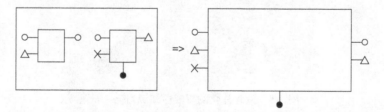

图 3-7　通过整合组件的黑盒视图可以得出整个系统的黑盒视图

一次简单的整合可以只是集合每个组件的输入和输出作为系统的输入和输出。更复杂的整合会尝试删除那些内部能互相匹配的输入和输出。对一个特定的需求，由你来决定如何进行整合。

3.5.2　实施整合的注意事项

像往常一样，如果可能的话，你应该复用那些你所拥有的、可以完成所需整合的工具。例如，某些 Java 代码解析器可以提供类型层次结构。如果工具中没有你需要的东西，你可以添加它，例如在编程语言的抽象语法树（AST）[1]上编写另一位访客[2]。一些更强大的工具甚至提供了自己的语言来高效地查询代码库。如果必须执行非常复杂的查询，那么你可能希望将 AST 加载到图形数据库中，但是如果这样做，恐怕你可能就要变成文档工具的软件供应商了。

如果出于性能考虑，将派生的知识保存在高速缓存中，请确保它不会成为信息源，而且总能根据需求随时丢弃，然后再从所有信息源中重新构建知识。

对于大多数系统来说，可以以批处理方式顺序扫描所有部件。这种操作一般在构建的过程中就能完成，它会生成随时可被发布到项目网站上或者作为报告的整合好的知识。

对于诸如信息系统之类的大型系统来说，运行计算来按顺序扫描所有部件是不切实际的。在这种情况下，整合过程可以逐步递增进行。例如，每个部分的构建都可以通过将数据推送到共享位置（例如共享数据库）某处的整体合并状态来进行部分更新。这种整合状态是派生出来的信息，它不如每个构建得到的信息可靠。如果出现任何问题，你应该删除它，并根据每个构建重新发布一个整合信息。

3.6　现成的文档

你所做的大部分工作已经记录在文献中了。不是所有知识都是在你的背景下专用的。许多知识是通用的，它们被同一行业的多家公司的许多人共享。想想关于编程语言、开发者工具以及软件模式和实践的所有知识，其中大多数是行业内通用的标准。

我们的日常工作，越来越多地被聪明的从业人员整理成模式、技巧和实践。所有这些知识都被正确地记录在世界各地的书籍、博客文章、会议演讲和研讨会中。这些都是随时可取用的现成文档，可以免费或只需要一本书或一张研讨会门票的价格就能获得。举例如下：

- ❏ Kent Beck 的《测试驱动开发》
- ❏ Erich Gamma、John Vlissides、Ralph Johnson 和 Richard Helm 的《设计模式：可复用面向对象软件的基础》
- ❏ Martin Fowler 的《企业应用架构模式》
- ❏ Eric Evans 的《领域驱动设计：软件核心复杂性应对之道》
- ❏ C2 wiki 上的所有内容
- ❏ Jerry Weinberg 的每一本书

---

[1] 一种通用树结构，被解析器用于表示和操纵源代码结构。
[2]《设计模式：可复用面向对象软件的基础》中描述的"访客设计模式"。

- ❑ Jez Humble 和 David Farley 的《持续交付：发布可靠软件的系统方法》[①]
- ❑ 所有描述简洁代码的文献
- ❑ Git 工作流策略

可以肯定地说，只要你能想到的，都已经有人写过了。即使你还不知道一些模式、标准名称和标准做法，它们也已经存在了。文献在不断增加，而且体量已经如此庞大，你无法了解所有的东西，或者你需要花费大量时间来阅读，而没有时间来开发软件。

注意

在《软件开发者路线图：从学徒到高手》一书中，Dave Hoover 和 Adewale Oshineye 提倡研究经典。例如，他们建议你先读一下你的书单中最早出版的书。

成熟商业行业里的知识也是通用知识。即使在竞争激烈的领域（如金融定价或电子商务中的供应链优化）中，大多数知识也是公开的，并且可以在行业标准书籍中获得。只有小部分商业知识是特定且机密的，而且也只是暂时的。

例如，每个业务领域都有自己必不可少的书单，而且可能都有一本书会被称为该领域的"圣经"，例如 John C. Hull 的《期权、期货和其他衍生品》和 Martin Christopher 的《物流与供应链管理》。

好消息是，通用知识已经记录在行业文献里了。书籍、博客文章和会议演讲已经对它们做了详尽的描述。你可以用标准的词汇来讨论它们，也可以通过参加培训从行家那里更快地学习它们。

通用知识记录的都是已经解决的问题。这些知识是现成的，可供所有人重复使用。如果你已经在系统里应用了这些通用知识，那么只需要链接到正确的文献就可以完成文档编写。

因此，想象一下，大多数知识已经记录在行业文献的某个地方了。自己学习，或者从网络上寻找知识的权威性来源，或者向其他行家咨询。对于别人已经写好的内容，不要试图再记录一遍，做个链接就可以了。也不要试图原创，而要尽可能采用标准实践和标准词汇。

在大多数情况下，谨慎地采用行业标准是制胜法宝。几乎可以肯定，你正在做的事情已经有人做过了。如果你不走运的话，这些内容可能只出现在一两篇博客文章中。如果你运气好，它已经是行业标准了。无论哪种情况，你都需要知道在哪里可以找到这些知识，原因如下。

- ❑ 你可以参考其他资源，而不必自己撰写。
- ❑ 其他信息来源可能会提示一些你没想到的改进或替代方法。
- ❑ 其他信息来源可能比你更深入地描述了这种情况，从而为你提供了外部见解。
- ❑ 这样的描述可以验证你的方法是否有意义。如果你找不到任何记录，一定要当心。
- ❑ 最重要的是，你会知道世界上其他人是如何谈论这种情况的。

[①] 该书已由人民邮电出版社出版，详见 ituring.cn/book/758。——编者注

3.6.1 标准词汇的力量

控制了词汇的人就控制了思想。

——路德维希·维特根斯坦

与世界上其他所有人用相同的词来交谈是一个绝佳的优势。它使你能用更短的句子进行交流。没有通用词汇，你可能要用几个句子来描述文本编辑器的设计：

内联编辑是通过具有多个子类的接口完成的。文本编辑器将实际处理过程委托给接口，而不必关心到底是哪个子类在执行这项工作。根据是否启用内联编辑，另一个子类的实例被使用了。

但是，如果你熟悉设计模式之类的标准文档知识，就可以更简洁地说明自己的想法：

"内联编辑在 Controller 中作为 State 实现。"

每个成熟的行业都有自己丰富的术语，因为使用这种能互相理解的术语是一种有效的交流方式。汽车的每个零件都有特定的名称，具体取决于它在车辆中的作用，例如，"轴"不仅是轴，还可以是"凸轮轴"或"曲轴"；缸中有一个"活塞"，有"推杆"和"正时链条"。领域驱动设计提倡在领域中谨慎地发展这种通用语言。

在软件行业，每次标准词汇量增加时，行业都会取得进步。例如，每当 Martin Fowler 为我们想到的模式创造一个术语时，他就是在帮我们为行业开发通用语言。

通用语言在编写文档时非常有帮助。如果你知道自己在做什么，并且知道它在行业里的名称，那么你只需引用行业标准，就能以低成本获得大量文档。

在将现成的知识打包成可复用文档时，模式和模式语言特别有效。模式是预先做好的文档。它们创建了一个标准词汇表，你可以使用并参考它来获取完整的参考。

设计模式是经验丰富的程序员的交流工具，而不是初学者训练用的辅助轮或脚手架。

——@nycplayer

尽可能使用设计模式？

模式很重要。但是，当开始学习设计模式时，我随时都想用它们。这种想法很普遍，甚至有人称其为"模式炎"（patternitis）。后来，我理性了，知道了什么时候不该使用模式。

许多文章严厉批评了充满模式的代码。但是，我认为它们没有抓住重点：你应该学习模式，而且越多越好。但是，不要为了用模式而去学模式，尽管它们很有用。相反，重要的是你要知道很多模式，以便知道所用模式的标准名称。按照这种观点，所有代码可以或者应该通过模式来描述。

掌握标准词汇还能为你开启通往更多知识的大门：你可以找到感兴趣主题的书籍并购买相关的培训。你也可以准确地找到拥有这些知识的人，然后聘用他们。

了解标准词汇不仅仅是为了找到解决方案。即使你有一个完美的解决方案，也应该查一下它在行业内的名称。标准词汇让你能参考其他人的工作，他们将解决方案写得很好，而且还经过同行评审和时间的考验。

3.6.2　链接到标准知识

通用知识已经被记录在行业文献、书籍和网络上。使用它时，请通过互联网链接或参考书目链接到权威性来源。如果某个知识已经写得很好了，你应该参考它，而不是重新写一篇较差的文档来描述它。

当然，一个大问题可能是识别知识的标准名称。Google 之类的搜索引擎以及 C2 和 Stack Overflow 之类的社区网站就是你的朋友。你可能需要猜一下其他人如何谈论某个话题。然后，你可以快速浏览搜索引擎的第一批结果，找到更准确的词汇，并用它来做更准确的查询。通过这一探索，你很快就能学到很多东西，并会了解这个主题已经编纂了多少内容，以及使用了什么术语。

一定要积极地在团队中或论坛上提问，以获取建议。其他人可能有丰富的经验和资历，而且可能有更多的时间将自己多年来所遇到的标准知识（哪怕是浅显的）编入索引。

对于一个给定的术语，你还可以浏览维基百科以及文章结尾处的各种链接，还要注意底部的"相关"链接，直到你了解情况为止。维基百科是一个绝佳的工具，你能用它为你头脑中所想的东西找到对应的标准词汇。

3.6.3　不仅仅是词汇

使用共享的标准词汇是有效实现口头和书面交流的关键。也就是说，即使是标准说明也可能包括一些你没想过的改进和替代方案。这个信息也很有用。现成的文档实际上是一种复用思维，而这种思维非常有用。这有点像是让作者（通常是经验丰富的从业者）靠近你，以便你们一起思考。

> 你还是要思考，但是不需要独自思考。
>
> —— @michelesliger

如果我说"我在遗留子系统之上创建了一个适配器"，这句话只用了几个词就暗示了很多事情，因为适配器模式的概念不只是一个名称。例如，采用这种模式的一个重要后果是，被适配者（我们示例中的遗留子系统）不应该知道适配器，只有适配器应该知道遗留子系统。

当我说"一个包代表表示层，而另一个包代表领域层"时，也暗示了只有前者能依赖后者，反过来则绝对不行。

在数学中，复用定理和文献中共享的抽象结构以进一步发展，而无须重新发明或一次又一次地证明相同的结果，这是惯例。标准词汇也是同样的道理。

3.6.4　在会话中使用现成的知识来加速知识传递

我与朋友 Jean-Baptiste Dusseaut（简称 JB，@BodySplash）进行了一次简短的对话，以此说明共通的文化和词汇如何帮助有效地共享知识（参见图 3-8）。

图 3-8　听说你开了一家新公司，是做什么的呀

CM：你好，JB。听说你开了一家新公司 Jamshake，是做什么的呀？

JB：Jamshake 是给音乐人用的社交和协作工具。我们提供了一个轻量级的社交网络，用来查找其他音乐人和一些比较酷的项目，还提供了一个浏览器内置的数字音频工作站 Jamstudio，使音乐人之间能实时协作。这有点像是音乐版的 Google Doc（请参见图 3-9）。

图 3-9　它是给音乐人用的社交和协作工具

CM：听起来真酷！在技术方面，你的系统是如何组织的呢？

JB：我知道你很懂软件的工艺和设计，尤其是 DDD，所以如果知道我们的系统是由多个子系统和限界上下文组成的（见图 3-10），你一定不会感到意外。

图 3-10   我知道你很懂软件的工艺和设计

CM：哦，还真是，简直完美！每一个子系统都是微服务吗？

JB：是，也不是。一开始，它们是作为模块开发的，相互之间完全没有依赖关系，也就是说，在运行时随时可以将它们提取到自己的进程中。但是我们将它们用在同一进程里，直到真正需要独立的进程为止，通常可以随着负载的增加而扩展。

CM：是的！我称其为"微服务就绪"风格的代码。你不需要在前期为太多实体服务支付所有成本，只要随时能选择做它就可以了，但是这对开发人员的要求很高啊。

JB：是的，当只有一两个开发人员时很容易，就像我们现在这样。实际上，由于负载增加，我们经常使用这些选项。

CM：对于一家正在成长并寻求融资的初创公司来说，负载增加可真是一件好事啊！

JB：是的，绝对是的。

CM：我想了解整个系统。能逐个限界上下文地给我做一下说明吗？

JB：好的。目前大约有五个限界上下文，它们是 Acquisition（新用户注册）、Arrangement（安排）、Audio Rendering（音频渲染，混合、限制器和压缩类型的处理）、Stems Management 和

Reporting。除了 Stems Management 是通过 Node.js 搭建在 S3 存储服务上之外，它们都依赖于独立的 Postgres 数据库之上的 Spring Boot 实例。除了 Registration（基于 Hibernate 的 CRUD-y）外，每个限界上下文都关注其领域模型。它是存活下来的系统早期版本。

　　CM：我现在已经清楚地知道它的样子了（见图 3-11）。非常感谢，JB！

图 3-11　一边听 JB 说，一边在脑子里描绘整个系统

工作是否更刻意地反对直觉和自发性？

　　什么时候有意识地了解某件事比直觉更不可取？让我们看一下 Steve Hawley 的一个帖子，它很有意思。

　　　　模式的使用就像文学手段的使用一样。表达同一种一般思想可能有无数种方式，但我想你可能不会找到一位优秀的作家，他从一章开头就开始想：“我要在这里介绍一个人物，所以最好画一个角色画像。这需要明喻。是的，明喻可以。我想我还要用一些充满讽刺的对比。”这种类型的写作有种强迫感。我读过一些代码，其中设计模式的应用也让人有种强迫感。

　　Steve 说得有道理。我必须承认，如果用品质良好的示例做了正确的训练，直觉会比有意识地追求完美更有优势，也许是因为我们的大脑远比我们能意识到的更强大。是的，很多时候，我们假装有意而谨慎地做了一件事情，但事实上只是在解释一个基于直觉所做的决定。

　　Propel 的 Francois 提出了一个有趣的问题：开发人员应该了解设计模式吗？ORM 引擎是相当复杂的软件，它们（刻意地）大量使用模式，尤其是 Fowler PoEAA 模式。Francois

在一篇博文中说明了为什么会在引擎文档中提及或不提及 Propel ORM 核心所用的各种模式：

> 像其他 ORM 一样，Propel 实现了许多常见的设计模式。Active Record（活动记录）、Unit of Work（工作单元）、Identity Map（标识映射）、Lazy Load（延迟加载）、Foreign Key Mapping（外键映射）、Concrete Table Inheritance（具体表继承）、Query Object（查询对象），等等，这些在 Propel 中都有用到。对象关系映射的想法确实是一种设计模式。
>
> 如果你了解这些模式，就能很快了解 Propel。如果你不了解这些模式，就需要更多的解释才能达到更高的专业水平，并且下次遇到另一个 ORM 时，你不得不再学一次。当然，在某些时候你能认出这些模式，只是不知道它们的名称而已。你只需对这些模式有所了解。

3.7   工具历史

如你之前所见，很多知识已经存在，而且其中一些知识隐藏在你使用的工具的历史中。源代码控制系统就是一个明显的例子。它们知道每一次提交，包括完成的时间、由谁完成、做了哪些更改，还记住了每一次提交的注释。有些工具，例如 Jira 甚至你的电子邮件客户端，也对你的项目知之甚多。

但是，这些知识并不总是那么容易获得，而且也没有被善加利用。例如，如果没有屏幕供你方便地检索聊天中最常问的问题，那么你可能永远不会知道。

有时候，你必须在另一种工具中以另一种形式重新输入相同的知识。例如，一个修复 bug 的提交可能会带有注释，指出该 bug 已修复。但是在许多公司，你必须转到工作跟踪器来声明已经修复这个 bug。你还必须声明在这个任务上花费的时间，然后以汇总形式再次将其输入到时间跟踪工具中。这就是在浪费时间。还是考虑一下将工具集成到一起吧。

将工具集成得更好还有助于简化人工任务，从而减少为任务手动编写文档的需求。但是，集成失败时，你确实需要文档。理想情况下，集成组件应提供此文档。例如，集成脚本应尽可能具有可读性和声明性。

因此，开发在工具中存储的知识。决定哪个工具是每一个知识的唯一权威性来源。搜索那些能为文档编写提供与其他工具的集成或者提供特定报告的插件。学习如何通过命令行界面使用工具以编程方式提取知识，或将各种工具与其他工具集成。发现工具提供的 API，包括电子邮件或聊天集成的 API。

不得已时，找到查询工具内部数据库的方法，但是要注意，数据库可能随时在没通知的情况下就做出变更，因为它通常不是官方正式发布的 API 的一部分。

以下是一些工具及其知识的示例。

- **源代码控制系统**：像 Git 这种带有 `blame` 命令的工具会告诉你谁修改了什么内容以及修改时间，向你展示提交的注释，并展示拉取请求的讨论。
- **内部聊天系统**：诸如 Slack 之类的系统可以显示问题、启动构建、发布信息、单词使用率、活动、心情、人物和时间。
- **用户目录邮件列表**：这些工具可以列出团队、团队成员和团队管理人员，让你知道应与谁联系以获取支持，与谁联系以进行上报，等等。
- **控制台历史记录**：这类工具可以告诉你最近使用或最常用的命令或命令序列。
- **服务注册表**：这个工具可以为你提供一个列表，表中会列出每个正在运行的服务、它们的地址和任何额外标签。
- **配置服务器**：这个工具可以为你提供环境配置详细信息。
- **公司服务目录**：这个目录列出了服务管理信息，例如联系人、最后更新时间等。
- **项目注册表**：即使是共享驱动器里的电子表格文件也可以告诉你项目名称、代码、负责人、发起人标识、预算代码等。
- **Sonar 组件**：这些工具可以显示各种级别的细节以及跨多个存储库和多种技术的逻辑单元、度量及其趋势的分组。
- **项目跟踪工具历史记录或发布管理工具历史记录**：这些工具可以告诉你关于变更的信息，包括谁做的变更、变更时间以及当前版本。
- **电子邮件服务器**：这些工具通常用于存档一些内容（例如，通过转发到存档地址）以进行审核，包括手动报告、人工决策（例如上线决策）以及最博学的合作者。

3.8 小结

大多数（但不是全部）有价值的知识已经以某种形式存在于你的系统工件中。只有承认各种权威性知识来源的存在，你才能开始活文档实践。要开始实践，还需要确定是否有单一信息源（可以将它提取出来，生成不同形式的文档），或者是否存在冗余信息源（它们需要一致性机制）。如果知识分散在多个位置，那么你可能需要一种整合机制将其归为一条知识。

大多数知识已经存在，但不是全部存在，这意味着你需要找到方法来利用缺失的知识丰富（或增强）系统本身，使其具备完整的知识。这是下一章的主题。

第 4 章

知识增强

4

源代码中有些代码可能永远不会被执行，有些变量和过程名称可能只是个幌子，而且通常无法通过源代码了解程序员的意图。对我来说，设计既是决策和决策的原因，又是决策的结果。有时候，代码能将其表达清楚，但通常表达不清楚。

——Ralph Johnson

软件根据源代码构建而来。这是否意味着我们能从源代码中获悉应用程序整个生命周期中需要了解的一切？当然，源代码能告诉我们很多事情，也必须能。源代码描述了如何构建软件，以便编译器可以编译该软件。简洁的代码会做得更多，它想让使用它的其他开发人员尽可能清楚地了解知识。

但是，只有代码通常是不够的。当代码无法提供全部内容时，你需要加上缺失的知识，从而使知识变得完整。

4.1　当编程语言不够用时

大多数编程语言没有预定义的方法来声明关键决策、记录决策依据和解释针对考虑过的备选方案做出的选择。编程语言永远无法说明一切。它们关注其关键范例，并依靠其他机制来表达其余的内容，包括命名、注释和库等。

桥梁的隐喻

这里借用桥梁建造进行隐喻。建造桥梁的依据是技术图纸。但是，如果在某个时间点必须使用新的、强度更高的材料（例如钢）替换木头作为大梁，那么原始的技术图纸就不够了。技术图纸会告诉你木制大梁的尺寸，但不会告诉你这个尺寸是怎么来的。它们不会给出与材料抵抗力、材料疲劳或材料抵抗强水流和极端风力的能力有关的计算，也不会描述制图时所谓的"极端"情况。考虑到当前的状况，现在可能需要重新考虑设计，以适应更极端的情况。也许在最初建造桥梁时，没有人想到这个地方可能会发生海啸，但是现在我们知道海啸可能真的会来。

在记录设计决策及其依据时，除了简单的标准决策（例如，典型的成员可见性或继承性）之外，编程语言没有太大帮助。

当一种语言不支持某种设计实践时，变通的办法（例如命名约定）通常可以胜任。某些语言无法通过在方法前面加下划线来表达私有方法。没有对象的语言采用的约定是将第一个功能参数称为 this。但是，即使使用最好的编程语言，仅凭语言也无法完全表达开发人员头脑中的很多内容。

我们可以用知识来注释代码，但注释没有结构，除非你照搬了 Javadoc 之类的结构化注释。同样，重构有多适用于代码，就有多不适用于注释。

因此，要增强你所用的编程语言，以便代码能结构化地讲述整个故事。为你自己定义一种方式，来声明每个关键决策背后的意图和推理。声明更高层级的设计意图、目标和决策依据。

不要依赖简单的注释。使用严格的命名约定或语言的扩展机制，例如 Java 的注解和.Net 属性。注解越结构化越好。务必只是为了编写文档而写一些代码，不要犹豫。创建你的领域特定语言（DSL）或根据需要复用一种语言。合适时要依靠约定。

让增强的知识尽可能靠近与其有关的代码。理想情况下，应该将它们放在一起，以防重构。让编译器检查是否有错误。依靠 IDE 的自动补全功能。确保在你的编辑器或 IDE 中可以轻松搜索到增强的知识，并确保可以通过工具轻松地进行解析，从而保证能从整个增强代码中提取活文档。

增强代码为未来的代码维护者提供了很多有价值的提示。添加与代码相关的知识时，需要重点考虑当代码发生变更时这些知识要怎么办。代码会发生变化，因为它就是这样的。因此，对于额外新增的知识，无须或只需很少的手动维护即可使它们保持准确或与代码同步变更，这一点至关重要。重命名一个类或包时会发生什么？删除一个类时会发生什么？你想要添加的额外知识应该是能防重构的。

增强代码非常适合用于使决策在代码中清晰可见，并为决策添加依据。

因为增强代码是结构化的，所以无须插件你就能在 IDE 中轻松搜索和找到这些代码。这表示它也可以按另一种方式工作：根据选定的原因，你能找到与其有关的所有代码。这对可追溯性或影响分析非常有价值。

实际上，你可以使用以下几种方法来增强代码：

❑ 固有文档

　■ 使用注解

　■ 按照约定

❑ 外部文档

- 使用边车文件
- 使用元数据数据库
- 使用 DSL

4.2　使用注解编写文档

在 Java 或 C#等语言中，将注解用作文档来扩展编程语言是我最喜欢的增强代码的方法。注解对命名或代码结构没有限制，这意味着它们可以用于大多数代码库。而且由于它们与编程语言本身一样是结构化的，因此可以依靠编译器来防止错误，还可以依靠 IDE 进行自动补全、导航和搜索。

注解的主要优点是易于重构：当它们依附的元素被重命名时，它们不受影响；当元素移动时，它们也随之移动；当元素被删除时，它们也会被删除。这意味着即使代码有了很大的变化，我们也不需要花费额外的精力来维护注解。

因此，使用结构化注解来解释设计及其意图。创建、发展并维护一个预定义注解的目录，然后仅仅包括这些注解来丰富类、方法和模块的语义。

然后，你可以开发一些小工具，它们能利用注解中的其他信息来强制执行约束或将知识提取为另一种格式。

有了注解并了解它们后，你可以更快地声明设计决策：只需添加注解。注解就像是给已经产生的想法加的书签（见图 4-1）。

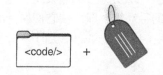

图 4-1　增强代码 = 代码 + 注解

注解可以表示值、实体、领域服务和领域事件等类的构造型。它们可以代表活动的模式合作者，例如树枝构件（composite）或适配器（adapter），也可以声明编码风格和默认首选项。

重要的是，你的注解应尽可能与具有标准名称的标准技术相对应。如果你需要自己定义注解，请做好记录并确保能被所有人看到。

在一个注解里根据标准知识和标准实践声明你的决策会鼓励审慎的实践。你必须知道自己在做什么，而且还要知道它在行业文献中对应的名称。使用标准的设计模式和注解可以减少完成这件事所需的时间。

在 IDE 中也能搜索注解，这很方便。例如，你可以搜索根据选定的注解所注解的所有类，这为你导航设计提供了一种新方法。

结构化注解是一个强大的工具，但是在描述所有设计决策及其意图时，它们可能还不能完全替代所有其他形式的文档。所有参与人员之间仍然需要对话。此外，最好使用带细微差别的清晰文字来解释一些知识和见解，而这在注解中很难做到。你可能还会发现需要记录一些更细微的东西，例如做决策时可能会产生的一些情绪，如恐惧、喜欢、厌恶和压力。对于这些，其他媒介（例如纯文本）更合适。

最后，使用注解声明的知识是机器可读的，这就意味着工具可以利用这些知识来帮助团队工作。例如，活图表和活词汇表都依赖于这种可能性。如果工具能理解你的设计意图，想象一下你能用它做什么，或者你的工具可以为你做什么。

4.2.1 注解不只是标签

Java 中的注解和.Net 中的属性是这些编程语言的真正"公民"。它们有一个名称和一个模块名称（包或命名空间）。它们还保存参数，并且本身可以被其他注解所注解。而且由于是类，它们还受益于 Javadoc 等文档生成器使用的结构化注解语法。所有这些都意味着你可以通过简单的注解传达很多知识。

我们来看一个技术示例。使用元注解来描述在哪里应用注解。例如，以下示例中，注解 Adapter 可以应用于类型和包：

```
1  @Target({ ElementType.TYPE, ElementType.PACKAGE })
2  public @interface Adapter {
3  }
```

以下示例中涉及带参数的注解。如果要注解一个建造者（builder）模式的实例，你可以将建造者生成的类型描述为注解的参数：

```
1  public @interface Builder {
2      Class[] products() default {};
3  }
4
5  @Builder(products = {Supa.class, Dupa.class})
6  public class SupaDupaBuilder {
7      //...
8  }
```

通常，通过声明的返回类型和实现的接口已经可以知道很多类似的信息，但是它们不会像额外添加的注解那样传达更精确的语义。实际上，更精确的注解为更多的自动化打开了方便之门，因为它们为工具提供了一种使用高级语义解释源代码的方法。

正如语义网旨在将非结构化数据转换为数据网一样，使用注解来阐明源代码语义的代码库也将成为机器可以解释的数据网。

4.2.2　描述决策背后的依据

值得为后人记录的最重要的信息之一是每个决策的依据。多年以后看似愚蠢的选择，在决策当时可能并没有那么愚蠢。最重要的是，如果一个依据是某个时间点的环境，而现在环境不同了，那么你就能更好地重新考虑决策。

例如，假设很久以前选择了一个昂贵的数据库，因为它是当时能在内存中完全缓存数据的少数几个数据库之一。现在看到这个依据，你可能会考虑用 NoSQL 数据存储来实现这个目的。再举一个例子，假设一个应用程序有多个层，它们通过 XML 相互通信，这给你的生活带来了很多麻烦，并导致了性能问题。这个决策的依据是，这个架构应在物理上分布在各层之间以便进行扩展。但是，多年之后，很明显这种情况不可能会发生，因此你现在知道可以消除所有多余的复杂性。如果没有明确的依据，你可能会一直想着你是否遗漏了一些内容，而且不敢重新考虑整个内容。

4.2.3　嵌入式学习

在代码中加入更多知识，这样代码维护人员在维护它时就能学习。至少注解应该自我记录。如果你有一个名为 Adapter 的注解，那么它的注释应该说明什么是 Adapter。我最喜欢的方法是将它链接到一个能给出清晰定义的在线文档，例如相应的维基百科页面，并在注释里添加简短的文本说明[①]：

```
 1  /**
 2   * The adapter pattern is a software design pattern that allows the
 3   * interface of an existing class to be used from another interface.
 4   *
 5   * The adapter contains an instance of the class it wraps, and
 6   * delegates calls to the instance of the wrapped object.
 7   *
 8   * Reference: See <a href="                                    
 9   *                   ">Adapter_pattern</a>
10   */
11  public @interface Adapter {
12  }
```

这比看起来更重要。从现在开始，每个带有这个注解的类都只是其设计角色的完整文档的一个工具提示。

看看一个项目里随机 Adapter 类的示例。在这个例子中，它位于 RabbitMQ 中间件的顶部：

```
1 @Adapter
2 public class RabbitMQAdapter {
3     //...
4 }
```

---

① 请注意，代码中的黑色条框为相应页面链接，后同。这段注释的意思是："适配器模式是一种软件设计模式，允许从其他接口使用一个已有类的接口。适配器里有一个它包装的类的实例，并将调用委托给包装对象的实例。"

　　　　　　　　　　　　　　　　　　　　　　　　　　　　　　　　　　——译者注

在任何 IDE 中打开这个类，当鼠标悬停在这个类上时，工具提示会显示它的文档，如图 4-2 所示。

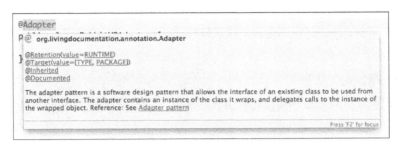

图 4-2　注解的工具提示显示它的文档

工具提示的描述提供了简短的说明，但是对于那些已经了解这个信息而只是需要有个提醒的开发人员来说特别有用。如果有人觉得工具提示提供的信息不够，需要更多的信息，可以单击链接重定向到相应页面来获取更多信息。在这个过程中，他们可能会提一些问题，但是至少能轻易找到学习入口。在这个例子中，注解描述 Adapter 类是适配器模式的一个实例，它们充当了学习更多适配器模式知识的门户。

因此，在代码中加入更多知识不仅仅是为了编写文档，还能有意识地帮助提高团队工作的技能。在制定你的增强代码策略时，请给它一个机会。增强代码时，想想当你的同事发现这段代码时会做何反应。

注解也可以链接到最能说明该主题的一本书或多本书，或者链接到某家公司的电子学习课程。

除了在注释中添加链接外，同一本书的每个注解都可以有一个代表该书的元标记。在下面的示例中，Adapter 和 Decorator 这两个注解代表了"四人组"[①]在《设计模式：可复用的面向对象软件元素》一书中的设计模式，有关这本书的信息可以包含在专门用于这本书的元注解 GoF 中：

```
1  /**
2  * Book: <a href="                              
3                          ">Google Book</a>
4  */
5  @Target(ElementType.ANNOTATION_TYPE)
6  public @interface GoF {
7  }
8
9  @GoF
10 public @interface Adapter {
11 }
```

[①]《设计模式：可复用的面向对象软件元素》一书有四位作者，分别是 Erich Gamma、Richard Helm、Ralph Johnson 和 John Vlissides。他们合称 GoF（Gang of Four，四人组）。——译者注

```
12
13 @GoF
14 public @interface Decorator {
15 }
```

这只是一个示例，你当然也不是只记录设计模式。你可以根据这些想法随意阐述自己的计划来组织知识。

在注释中使用结构化标签

如果你使用的是没有注解功能的编程语言，那么可以在注释中使用结构化标签：

```
1 /** @Adapter */
```

在这种情况下，最好遵循结构化文档的通用风格。语言可能会提供一些工具支持，例如自动补全或代码突出显示。在 Java 早期，XDoclet 库在这方面就取得了巨大成功，它强行将 Javadoc 标签用作注解。

你也可能会使用良好的旧标记接口模式，这种模式会实现没有方法的接口来标记类。例如，要将一个类标记为可序列化，你实现了 Serializable 接口：

```
1 public class MyDto implements Serializable {
2 ...
3 }
```

请注意，这是标记类的一种侵入性方式，而且它污染了类型层次结构，但是它为我们这里讨论的内容提供了一个很好的示例。

注解的更多用法

Google Annotations Gallery 是一个开源项目，始于 2010 年，目前已经"退役"。它建议使用一系列简洁的注解来增强你的代码，而这些注解会表达你的设计决策、意图、感受，甚至耻辱感。

发现有段代码比较蠢？你可以留下一个@LOL、@Facepalm 或@WTF 注解：

```
1 @Facepalm
2 if(found == true){...}
```

也可以使用以上所有注解，并对它们做些解释：

```
1 @LOL @Facepalm @WTF("just use Collections.reverse()")
2 <T> void invertOrdering(List<T> list) {...
```

还可以对注解进行备注，抢先修饰一下自己的代码，使它看起来没那么悲惨：

```
1 @Hack public String
2 unescapePseudoEscapedCommasAndSemicolons(String url) {
```

或为你的代码辩护：

```
1 @BossMadeMeDoIt
2 String extractSQLRequestFromFormParameter(String params){...}
```

你可以用注解@CantTouchThis 向你的团队成员提出警告。

偶然发现一段代码，但怎么都找不到合理的解释？人生苦短，用@Magic 给它打上标记再继续干活吧：

```
1 @Magic public static int negate(int n) {
2   return new Byte((byte) 0xFF).hashCode()
3   / (int) (short) '\uFFFF' * ~0
4   * Character.digit ('0', 0)
5   * n * (Integer.MAX_VALUE * 2 + 1) / (Byte.MIN_VALUE >> 7)
6   1 * (~1 | 1);
7 }
```

完成出色的设计后，你可以借助文学注解让全世界知道你的才华：

```
1 @Metaphor public interface Life extends Box { }
```

或者：

```
1 @Oxymoron public interface DisassemblerFactory { Disassembler
2 createDisassembler(); }
```

4.3　按照约定编写文档

使用简单的约定来记录你的决策很方便。例如在 Java 中，以大写字母开头的标识符都是类，而以小写字母开头的标识符都是变量名。

在许多技术中都有针对多种情况的约定，并且你始终可以在任何技术环境（无论是代码、XML、JSON、汇编语言还是 SQL）之上添加自己的约定。甚至使用旧技术的旧项目也依赖于约定来交流知识、描述结构并帮助导航。

以下是一些按照约定编写文档的示例。

❑ **根据层命名的包名称**：名为*.domain.*的包中的所有内容都可以表示域逻辑，而名为*.infra.*的包中的所有内容都可以表示基础结构代码。

❑ **根据技术类构造型命名的包名称**：在许多代码库中，通常将每个数据访问对象类分组在以*.dao.*缩写命名的包中。*.ejb.*包中的 Enterprise Java Bean 以及*.pojo.*包中你最喜欢的框架使用的普通 Java 对象也是如此。

❑ **提交注释**：你可以使用[FIX] issue-12345 free text 之类的约定，其中方括号将提交类型分类为 FIX、REFACTOR、FEATURE 或 CLEAN，而 issue-xxx 是指 bug 追踪系统中的工单 ID。

❑ 配置时采用的 Ruby on Rails 风格的约定：在这种约定中，如果一个数据库表命名为 orders，那么控制器将被命名为 orders_controller。

4.3.1　使用约定的遗留代码中的活文档

只要你的代码库是遵循约定的，那么你就可能利用所有现有约定走上活文档之路，而无须改动源代码来添加任何内容。（对于使用注解的文档来说，这是不可能的。）

例如，假设现有的应用程序遵循分层设计。如果幸运的话，它的包名称直接通过命名约定表示了分层：

```
1  /record-store-catalog/gui
2  /record-store-catalog/businesslogic
3  /record-store-catalog/dataaccesslayer
4  /record-store-catalog/db-schema
```

Java 包的命名或者 C# 里的命名空间或子项目，这些都是你的文档。

4.3.2　记录约定

如果团队中的每个人都熟悉使用的约定，那么你就不需要任何其他文档。由另一家公司发布的约定称为**现成的文档**，你可以采用这些约定，然后仅在 README 文件中引用这些约定集的外部文档。但是，实际上，我建议你一直在 README 文件中记录约定。以下是在真实代码库中记录约定的示例：

```
1  README.txt
2
3  这个应用程序遵循分层架构。
4  每一层都有它自己的包，
5  遵循以下命名约定：
6
7  /gui/*
8  /businesslogic/*
9  /dataaccesslayer/*
10 /db-schema/*
11
12 GUI 层包括
13 所有图形用户界面的代码。
14 所有负责显示和数据输入的代码都必须在这一层。
15
16 业务逻辑层包括所有的领域特定逻辑和行为。
17 领域模型就在这一层。
18 业务逻辑应该只出现在这一层，不能存在于其他地方。
19
20 数据访问层包括
21 所有负责与数据库交互的 DAO (Data Access Objects，数据访问对象)。
22 任何对存储技术的变更都应该只影响这一层，
23 而不会影响其他层（至少在理论上如此）。
```

```
24
25  DB Schema 包括
26  所有配置、删除或更新数据库的 SQL 脚本。
27
28  重要规则：
29  每一层只能依赖下一层。
30  每一层不能依赖自身或上一层。这是禁止的。
```

某些约定会带来成本，尤其是当它们给命名带来困扰时。例如，在标识符上加上前缀或后缀（例如，VATCalculation-Service、DispatchingManager、DispatchingDTO）是一种标准做法，但这不是简洁的代码，而且你代码中的名称已经不再是业务领域语言了。

当包里的每个接口都是服务时，添加 Service 前缀不会增加任何信息，只会带来干扰。如果 DTO 后缀对于/dto/包里的每个类都是冗余信息，那么可能就不需要这个后缀。

4.3.3 始终遵守约定

只有每个人都约束自己，能够始终如一地遵守约定，按照约定编写文档才会起作用。你的约定不会影响编译器，因此它们不会帮你强制执行这些约定。

只要有一个输入错误，你就没有遵守约定！当然，你可以调整编译器或 IDE 解析器，也可以使用静态分析工具来检测某些违反约定的行为。有时这需要做很多工作，但有时却非常容易，因此你可以尝试一下。

依靠遵守约定的文档来帮助生成活文档（例如活图表）会鼓励你遵循这些约定，并获得好处：如果违反了这个约定，那么你的活文档就会失败，这"很好"。

4.3.4 约定的局限性

约定对于将代码段分类非常有效，但是当你尝试用更多知识（如依据、替代方案等）来丰富约定时，它们很快就会显示出局限性。相反，注解可能能够更好地包含这类额外的知识。

约定通常只是给人类使用的自定义文本。但是，你仍然可以借助工具来协助处理约定。

☐ 你可以使用每种约定的模板来配置 IDE。例如，你可以键入一些字符，并让模板正确打印全名以遵循约定；对于具有更复杂约定的提交注释，模板可能会打印一个占位符，你只需填写即可。

☐ 你可以让你的活文档生成器解释这些约定以完成它们的工作。

☐ 你可以根据命名约定（例如，使用 JDepend、ArchUnit 或你自己在任何代码解析器之上构建的工具）来实施规则，例如层之间的依赖关系。

与注解相比，约定还有一个优点，即不需要打破已有的习惯。如果你的团队和管理者非常保守，那么你可能更愿意通过约定而不是使用注解来编写文档。你可能已经猜到了，我更喜欢使用注解来编写文档。

4.4　外部文档编写方法

使用注解和约定编写的文档是固有文档的形式，它们直接出现在代码中。相反，以下各节中描述的技术是外部文档的形式，因为它们远离被记录的事物。

4.4.1　边车文件

如果无法在代码中添加注解，那么可以将它们写成一个文档，放在代码文件旁边。**边车文件**（sidecar file，也称为伙伴文件、伴侣文件或连接文件）就是用于存储源文件格式不支持的元数据的文件。对于每个源文件，通常会有一个关联的边车文件，它们名称相同，但扩展名不同。

例如，某些 Web 浏览器将网页保存为一对文件：一个 HTML 文件和一个同名的边车文件夹，只是文件夹的名称中带有_folder 前缀。另一个示例是，数码相机可能具有在拍照时录制音频的功能，而相关的音频可以存储为边车文件，其名称与.jpg 文件相同，但扩展名为.wav。

边车文件是一种外部注解。它们可用于添加任何类型的信息（例如分类标签或自定义文本注释），而无须在文件系统里修改原始源文件。

使用边车文件的主要问题是，如果文件管理器无法识别源文件与其边车文件之间的关系，那么当用户仅重命名或移动一个文件而不移动另一个文件时，它就无法阻止这种操作，从而导致两个文件之间的联系断开。因此，除非别无选择，否则建议你不要使用边车文件。

注意

像并发版本控制系统（CVS）之类的旧源代码控制系统使用了很多边车文件。

4.4.2　元数据数据库

如果不能在代码中添加注解，你可以将它们保存在外部数据库中。**元数据数据库**是存储引用了其他源文件或组件的元数据的数据库。iTunes 数据库就是一个著名的例子，它包含许多与每首歌曲相关的元数据（例如，播放列表、最近的播放历史记录），而这些元数据并不适合存储在歌曲的音频文件中。元数据不适合放在文件中，可能是因为文件格式不支持存储元数据，也可能是因为修改文件根本就不是一个好主意。

元数据也可以引用文件，但不是该文件真正的固有文件，因此应将它存储在其他位置。例如，一张照片是一个相册的一部分，这个信息就不应存储在照片中，最好将相册存储在其他地方。与之类似，只有照片应用程序才关心照片缩略图的 URL 这类元数据，而将这类元数据包含到照片文件的结构中（假设有可能）会破坏照片文件，造成干扰。

就像使用边车文件碰到问题一样，将元数据数据库用作注解的主要问题在于，如果元数据数据库或相应的文件发生了重命名、移动或删除，而数据库没有更新，那么两者就很容易不同步。

当根本无法修改文件,而且元数据必须存储在其他位置时,你才应该考虑使用元数据数据库。但是,当元数据的管理是同时由不同人员(而不是管理文件本身的人员)在所有文件中进行时,这也是一种方便的方法。例如,如果由摄影师管理数百张照片,但元数据数据库是由图书管理员管理的一个普通电子表格,那么对于图书管理员来说,他们将所有元数据快速添加到列中就很容易,这要归功于现代电子表格应用程序的复制/粘贴、插值和计算能力,而摄影师不必参与其中,也不存在因失误损坏照片文件的风险。

元数据数据库的常见示例是发现注册表中嵌入的各种键/值存储;部署、配置和配置工具;服务目录;为注册表添加书签,等等。只要能引用某些内容并添加标签,你便拥有了一个事实上的元数据数据库!

4.5　设计自定义注解

无论是在什么公司、什么部门或者什么地方,现有的文献对于快速学习他人的经验并共享共同的词汇至关重要,但是,这类文献的问题在于,为了具备普适性,必须放弃那些适用于特定环境的内容。

你应该使用这种标准的知识体系,也可以对它进行扩展以使它更具表现力。你可以在标准文献中添加并扩展内容,从而扩展标签和注解的词汇,使其更适用于你自己的环境。

例如,我们或多或少会认同一个有六种颜色的标准圆圈,但是在你自己的视觉许可规定中,你一定会使用这些颜色的自定义变体,这些变体是特定于你的。你的浅蓝色当然是蓝色,但是"浅"的定义取决于你。

4.5.1　构造型的属性

设计代码时,我们会根据工作行为以及期望或不期望的属性进行思考。以下是一些期望属性的示例。

- NotNull:用于不能为零的参数。如果你几乎总是使用它,生活就会变得轻松得多!
- Positive:用于必须为正数的参数。
- Immutable:用于保持不变的类。
- Identity by value:用于"相等"被定义为数据相等的地方。
- Pure:用于一个函数或者一个类的每个函数,以避免副作用。
- Idempotent:用于多次调用具有相同作用的函数(在分布式系统中非常重要)。
- Associative:在执行映射–规约类任务时,用于诸如(a + b) + c = a + (b + c)的函数。

使用这些属性时,你需要在代码中明确它们的用法。你可以尽可能使用类型系统执行此操作。例如,如果 Option 或 Optional 内置于语言中或由标准库提供,那么你可以用它来表达没有结果的可能性。使用 **Scala 案例类**本身就意味着(Immutable, Identity by value)。如果无法做到这一点，你可以使用注释或自定义注解以及自动测试和基于属性的测试来表示属性。

4.5.2　构造型和战术模式

在 Java 或 C#之类的语言中，每个内容都是一个类，但并非所有类的种类或用途都相同。请注意，在函数式编程语言中，每个内容都是一个函数，但函数的用途也不一定相同。领域驱动设计提出了类的一些基本类别，例如**值对象**、**实体**（entity）、**领域服务**和**领域事件**。它还建议借鉴其他模式，例如使用设计模式（如策略模式和组合模式）。关键是某些（但不是全部）设计模式也是领域模式。

有趣的是，这些类的类别以一种压缩的方式表达了大量信息。例如，当我说 FueldCard-Transaction 类是一个值对象时，我的意思是说它的标识仅由其值来定义，而且它是不可变的。另外，它应该没有任何副作用，而且是可转移的。因此，可以很自然地将这些模式声明为一种简单的文档编写方法。

你可以在项目中引入如下的自定义注解集：

❏ @ValueObject
❏ @Entity 或@DomainEntity（以防止与所有技术框架中相似名称的注解产生歧义）
❏ @DomainService
❏ @DomainEvent

你可以使用属性明确声明结果。

类的每个类别都带有预定义的属性。例如，一个值对象应该按值标识，应该是不变的，并且没有副作用。通过在注解中使用注解，你就可以轻松地在注解系统中对此进行明确显示，如下所示：

```
1  @Immutable
2  @SideEffectFree
3  @IdentityByValue
4  public @interface ValueObject {
5  ...
```

当你将类标记为值对象时，也使用元注解间接标记了它。元注解是一种对属性进行分组的便捷方法，只需用一个等效的声明就可以对它们全部进行声明。当然，组合应拥有明确的名称和含义，它不应该只是一堆随机的属性。

这种方法附带地强制实施了设计和架构。例如，@DomainEntity、@DomainService 和 @DomainEvent 暗示是领域模型的一部分，并且可能暗示了对所允许的依赖关系的相关限制，所有这些限制都可以通过静态分析来强制实施。

如本章后面所述，你可以在 Java 包上添加注解，以便在一个地方的声明可以对包的所有元素进行标记。你可以从这种方法中得到便利，只需要加上一句"除非另有说明"就可以了。例如，你可以定义一个名为@FunctionalFirst 的自定义注解，将这个注解放在整个包中就意味着默认情况下每种类型都要被标记为@Immutable 和@SideEffect-Free,除非在特定类型上明确声明了其他内容。

还有许多其他模式和构造型目录，它们有效地表达了许多设计和建模知识。它们提供了开发工作相关的、关于设计、建模和解决基础结构问题的现成知识和词汇。但是你可以更进一步，将标准类别扩展为更细的类别。

例如，你可以细化值对象的种类。Martin Fowler 撰写了有关数量模式、空对象模式、特例模式和范围模式的内容，这些都是值对象的特例。另外，货币模式是数量模式的特例。你可以使用所有这些模式，选择最具体的一种。例如，你可以选择范围而不只是值对象（如果适用），因为众所周知，范围是值对象。如果这样做，你可以在注解上添加一个注解，明确表明范围是值对象的特例：

```
1  @ValueObject
2  public @interface Range {
3  ...
```

你还可以创建自己的变体。在一个项目中，我有很多值对象，但它们并不只是值对象。它们也是政策模式（相当于策略模式的领域模式）的实例。更重要的是，在金融业务领域中，我们通常将其称为标准市场惯例。因此，我创建了自己的@Convention 注解，并明确表明它同时是一个值对象和一个政策：

```
1  @ValueObject
2  @Policy
3  public @interface Convention {
4  ...
```

4.5.3 注解包名称要有意义

创建自定义注解时，你必须选择它的包名称。可以为包选一个有特定含义的名称。我喜欢在包名称中编码一个参考点，比如如果注解是从一本书中提取出来的，我可能会使用书名或者书名或作者名的缩写。例如用 com.acme.annotation.gof 表示"四人组"写的书；用 com.acme.annotation.poeaa 表示《企业应用架构模式》一书；用 com.acme.annotation.ddd 表示《领域驱动设计：软件核心复杂性应对之道》一书；对于那些没什么经典图书的标准知识，我可能会根据领域命名这个包（例如 com.acme.annotation.algebra）。

4.5.4 强行将标准注解移作他用

在 Java 世界中，许多框架使用注解进行配置。例如，JPA（Java Persistence API）和 Spring Framework 只能在 XML 和注解之间选择，令人厌恶。我尽管主张使用注解作为文档，也不大喜欢用注解来代替编码。我更喜欢在某些.NET 项目（例如 Fluent NHibernate）中找到的方法，它们使用普通代码定义对象–关系映射。

但是，此时在 Java 中仍然必须使用注解，除非你更喜欢 XML（反正我不喜欢）。当你使用注解来驱动框架的行为时，注解的确是代码，而且由于大多数与基础结构问题（例如持久性或 Web 服务）有关，它们常常习惯用非领域类来干扰领域类，这令人很烦恼。

除了我的小意见，你可能想知道这些标准注解是否有任何文档价值。由于注解至少是代码，因此注解记录了它们在做什么，就像精心设计的代码一样。它们提供的是"什么"的信息。

让我们来看一些特定文档的示例。

❑ **构造型注解（Spring）**：这组注解包括@Service、@Repository 和@Controller。它们用于构造类，你可以声明它们以便将它们注册到依赖注入机制中。实际上，它们为注解@Component 添加了更多含义，这是将这些干扰的注解移作他用的一种好方法，让它们对人类更有意义，而不仅仅是对 Spring 有意义。

❑ **创建自定义构造型（Spring）**：如果你使用元注解@Component 进行注解，那么这个方法还支持你自己定义注解。

❑ **@Transactional（Spring）**：注解@Transactional 通常用于声明服务的事务边界和规则。如果你用的是六边形架构，那么事务服务应作为你的应用程序服务，位于领域模型之上它们自己的很薄的层次中。因此，你可以确定这个 Spring 注解本身在 DDD 意义上也意味着@Application-Service。因为大多数 Spring 注解也是元注解，所以你实际上可以定义自己的注解@ApplicationService 并将其标记为@Transactional，从而以一种 Spring 能够识别的方式来表达你的意图，使其发挥神奇的作用。

❑ **@Inheritance（JPA）**：注解@Inheritance 和它的伙伴们能被直接用于记录有关如何在类层次结构和相应的数据库模式之间进行映射的设计决策。这直接与 Martin Fowler 的《企业应用架构模式》一书中的相应模式有关。例如，@Inheritance（strategy=JOINED）对应于单表继承模式（但不幸的是，用的是另一个名称）。

❑ **RESTful Web 服务（JAX-RS 注解）**：这组注解显然是声明式的，其中@Path 标识 URI 路径，@GET 声明 GET 请求方法，@Produces 将媒体类型定义为参数。生成的代码在很大程度上是能自我说明的。此外，诸如 Swagger 之类的工具可以利用这些注解来生成 API 的活文档。

你可以依靠标准注解来获得它们对于文档编写的特殊价值，但它们几乎总是受限于技术问题。从技术上来说，注解就像特别的声明式代码一样，只介绍"是什么"，而没有说明"为什么"。如前所述，有时可以扩展标准机制来传达其他含义，同时仍然可以很好地使用你所依赖的框架。

4.5.5　标准注解：@Aspect 和面向切面编程

Spring Pet Clinic 展示了如何配置一个简单的切面，这个切面会监视**每个存储库**的调用计数和调用时间。通过这个展示，它演示了什么是面向切面编程（AOP）。

有趣的是，切面声明确实在**字面上**描述了"监视每个存储库"的要求，如以下摘录中所示，该摘录中带有 Spring AOP 的注解@Aspect。

```
1  @Aspect
2  public class CallMonitoringAspect {
3    ...
4    @Around("within(@org.springframework.stereotype.Repository *)")
5    public Object invoke(ProceedingJoinPoint joinPoint) throws Throwable{
6      ...
7    }
8  ...
9  }
```

这种表现性是可能的，因为代码已经通过有意义的@Repository 构造型得到了增强。这完美地说明了如何通过明确的设计决策来增强代码，从而使其能够以人类的思维方式与工具进行对话。

4.5.6　默认注解或除非必要

在设计自定义注解表达属性时，你可以选择为满足或不满足属性的情况创建注解：

❑ @Immutable 或@Mutable

❑ @NonNull 或@Nullable

❑ @SideEffectFree 或@SideEffect

你可以创建两个，然后让其他人决定选择其中一个，但这可能会导致不一致。在这种情况下，注解没有任何意义。

你可以选定想要推广的一个方案，从而使多个地方的注解变成一种营销活动。例如，到处使用@NonNull 会鼓励人们使所有内容都不为空，而没有注解则表明可以为空。

你也可能会认为注解是干扰，并认为注解越少越好。在这种情况下，默认和优先选择应该是不用注解，同时你将只用注解来声明与默认值的偏差。如果团队的偏好是默认情况下每个类都是不可变的，那么要对可变的类做注解，因为你希望你的同事会注意到："哦，这个类是@Mutable，是例外！"

4.6　处理全模块知识

在软件项目中，一个模块包含一组可以一起操作的工件（本质上是包、类和嵌套模块）。你可以定义应用于模块内所有元素的属性。设计属性和质量属性要求（例如，只读、可序列化、无状态）通常应用于整个模块，而不仅仅是模块中的个别元素。

你还可以在模块级别定义主要的编程范例：面向对象、函数式，甚至过程或报告风格。

模块还是声明架构约束的理想选择。例如，你可能有几个领域需要从头开始编写高质量标准的代码，而另一些领域则使用标准更为宽松的遗留代码。在每个模块中，你可以定义风格首选项，例如 Checkstyle 配置、度量标准阈值、单元测试覆盖率以及允许或禁止的导入。

因此，当一条知识涉及一个模块中的多个工件时，你应该直接将它放在模块级别，使其能应用于模块内的所有元素。

只要你能找到声明的宿主（例如，面向切面编程中的切入点），这个方法也可以应用于满足给定断言的所有元素。

4.6.1　处理多种模块

包是 Java 和其他语言中最显而易见的模块。但是，一个名为 x.y.z 的包实际上定义了多个模块：它直接成员的模块（x.y.z.*）和包括其子包中每个工件的模块（x.y.z.**）。同样，因为它的成员字段、方法和嵌套类，一个类也代表一个"模块"，例如 x.y.z.A# 和 x.y.z.$。

像 Eclipse 这样的 IDE 中的"工作集"还定义了另一个逻辑分组（类似于模块），它们是类和其他资源的简单集合。诸如 Ant 之类的工具也使用文件列表和正则表达式来定义文件集，例如 {x.y.z.A, x.y.z.B, x.y.*.A}。像模块一样，工作集和文件集通常被命名以便于参考。

源文件夹（例如 src/main/java 或 src/test/java）显然定义了元素的粗粒度分组。Maven 模块在子项目的规模上定义了更大的模块。面向切面编程的切入点还定义了跨各种"实际"模块的逻辑分组元素。

继承和实现也隐式定义了模块，例如"类的每个子类或接口的实现"为 x.y.z.A+，如果它包含每个嵌套成员的所有成员，则为 x.y.z.A++。

构造型隐式定义了它的事件的集合。例如，值对象模式隐式定义了作为值对象的每个类的逻辑集。

诸如模型-视图-控制器（MVC）和知识级别之类的协作模式也暗示着逻辑分组，例如 MVC 的模型部分或知识级别模式的每个级别（知识级别或操作级别）。

设计模式还根据模式中扮演的角色来定义逻辑分组（例如，"抽象工厂模式中的每个抽象角色"都是 @AbstractFactory.Abstract.*）。

诸如层、领域、限界上下文和聚合根之类的概念隐含着许多其他模块或准模块。

大型模块的问题在于它们包含大量的项目，通常需要进行主动过滤，甚至可能需要排名从而仅考虑 N 个最重要的元素。

4.6.2　在实践中进行全模块增强

所有使用附加知识来增强代码的技术都适用于全模块知识，包括注解、命名约定、边车文件、元数据数据库和 DSL。

将文档添加到 Java 包中的一种常见方法是使用名为 package-info.java 的特殊类供 Javadoc 以及关于这个包的所有注解用。请注意，这个带有神奇名称的特殊伪类实际上是边车文件的一个例子。

C#模块通常包含项目，这些项目可以具有汇编信息描述：

```
1   AssemblyInfoDescription("package comment")
```

在大多数编程语言中，包或命名空间的命名约定也可以用于声明设计决策。例如，something.domain 可用于将包或命名空间标记为领域模型。

4.7 固有知识增强

> **警告**
>
> 与其他大多数章节相比，本节内容更为抽象。这里讨论的概念很重要也很深奥。如果你不喜欢抽象的废话，那么可以放心地跳过本节，稍后再回来看看。

事物本身是什么以及对于其他事物或目的来说它们是什么，区分这两者很重要。汽车可能是红色的，可能是双门轿车，可能有混合动力发动机。这些实际上是汽车**固有**的特性，也是确定这是一辆车的部分特征。相比之下，汽车的主人、汽车在某个时间点的位置或者汽车在公司车队中的角色是汽车的**外部**属性。这种外部知识并不是关于汽车本身，而是关于汽车与其他事物之间的关系。因此，除了汽车本身以外，它还可能因为多种原因发生变化。考虑固有知识与外部知识对于设计和文档编写来说都有很多好处。

如果仅将固有知识附加到元素上，可能会发生以下情况。

- □ 如果要删除该元素，那么附加的知识也会随之消失，不能反悔，也不能在其他任何地方修改。例如，当汽车被回收时，它的序列号也会被处理，但是不会有任何影响。
- □ 本质上与元素无关的任何变更都不会修改元素或其工件。例如，出售汽车不会修改其用户手册。

理解外部属性的重要性

我最早在 GoF 的《设计模式：可复用面向对象软件的基础》一书中了解了固有与外部的概念。介绍轻量模式的那一章考虑了字处理器中使用的字形。文本中的每个字母都以字形（字符的渲染图像）形式打印在屏幕上。字形有大小和样式（如斜体或粗体）属性。字形在页面上用(x, y)表示位置。轻量模式背后的核心思想是利用字形的固有属性（例如，大小、样式）与外部属性（例如，字形在页面上的位置）之间的差异，使字形的同一实例能在页面上多次复用。

这种解释对我的设计方式有很大的影响。它能使你在做设计决策时更好地考虑到长期关联性，只是不太为人所知。

因此，应仅使用元素的固有知识来注解元素。相反，请考虑将所有固有知识附加到元素本身。避免附加外部知识，因为它们经常会变，而且会因为与元素无关的原因而变更。所以把重点放在固有知识上可以减少以后对文档的维护工作。

> **关键点**
>
> 你可能认为这种对固有知识的关注或多或少是审慎耦合的问题。关键问题是："当我修改元素时，我声明的知识会有什么样的变化？"修改元素时只需做最少工作的方式是最好的。

流行框架对注解的普遍用法通常不会考虑这些注解是否是注解对象所固有的。例如，假设你有一个类，它单独存在，而且可以独立使用，但是随后你给它添加了注解来声明应如何将其映射到数据库或声明它是某个接口的默认实现。如果你认为这个类确实代表了一种领域职责，那么这种数据库映射将是无关紧要的。附加注解只会使类更可能因数据库原因而更改。

假设你有一个带有 `MongoDBCatalogDAO` 和 `PostgresCatalogDAO` 这两个实现的 `CatalogDAO` 接口，将 `MongoDBCatalogDAO` 类标记为 `CatalogDAO` 接口的默认实现将是对这个类施加外部关注的一个示例。更好的选择是使用固有属性（如@MongoDB 或@Postgres）注解每个 DAO，并分别通过这个中间属性间接进行选择。例如，你可以使用@MongoDB 注解标记所有 `MongoDBDAO` 实现，并使用@Postgres 注解标记所有 `PostgresDAO` 实现。这是有关 DAO 的固有知识。另外，你可以决定为特定部署所选择的技术注入每种实现。如果你使用 Postgres 进行部署，我们希望注入每个@Postgres 实现。注入一种选定技术的决策也是知识，但是 DAO 层次结构不必知道这个知识。

4.8   机器可访问的文档

你在设计级别进行编码，而不仅仅是在代码级别进行编码，但你的工具在设计级别对你的帮助不大。它们无能为力是因为无法仅凭代码知道如何从设计角度来看待你正在做的事情。如果你通过在代码上附加注解等方法使设计明确，那么工具也可以开始在设计级别上操纵代码，从而为你提供更多帮助。

能使代码更明确的设计知识是值得添加的。附加到语言元素上的注解通常就足够了。例如，你可以在相应的 package-info.java 文件中声明每个顶级包上的层：

```
1  @Layer(LayerType.INFRASTRUCTURE)
2  package com.example.infrastructure;
```

通过将注解@Layer 放在 com.example.infrastructure 包上，你可以声明层模式的特定实例，其中层是包本身。

与往常一样，你可以用很多方法设计自定义注解，例如，声明 ID（可能对以后引用它很有用）：

```
1  @Layer(id = "repositories")
2  package com.example.domain;
```

通过在代码本身中明确表明这种设计意图，像依赖关系检查器之类的工具可以自动找到层之间被禁止的依赖关系，以便检测何时违反了它们。

你可以使用 JDpend 之类的工具来执行此操作，但必须声明每个包对包的依赖关系限制。这很烦琐，并且没有直接描述分层，它描述的仅仅是分层的结果。

声明每个被禁止或可接受的包对包的依赖关系是很烦琐的，但是请想象一下在各个类之间这样做：这让人望而却步！但是，如果类已经做了标记（例如@ValueObject、@Entity 或@DomainService），则依赖关系检查器可以强制执行你喜欢的依赖关系限制。例如，我喜欢执行以下规则。

☐ 值对象应仅依赖于其他值对象。

☐ 实体绝不能将任何服务实例作为成员字段。

一旦使用这些构造型明确地增强了类，你就可以从字面上更简洁地告诉工具你想要什么。

文学式编程

让我们改变一下对程序构造的一贯态度：与其想象我们的主要任务是指导计算机做什么，还不如集中精力向人类解释我们想要计算机做什么。

——高德纳

在一本有关活文档的书里很难不提到文学式编程。文学式编程是高德纳引入的一种编程方法。一个文学式的程序以自然语言（例如英语）以及宏和传统源代码的片段来解释程序逻辑。工具会处理这个程序，同时生成供人类使用的文档和可编译成可执行程序的源代码。

虽然文学式编程从未广泛流行，但即使这个概念经常被歪曲，也对行业产生了深远而广泛的影响。

文学式编程引入了几个重要的理念。

☐ 在相同的工件中，文档与代码交织在一起，代码插入到文档的内容中。不要将它与文档生成相混淆，文档生成是指从插入源代码的注释中提取出内容来编写文档。

☐ 文档符合程序员的思路，而不是受限于编译器强制的顺序：好的文档符合人类的逻辑顺序。

☐ 一种鼓励程序员认真思考每个决策的编程范例：文学式编程远远超出了文档范围，旨在强迫程序员认真思考，因为他们必须明确阐述自己在编写程序时所持的想法。

请记住，文学式编程不是编写文档的方法，而是编写程序的方法。

尽管文学式编程的使用并不广泛，但它至今仍然活跃，它的工具适用于所有优秀的编程语言，包括 Haskell、Clojure 和 F#。现在的重点是用 Markdown 编写文档内容，并插入一些编程语言片段。在 Clojure 中使用 Marginalia，在 CoffeeScript 中使用 Docco，在 F# 中使用 Tomas Petricek 的 FSharp.Formatting。

传统上，软件程序的文档会同时包括代码和文字内容，它们可以通过以下几种方式组合。

- **文字内容中有代码**：这是高德纳最初提出的文学式编程方法。主要文档是文字内容，符合程序员作为人的逻辑。作者同时也是程序员，能完全控制文字描述。
- **代码中有文字内容**：这是大多数编程语言提供的文档生成方法。Javadoc 是在代码中创建文字内容的工具示例。
- **独立的代码和文字内容，通过工具合并到一个文档中**：工具用于执行合并以发布文档，例如发布一个教程。
- **代码即文字内容，文字内容即代码**：在这种方法中，编程语言非常清晰，因此可以将其当作文字内容来阅读。遗憾的是，这个目标一直可望而不可即。但是某些编程语言比其他语言能更接近这个目标。我看过 Scott Waschlin 用 F# 语言编写的一些代码，已经非常接近这个目标了。

有些工具（例如 Dexy）可以让你选择怎么组织代码和文字内容。

4.9　记录你的决策依据

在《软件架构师应该知道的 97 件事》一书中，Timothy High 写道："正如公理'取舍的艺术'所述，定义软件架构就是要在各种质量属性、成本、时间以及其他因素之间做出正确的权衡。"这里讲的**架构**，如果替换为**设计甚至代码**，这个句子仍然适用。

在软件中，每当做决策时，都要进行权衡。如果你认为自己没有做出任何权衡，那只能说明你没看到权衡而已。

决策要有故事。人们喜欢故事而且容易记住故事。记录决策的背景信息很重要。要在新的背景信息里重新评估一个决策，必须要有过去做出该决策的背景信息。借助过去的决策，我们可以学习前辈的思想。许多决策的描述也比结果的描述更简洁，因此，与决策产生的所有细节相比，决策更容易在人与人之间传递。如果你能马上告诉我你的意图和背景信息，那么只要我是一个熟练的专业人员，我就可能会做出与你相同的决策。但是，如果没有意图和背景信息，你就会想知道"他们当时在想什么"（见图 4-3）。

他们当时在想什么？

图 4-3　他们当时在想什么

因此，应以某种形式的永久性文档记录每个重要决策的依据，包括背景信息和主要替代方案。听听文档都在说些什么：如果你发现很难将依据和替代方案形式化，那么可能是该决策并不够谨慎。你可能是在靠巧合编程！

4.9.1　依据里有什么

任何决策都是根据当时的背景做出的，并且是一个问题的可能答案之一。因此，依据不仅是做出某个决策的原因，还包括以下所有方面。

- **当时的背景**：背景包括主要的利害关系和考虑，例如当前的负载（"每周只有 1000 名终端用户使用这个应用程序一次"）、当前的优先级（"优先级是尽快探索市场和产品的契合度"）、假设（"预计不会改变"），或人员考虑（"开发团队不想学习 JavaScript"）。
- **选择背后的问题或要求**：问题示例为"页面加载必须在 800 毫秒内完成，以确保不会失去访问者"和"停用 VB6 模块"。
- **有一个或多个主要原因的决策本身（而不是选择的解决方案）**："通用语言仅用英语词汇来表达，因为它更简单，并且当前每位干系人都喜欢用这种方式"和"因为没有充分的理由重写遗留系统，但是我们仍然希望像使用全新系统一样方便地使用它，所以这个外观通过漂亮的 API 暴露了此遗留系统"就是决策和原因的例子。
- **认真考虑的主要替代方案，不选择它们的原因，或者在背景不同的情况下会选择它们的原因**："如果需求更标准，那么购买现成的解决方案会是更好的选择""图形结构会更强大，但更难与用户的 Excel 电子表格进行映射"和"如果我们没有全部投资到当前的 Oracle 数据库，那么 NoSQL 数据存储会是一个更好的选择"就是替代方案的例子。

正如@CarloPescio 在一段关于自记录代码的对话中所建议的那样，通常来说，设计依据在很大程度上与丢弃的选项有关，因此它**通常不会在代码里**。

4.9.2　使依据明确

你可以使用多种方式记录重要决策背后的依据。

- ❑ **临时文档**：你需要一个关于需求的明确文档，包括所有质量属性。它需要缓慢发展，但每年至少需要变更一次。只有那些在系统大部分地方都要用到的主要属性才需要这样的文档，而那些局部的决策并不需要。第 12 章描述了一种决策日志，它是这种架构方法的示例。
- ❑ **注解**：记录决策的注解可能有记录依据的字段，比如@MyAnnotation(rationale = "We only know how to do that way")。
- ❑ **博客文章**：写一篇博客文章比写一个注解甚至是临时文档更花时间，而且良好的写作风格真的很有帮助。但是，即使在字里行间提到了策略和个人意图，你也可以对决策背后的推理和人文背景进行人工说明，这使它很有价值。当以前的决策出现问题时，也可以搜索和浏览博客文章。

4.9.3　超越文档：被激发的设计

记录决策依据不仅是为了以后的继任者或将来的自己，即使是正在记录决策依据的现在，这么做也是很有用的。你需要倾听困难之处，那些都是提示需要改进的信号。如果你很难记录决策的依据或者背景信息，可能是因为你还没有足够认真地考虑过这个问题，这应该是一个警告。

如果很难提出两三个可靠的决策替代方案，那么你可能不会做任何工作去探索更简单或更好的解决方案，而是选择第一个合适的方案。你当前的决策可能不是最佳选择，而且可能会在将来失去机会。当然，决策的依据可能是"选择了最合适的解决方案以尽快上市"，至少这个决策是经过深思熟虑的，而且相关人员了解了结果并准备下次重新考虑它。

如果没有深思熟虑的设计决策，而且完全缺乏技能，那么你可能只会有一个随机的软件结构。你最终只会得到一堆细节，而处理这些细节的唯一方法是猜测其中的意图。通常，这是你处理遗留代码时必须面对的问题。第 14 章对此做了详细讨论。我认为着重于明确依据有助于制定更好的决策并开发出更好的软件。

4.9.4　避免记录猜测

在《微服务设计》[①]一书中，Sam Newman 建议不要记录针对猜测性需求的解决方案。他批评了传统架构文档，它会用很多页面和图表来说明系统将多么完美，但是会完全忽略将来实际构建和工作时可能会遇到的任何意外阻碍。

---

① 该书已由人民邮电出版社出版，详见 *ituring.cn/book/1573*。——编者注

相反，决策依据是根据实际需求所做出的决定，而这些需求已被证明是必要的。在渐进式方法（例如新兴设计）中，我们一点点地发展解决方案，而且每一点都是由当时最重要的需求驱动的。我们之所以经常以即时的方式工作，恰恰是因为它是针对猜测的解药：我们仅在有必要构建时才进行构建。

总体而言，你应仅记录那些已经构建的内容以响应实际需求。

4.9.5 作为预记录依据的技能

许多小决策的思考过程都已经有了解决方法，并且已被记录在文献中。例如，单一职责原则表示将一个做两件事的类拆分为两个分别做一件事的类。你不需要记录每次特定事件的发生，但是你可以在一个地方记录一次，并始终遵循每个原则。我称之为确认你的影响力模式，本章稍后会进行描述。

4.9.6 将依据记录作为推动变革的因素

了解过去决策背后的所有原因可以使你更成功地做出改变，因为你可以谨慎地接受或拒绝每个决策。以可靠的方式了解这些决策的最好方法是记录它们。否则，这些推理过程会被遗忘（见图 4-4）。如果不知道过去每个决策背后的明确依据，你可能会想知道，一个变更是否会对你没有想到的问题产生意想不到的影响。如果不了解过去的决策，你可能永远无法确定是否要做出改变，即使改进的机会就在眼前，你仍倾向于保持现状。另外，如果你做的一个变更引发了一个被遗忘的问题，而你没有看到这个问题是因为它没有被记录在案，那么可能会在无意中造成伤害。

图 4-4 如果不知道"为什么"，他们就会再犯同样的错误

4.10 确认你的影响力（又名项目参考文献）

> 好书都会重视参考文献。对于读者来说，这是一种学习更多知识的方法，但它同时
> 也是一种确认作者影响力的方法。当一个单词有不同的含义时，查看参考文献会帮你找
> 到它的解释。查阅书籍！
>
> ——Eric Evans，《领域驱动设计：软件核心复杂性应对之道》

从事某个项目的团队的思维模式是稳定的知识，值得整理清楚供以后的开发人员使用。这并不是要求你写一篇长文来记录它，你可以只列出参考文献和做事方式。

项目的参考文献为读者提供了背景。它展示了团队在构建软件时的影响力。项目参考文献由书、文章和博客的链接组成，这些链接可以是手动创建的，也可以是从注解和注释中提取的，或者是两者的结合。

声明你的风格

就像画家一般会属于特定的绘画流派（例如，超现实主义、立体派）一样，软件开发人员也会根据各种思想流派调整自己。有些画家在创作时能在不同风格之间切换。类似地，开发人员也可能以非常实用的编程风格创建一个模块（所有内容都是纯粹而不可变的），然后再使用语义技术和面向图形的存储来创建另一个模块。

为了给文档读者提供背景信息，声明在某些代码区域（通常是模块或项目）中使用的风格和主要范例（如果有）非常有用。整个声明有点类似于一个团队或多个团队的简历：

- ❑ 建模范例（例如 DDD）
- ❑ 团队成员关注的作者
- ❑ 团队成员读过的书和经常阅读的博客
- ❑ 团队成员熟悉的语言和框架
- ❑ 任何重要的灵感，例如"Stripe 是对开发人员友好性的一种启发"
- ❑ 到目前为止，团队成员主要完成的典型项目（例如，Web、服务器、嵌入式）

为了不被重构，这些信息应位于模块或项目本身中。你可以使用注解 [例如包（Java）上的 @Style（Styles.FP）]、AssemblyInfo（.NET）上的属性或者通过在模块或项目根目录上使用具有键/值语法的 style.txt 文件来完成。

> **注意**
>
> 清晰的风格声明对工具也很有用。例如，声明的风格可用于为静态分析工具选择特定的规则集。

声明风格有助于在代码库中实现一致性。

哈哈哈

昨天创造的 Gierke 定律：从软件系统的结构中，你可以知道架构师最近读过的书。

——Oliver Gierke（@olivergierke）

4.11　将提交消息作为全面的文档

精心编写的提交消息使每一行代码都有据可查。将文件提交到源代码控制系统中时，添加包含提交消息的有意义的注释是良好实践。人们经常会忽略这个操作，结果就是还要浪费时间打开文件来查找更改的内容。如果认真完成这个操作，提交消息能用于做很多事，非常有价值，是又一个高收益的活动。

- ❑ **思考**：你必须考虑已经完成的工作。这是一个单一的变更还是本应该分开的多个变更的组合？清楚吗？真的完成了吗？是否应随变更一起添加或修改新的测试？
- ❑ **解释**：提交消息必须明确地描述意图。它是一项功能（或一项修正），原因应记录在案（即使是简短的），就像记录依据一样。这将为读者节省时间。
- ❑ **报告**：提交消息以后可以用于各种类型的报告，发布为变更日志或集成到开发人员工具链中。

提交消息的主要理念是，在任何给定的代码行中，在源代码控制系统查询它的历史可以获得详细的原因列表，也许还有关于这行代码是现在这个样子的依据。正如 Mislav Marohnić 在博客文章 "Every Line of Code Is Always Documented" 中所说的："项目的历史是其最有价值的文档。"

查看给定代码行的历史记录，你可以知道谁做了修改、更改的时间以及同时被更改的其他文件，例如，相关的测试。这有助于定位已添加的新测试用例，并充当**代码**的内置机制来**测试**可追溯性。在历史记录中，你还将找到说明变更及其原因的提交消息。

为了充分利用提交消息，如果消息当前的质量不能令人满意，那么最好共同制定一套标准的提交规范。使用标准结构和标准关键字有几个好处。一方面，它更加形式化，因此也更加简洁。使用形式语法，你可以这样写：

fix(ui)："提交"按钮的颜色改为绿色

与下面这句等效的完整英语句子相比，它读起来和写起来都更短：

"这是对 UI 领域的一个修复，将'提交'按钮的颜色改为绿色。"

结构化的消息强制你提供它要求的信息，例如提交类型或变更位置，从而使信息不会被遗忘。使用形式语法能将消息转变成机器可以理解的知识，从而带来更多好处。

因此，确保使用提交消息。制定一组提交规范，并使用半形式化语法和标准关键字词典。通过合作办公或使用同伴压力、代码审查或执行工具来确保遵守这些规范。设计规范，以便工具可

以使用它们为你提供更多帮助。

提交消息为每一行代码提供了全面的文档。这些信息可从命令行或源代码控制系统顶部的图形界面上获得，如图 4-5 所示。

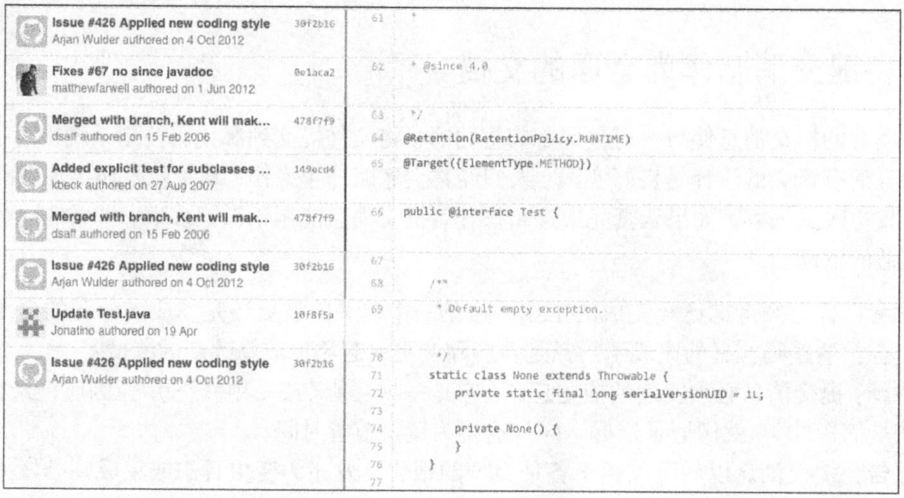

图 4-5   GitHub 上的 blame 视图显示了著名的 Junit 项目的每一行代码的每一个贡献

提交规范

提交规范的一个好例子是 Angular 提交规范，它对提交消息的格式设置了严格的规则。Angular 网站表示，这些规则使"消息更具可读性，在查看项目历史时很容易跟踪。但是，我们也使用 git commit 消息来生成 AngularJS 的变更日志"。根据这套指导原则，提交消息必须由一个标头、一个主体（可选）和一个页脚（可选）构成，相互之间以空行分隔，如下所示：

```
1    <type>(<scope>): <subject>
2
3    <body>
4
5    <footer>
```

1. 指定变更的类型

type（类型）必须是以下之一。

- feat：一项新功能。
- fix：一个 bug 修复。
- docs：仅文档变更。
- style：不影响代码含义的变更，例如对空格、格式、缺失分号等的变更。
- refactor：既不修正 bug 也不增加功能的代码变更。

□ perf：改善性能的代码变更。

□ test：添加缺失测试的变更。

□ chore：变更构建过程或辅助工具和库，例如文档生成。

所有重大变更都必须在页脚中声明，以 breaking change（重大变更）开头，然后加一个空格，再详细说明变更和迁移相关的信息。

如果提交与跟踪系统中的问题有关，那么也应在页脚中引用问题，并带上问题在跟踪系统中所用的标识符。

以下是与范围 trade feeding（交易馈送）相关功能的示例：

```
1 feat(tradeFeeding): 支持
2 负息票债券的交易馈送
3
4 一些债券的票面利率为负值，例如 -0.21%。
5 将验证更改为
6 不拒绝负息票债券的交易。
7
8 Closes #8125
```

2. 指定变更的范围

前面显示的提交语法是半形式化的，结合了关键字和自定义文本。第一个关键字 type 表示小列表中的变更类型（功能、修复等）；第二个关键字 scope（范围）表示系统或应用程序中变更的范围，并且依背景而不同。

scope 可以涵盖系统的各个方面。

□ **环境**：示例包括 prod、uat 和 dev。

□ **技术**：示例包括 RabbitMq、SOAP、JSON、Puppet、build 和 JMS。

□ **功能**：示例包括 pricing、authentication、monitoring、customer、shoppingcart、shipping 和 reporting。

□ **产品**：示例包括 books、dvd、vod、jewel 和 toy。

□ **集成**：示例包括 Twitter 和 Facebook。

□ **动作**：示例包括 create、amend、revoke 和 dispute。

提交规范可能需要一个主要范围，但是你可以添加更多内容，如下所示：

```
1 feat(pricing, vod): 提高黄金时段的费率
2 ...
```

当然，你们（理想情况下是一个完整的团队，包括业务分析员、开发人员和测试员这 Three Amigos）必须与所有参与 DevOps 的人员密切协作，定义一个范围列表。可能会被提交到源代码控制系统的每个变更都应至少包含在一个范围内。

请记住，一份好的范围清单能让你方便地推理变更带来的影响。

3. 机器可理解的信息

提交消息的半形式化语法的好处是，机器可以使用这些消息来自动化完成更多的任务，例如生成一份**变更日志**文档。让我们仔细看看 Angular.js，它在这个方面提供了一个简洁示例。

根据 Angular.js 的约定，每个版本的变更日志都由三个可选部分组成，并且每个部分仅在不为空时才显示：

- ❑ New Features（新功能）
- ❑ Bug Fixes（bug 修复）
- ❑ Breaking Changes（重大变更）

以下是 Angular.js 变更日志的摘录：

```
## 0.13.5 (2015-08-04)
### Bug Fixes
- file-list: Ensure autowatchDelay is working.(655599a), closes #1520
- file-list: use lodash find() (3bd15a7), closes #1533
### Features
- web-server: Allow running on https (1696c78)
```

这份变更日志是 Markdown 格式的，它允许使用链接在提交、版本和工单系统之间进行方便的导航。例如，变更日志中的每个版本都链接到 GitHub 中相应的比较视图，显示该版本与先前版本之间的差异。每个提交消息还链接到其特定的提交，如果适用还会链接到相应的问题。

由于采用了这种结构化的提交规范，你可以通过命令行来提取和过滤提交，如以下示例所示（借用自 Angular.js 文档）：

```
1 List of all subjects (first lines in commit message) since
last release [列出自上次发布以来的所有主题(在提交消息的前面几行)]:
2 >> git log <last tag> HEAD --pretty=format:%s
3
4 New features in this release [本次发布的新功能]
5 >> git log <last release> HEAD --grep feature
```

发布时，脚本可以生成此处显示的变更日志。许多开源项目可以做到这一点，例如 conventional-changelog 项目。这个变更日志的自动化脚本高度依赖于所选的提交规范，并且已经支持其中一些规范，包括 Atom、Angular 和 jQuery。

这样的自动化是很方便的，但是在公开发布之前，人们应该检查并编辑生成的变更日志框架。

4.12   小结

通常，系统中缺失的知识要素就是你想让人记住的东西。尤其是，你应该记录决策的依据。你需要增强系统代码从而使知识完整。在这种增强代码的方法中，注解、约定和其他技术有助于记录最重要的知识。增强代码的过程也为你提供了一个将技能以嵌入式学习方式传播给同事的机会。

第 5 章

活知识管理：识别权威性知识

> 英国女王的演讲就像是英国一个较小新版本的发布说明！
>
> ——Matt Russell（@MattRussellUK）

请记住，与系统有关的大多数知识已经在系统里了，而且这种知识有很多。利用所有这些知识的一种关键方法是知识管理。知识管理就是从系统的海量数据中选出一些相关的知识，以帮助人们在将来的工作中使用它们。由于系统一直在变化，因此最安全的做法是确保这种知识管理方法能随着系统一起发展，而无须任何人工维护。

5.1　动态的知识管理

在艺术展览中，策展人就像电影导演一样重要。在当代艺术中，策展人要选择艺术品并经常对它们进行诠释。例如，策展人会寻找那些激发了艺术家灵感的作品和地方，然后通过叙事或结构化分析，以超越单个作品的方式将选定的作品联系起来。如果对展览至关重要的作品不在收藏中，策展人会从另一个博物馆或私人收藏中借用它，甚至可能委托艺术家创作。除挑选作品外，策展人还负责撰写标签和目录文章，并监督展览的现场布置，以帮助传达所选择的信息。

在文档编写领域，我们需要成为我们自己的策展人，利用已有的所有知识并将它们变成有意义和有用的内容。

策展人根据许多客观标准来选择艺术品，例如艺术家姓名、作品创作的日期和地点或者最早购入作品的私人收藏家。他们还依靠更多主观的标准，例如与艺术运动或与历史重大事件（例如战争或丑闻）的关系。策展人需要每幅画作、雕塑或视频表演相关的元数据。如果元数据缺失，策展人必须创建这些元数据，有时需要通过研究来完成。

知识管理是你已经在做的事情，只是你可能还没有意识到。例如，当有人要求你向客户或高层管理人员演示应用程序时，你只需要选择几个用例和屏幕就能传达信息，例如"一切都在控制中"或者"买我们的产品吧，因为它会帮你完成工作"。如果你没有基本的信息，那么你的演示很可能不会令人信服。

与艺术展览不同的是，在软件开发中，我们需要的更像是一个内容不断更新的展览。随着知识的不断发展，我们需要自动化管理那些最重要的主题。

因此，要用策展人的思维方式从源代码和工件的所有可用知识中挖出有意义的故事。不要选择固定的元素列表，而是依靠每个工件中的标签和其他元数据来动态选择长期关注的知识的内聚子集。当缺少必要的元数据时，增强代码，并在故事需要时添加所有缺失的知识。

知识管理就是从大量收藏中选出相关信息，从而创造一个叙述连贯的故事，就像混音或混搭一样。对于像软件开发之类的知识工作，知识管理至关重要。源代码充满了开发相关的各方面知识，并且不同部分的源代码重要性不同。对于比玩具应用程序大的应用程序来说，从源代码工件中提取出的知识所包含的细节远超出我们平常的认知能力，此时，知识就变得毫无意义，因此也就毫无用处（见图 5-1）。

图 5-1   信息太多等于没信息

解决方法就是针对特定的沟通意图积极地从噪声中滤除信号。正如图 5-1 中的小丑怪兽说的："信息太多等于没信息。"一个信息，从一个角度来看是噪声，从另一个角度来看，可能就是一个信号。例如，方法名称在架构图中是不必要的细节，但在如果在一个特写图中，一个类是另一个类的适配器，并且两者进行交互，那么这些方法名称可能就很重要。

知识管理的核心是根据选择的编辑角度，选择要包含或忽略的知识。这是一个范围问题。动态的知识管理又向前迈进了一步，它能够对不断变化的工件集进行连续选择。

5.1.1　动态知识管理的示例

在 Twitter 上执行搜索操作是自动化动态知识管理的一个示例，它本身就是一种资源，你可以像跟踪任何 Twitter 句柄一样跟踪它们。Twitter 用户根据自己的编辑角度转发（或多或少）精心挑选的内容时，也会以手动方式进行知识管理。Google 搜索是简单的自动化知识管理的另一个示例。

再举一个例子，我们每天在使用 IDE 时做的就是根据准则选择工件的最新子集。

- ❑ 显示每个名称以 DAO 结尾的类型。
- ❑ 显示调用了这个方法的所有方法。
- ❑ 显示引用了这个类的所有类。
- ❑ 显示引用了这个注解的所有类。
- ❑ 显示属于这个接口子类型的所有类型。

如果没有标签来帮助你选择知识，那么你应该使用注解、命名约定或任何其他方式来引入它。知识缺失时，为了能看到完整的信息，你需要即时添加知识。

5.1.2 需要编辑的知识管理

知识管理是一种编辑行为。确定编辑角度是至关重要的一步。编辑时，应该只有一个角度，而且一次只能有一个消息。良好的消息是带有动词的陈述，例如应该是"不允许有从领域模型层到其他层的依赖关系"，而不能只是说"层之间的依赖关系"，其中后者没有传递消息，需要读者来猜测这句话是什么意思。至少动态的知识管理应该有一个表达性名称，能反映想要表达的消息。

5.1.3 不太需要维护的动态知识管理

严格地选择知识的子集可能有风险。例如，对一个类、测试或场景列表的直接引用很快就会过时，并且还需要维护。它是复制和粘贴的一种形式，会使变更成本更高，而且还会有忘记更新的风险。这不是一个良好实践，应该不惜一切代价避免。

> **警告**
>
> 避免通过名称或 URL 直接引用工件。要找到基于长期稳定的标准来选择知识的机制，从而使选中的知识一直保持最新状态，而无须任何手动操作。

> **关键概念**
>
> 根据稳定的标准间接选择工件。

以下描述了几个稳定选择的标准，你可以使用其中之一，以稳定的方式描述你感兴趣的工件。

- ❑ **文件夹的组织方式**：例如，"名为'Return Policy'的文件夹中的所有内容"。
- ❑ **命名约定**：例如，"每个名称中带有'Nominal'的测试"。
- ❑ **标签或注解**：例如，"每个打了'WorkInProgress'标签的场景"。
- ❑ **你可以控制的链接注册表**（可能不时需要进行一些维护，但至少在一个"中心地"）：例如，"在此短链接下注册的 URL"。

❏ **工具输出**：例如，"编译器处理过的每个文件，在其日志中可见"。

当你使用稳定标准时，工具自动提取能满足标准的最新内容，并将其插入到发布的输出后。由于它是完全自动化的，因此可以尽可能频繁地运行——也许可以在每次构建时持续运行。

5.1.4　一库多用的知识语料库

一切都可以组织，包括代码、配置、测试、业务行为场景、数据集、工具、数据，等等。所有可用的知识都可以视为一个庞大的语料库，可以通过自动方式进行分析和精选提取。

只要对知识语料库的内容进行适当标记，就可以通过知识管理从中提取词汇表的业务视图（即活词汇表）、架构的技术视图（即活图表），以及你可以想象到的其他任何角度，包括以下内容。

❏ 特定于受众的内容，例如仅业务人员可读的内容与技术细节
❏ 特定于任务的内容，例如如何添加另一种货币
❏ 特定目的的内容，例如内容概述与参考部分

只有当你能从源知识的元数据中选出感兴趣的相关材料时，知识管理才能成为可能。

5.1.5　场景摘要

知识管理不仅与代码有关，还与测试和场景有关。动态知识管理的一个很好的例子是场景摘要，其中，业务场景的语料库在不同的维度上做了整理，以便针对特定受众和目的发布量身定制的报告。

当团队将 BDD 与自动化工具（如 Cucumber）一起使用时，大量场景会被写入功能文件中。不是所有人都对每个场景有同样的兴趣，也不是所有场景都可用于同样的目的，因此你需要一种方法对场景进行动态知识管理，为此，需要用一个设计良好的标签系统对场景进行标记。请记住，在第 2 章中，标签就是文档。

每个场景都可以有如下标签：

```
1  @acceptancecriteria @specs @returnpolicy @nominalcase @keyexample
2  Scenario：30 天内全额报销
3  ...
4
5  @acceptancecriteria @specs @returnpolicy @nominalcase
6  Scenario：超过 30 天不能报销
7  ...
8
9  @specs @returnpolicy @controversial
10 Scenario：没有购买凭证就不能报销
11 ...
12
13 @specs @returnpolicy @wip @negativecase
```

```
14 Scenario: 发生未知返回报错
15 ...
```

请注意，几乎所有这些标签对于与其相关的场景都是完全稳定和固有的。我说**几乎**是因为
@controversial 和@wip（work in progress，正在进行的工作）实际上并不能持续太长时间，
但是它们可以存在几天或几周以便进行报告。

多亏了所有这些标签，你很容易仅提取一部分场景，可以仅按标题提取内容，也可以按步骤
进行描述。以下是一些示例。

- 当与时间非常有限的业务专家会面时，也许你可以只关注标记为@keyexample 和
  @controversial 的信息：

```
1 @keyexample or @controversial Scenario:
2 - 30 天内全额报销
3 - 没有购买凭证就不能报销
```

- 当向发起人报告进度时，这类受众可能对标记了@wip 和@pending 的场景以及
  @acceptancecriteria 的通过（绿色）比例更感兴趣：

```
1 @wip, @pending or @controversial Scenario:
2 - 发生未知返回报错
```

- 有新的团队成员加入时，完成每个@specs 部分的@nominalcase 场景可能就足够了：

```
1 @nominalcase Scenario:
2 - 30 天内全额报销
3 - 超过 30 天不能报销
```

- 合规工作人员想要所有没有@wip 标签的内容。但是，即使在这种情况下，他们也可能希
  望整个文档首先显示@acceptancecriteria 的摘要，然后在附录中显示其余的场景。

5.2　突出核心

一个领域的某些元素比其他元素更重要。在《领域驱动设计：软件核心复杂性应对之道》一
书中，Eric Evans 解释说，当一个领域增长到拥有大量元素时，即使只有一小部分元素是真正重
要的，也很难理解。引导开发人员专注于特定子集的一种简单方法是在代码存储库本身中突出显
示它们。他称这种子集为**突出核心**。

**因此，在模型的主要存储库中标记核心领域的每个元素，而无须尝试解释它们的作用。让开
发人员毫不费力地知道核心里或核心外有什么。**

使用注解直接在代码中标记核心概念是一种很自然的方法，而且随着时间的推移，它会不
断发展。类或接口之类的代码元素会被重命名，会从一个模块移动到另一个模块，有时最终会
被删除。

以下是使用注解进行知识管理的一个完美的简单示例：

```
1    /**
2     * 一张带有类型、id、持有人姓名的加油卡
3     */
4    @ValueObject
5    @CoreConcept
6    public class FueldCard {
7        private final String id;
8        private final String name;
9        ...
```

这是集成到 IDE 搜索功能中的固有文档。你可以通过搜索项目中注解的每个引用（始终是最新的）来查看所有核心概念的列表（参见图 5-2）。

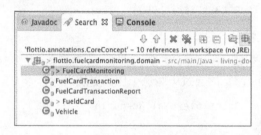

图 5-2   搜索@CoreConcept 注解的所有引用，可以立即在 IDE 中使用突出核心

当然，工具还可以扫描源代码，并使用突出核心作为改进知识管理的便捷且有价值的方法。例如，生成图表的工具可能会在不同情况下显示不同层次的细节，比如，当元素少于七个时显示所有内容，而在元素多于七个时仅关注突出核心。活词汇表通常使用这种技术来突出词汇表中最重要的元素，方法是首先显示它们或以粗体打印它们。

5.3   突出启发性的范例

已经存在的代码通常是关于如何编写代码的最佳文档。给团队培训 TDD 时，我会随机地与开发人员就我从没见过的代码库进行结对编程。与我结队的开发人员常常表现得就像从未见过代码库一样。对于新任务，他们可能会去找一个已有的类似示例，然后将其复制并粘贴到新用例中。例如，一名程序员可能决定找到由 Fred 编写的服务。Fred 是团队的领导者，并深受团队其他成员的尊重。但 Fred 的代码可能并不是每个方面都很出色，他代码中的缺点可能最终会被复制到整个代码库中。在这种情况下，提高代码质量的一种好方法是改进人们模仿的代码示例。范例代码应成为模仿或至少可以激发其他开发人员的理想模型。Sam Newman 在《微服务设计》一书中写道：

> 如果你有一套标准或一些很好的实践希望别人采纳，那么给出一系列的代码范例会很有帮助。这样做的一个初衷是，如果在系统中人们有比较好的代码范例可以模仿，那么他们就不会错得很离谱。

你可以在对话、结对编程或 Mob 编程的过程中将这些范例给同事看："我们来看看 ShoppingCartResource 类，它是设计最完善的类，并且完全符合我们团队喜欢的代码风格。"

对话非常适合用于共享范例，但是当你不能在场为人指明正确的方向或当人们自己工作时，其他文档也可能会有所帮助。你可以通过文档提供一个等效的大大的指示符，来指向良好的范例（参见图 5-3）。

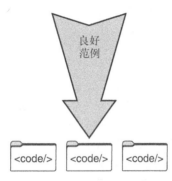

图 5-3　这里有良好的代码范例

因此，在实际的生产代码中直接突出显示你倡导的内容，这些内容是具有良好风格或最佳实践的范例。将你的同事引导至这些范例，并告诉他们如何自行找到它们。管理好这些范例，使其能一直起到示范作用，以供所有人模仿，从而改善整个代码库。

当然，在这里用注解就非常合适：你可以创建一个自定义注解，用来描述几个最典型的类或方法。当然，只有当找出的范例都是最佳范例时，它们才会有用。

哪些代码是范例，哪些不是，最好由团队成员共同决定。找到一些整个团队都一致认定能作为范例的代码，并用特殊注解突出显示，这可以作为团队的一种练习。

范例应该是生产中使用的实际代码，而不是教程代码，就像 Sam Newman 在《微服务设计》一书中所说的那样：

> 理想情况下，你提供的优秀范例应该来自真实项目，而不是专门实现的一个完美的例子。这是因为如果你的范例来自真正运行的代码，那么就可以保证其中所体现的所有原则都是合理的。

实际上，范例不可能在所有方面都是完美的。它可能是一个很好的设计示例，但是代码风格可能有点差，或者反过来。我首选的解决方案是先修复薄弱环节。但是，如果不可能这么做或者这么做不可取，那么你至少应该说明为什么这是个好范例，以及它的哪些方面不应被作为范例。以下是范例的一些示例。

❑ 关于类：@Exemplar("具有内容协商并使用 URI-templates 的 REST 资源的一个很好的示例")

- ❑ 关于 JavaScript 文件：`@Exemplar`("集成 `Angular` 和 `Web Components` 的最佳示例")
- ❑ 关于包或这部分设计的关键类：`@Exemplar`("一个精心设计的 `CQRS` 示例")
- ❑ 关于特定的类：`@Exemplar`(优点 = "代码命名出色"，缺点 = "可变状态太多，我们建议使用不可变状态")

基本上，通过在代码中直接标记范例，你能向 IDE 询问诸如"什么样的代码是编写 REST 资源的一个好示例？"之类的问题。使用集成文档方法，查找范例只不过是在 IDE 中搜索有 `@Exemplar` 注解的所有引用。然后，你可以滚动显示结果的简短列表，决定将哪个代码作为你任务的灵感来源。

当然，之前建议的方法也有一些限制。

- ❑ 软件开发不应复制并粘贴思考过程和解决方案。突出范例并没有授权你去复制和粘贴代码。
- ❑ 复制/粘贴需要重构。随着类似代码的累积，必须对其进行重构。
- ❑ 在代码中标记范例并不意味着你不需要问同事要范例代码。提问题很好，因为它会引起对话，而对话是提高代码和技能的关键。当有人问你要范例时，不要回复 RTFM（Read the flipping manual，去读一下那些讨厌的手册），而是一起查看 IDE 中建议的范例，以确定一个最适合任务的范例。始终利用对话这个机会来相互改善。

5.4   导览和观光地图

在一个新地方，如果有导游或者观光地图，你很快就能发现那些最好玩的地方。在一个你从没去过的城市里，你可以随意探索，希望能碰到一些有趣的事情。如果我要在一个地方逗留较长时间，我很喜欢在下午这么干，它能让我更好地感受这个地方。但是，如果我在一个地方只逗留一天，并且想快速感受这座城市的精华，那么我会找导游来一个主题游。例如，我在导游的带领下参观了芝加哥的古老摩天大楼，并收获了一些很棒的纪念品，这次游览中，导游知道如何带我们走进那些历史悠久的大厅去感受那些早期的灯泡所特有的低照度。一年后，我乘船游览了一次芝加哥，这是真正理解这座城市的另一种方式。在柏林，我预定了一场柏林街头艺术之旅，这令我大开眼界。对我来说，当导游将我每天都会看到的街头艺术放到一个背景里，并给出提示后，我对它们就有了另一种认识。那之前，我从来没有真正注意过它们。

但是带导游的游览一周只有几天，并且每天都在固定时间开始，一般需要几个小时，而且可能还很贵。如果你经过一座城市时正好时间不赶巧，那你就很不走运了。但是你仍然可以拿到旅游地图或印刷版的导览。当然，给你导览的也可能是一个应用程序！很多应用程序都可以提供导览和观光地图，并按景点、饮食、舞蹈、音乐会等主题分类。在芝加哥，建筑学会也会在传单上提供免费的建筑游。互联网上有很多资源可以帮助你制定一个旅游计划，例如"20 个必看景点""帮你制作旅游计划的行程"和"在伦敦要做的 101 件事"。

注意

这些资源有时有点过分，例如在"在伦敦要做的不寻常和独创性的事情"的导览中，有一项是走到公共厕所里喝咖啡。正如 Timeout London 所言："别担心，在铺好蛋糕盘之前，这些漂亮的、经过改建的维多利亚式旧厕所会被好好地擦洗一遍。Attendant 于 2013 年开业，那里有一小排桌子，其中的陶瓷小便池曾经为镇上的绅士们提供了慰藉。"

熟悉代码库的过程可能类似于熟悉城市的过程。对于某些人来说，最好是与另一个人（同事）一起探索它。但是，如果想提供人工导游之外的选择，那么你可以从旅游业中汲取灵感，并提供导览和观光地图。这个旅游的比喻来自 Simon Brown，他是博客"Coding the Architecture"的作者，还写了《程序员必读之软件架构》[1]第二卷。

你要意识到一件重要的事情：一座城市的所有旅游指南都是经过精心策划的，可能因为各种原因（从各种地标的历史重要性到更多与金钱相关的原因），只展示了它所有内容的一小部分。

代码库和城市之间的一个重要区别是，代码库比大多数城市变化得更快。因此，必须为代码库提供指引，以保证后期只需要做最少的工作就能使其保持最新。当然，自动化是一个不错的选择。

因此，要提供精选的代码库指引，并且每个指引都有一个大主题。使用导览或观光地图相关的额外元数据来增强代码，并建立一种自动化机制，尽量按你的需要从这些元数据中发布更新的指引。根据代码中的标记制作的观光地图或导览是增强代码的方法的一个完美示例。

如果代码库变化不大，则导览或观光地图就可以像书签一样简单，其中列出你选出的感兴趣的地方，每个地方都有简短的描述以及指向代码中所在位置的链接。如果代码位于 GitHub 之类的平台上，那么很容易直接链接到任何代码行。你可以用 HTML、Markdown、JSON、专用书签格式或者任何你喜欢的其他形式创建这种书签。

如果代码库经常（或可能经常）变更，那么你需要花费大量精力使手动管理的书签保持最新，因此你可以选择动态知识管理：将标签放在代码中选定的位置并依靠 IDE 的搜索功能来即时显示书签。如果需要，你可以将元数据添加到标签中，从而只需扫描代码库即可重建完整的导览。

你可能担心在代码中添加观光地图或导览的标签会"污染"代码，你是对的。这些标签本质上与标签元素无关，但与如何使用标签元素有关，因此请谨慎使用这个方法。

将你的代码库看作你去远足的山区中一片美丽的荒野。这片区域是受保护的，石头和树木上直接涂有红白相间的远足小径标志。这种涂画确实会略微污染自然环境，但是我们都接受了它，因为它非常有用，并且对景观的破坏也有限。

---

① 该书已由人民邮电出版社出版，详见 ituring.cn/book/1444。——编者注

5.4.1　创建观光地图

要创建一份观光地图，你首先要创建自定义注解或属性，然后将其放在要强调的几个最重要的地方。为了提高效率，你应该只选少数几个景点，最好是五到七个，当然最多不要超过十个。

做这个事情，最难决策的事情之一是为每个注解或属性命名。以下是一些命名建议：

- ❏ KeyLandmark 或 Landmark
- ❏ MustSee
- ❏ SightSeeingSite
- ❏ CoreConcept 或 CoreProcess
- ❏ PlaceOfInterest、PointOfInterest 或 POI
- ❏ TopAttraction
- ❏ VIPCode
- ❏ KeyAlgorithm 或 KeyCalculation

为了使这个方法有用，你还需要确保每个人都知道这些标签以及如何搜索它们。

C#和 Java 中的观光地图示例

假设在创建自定义属性时，你决定将其放入自己的集合中，供其他 Visual Studio 项目共享（这也意味着你不希望有任何属性是仅适用于某个特定项目的）。以下是这个属性在 C#中的样子：

```
1  public class KeyLandmarkAttribute: Attribute
2  {
3  }
```

现在，你可以立即使用这个属性来标记你的代码：

```
1  public class Foo
2  {
3    [KeyLandmark("The main steps of enriching the Customer
4    Purchase from the initial order to a ready-to-confirm
5    purchase")]
6    public void Enrich(CustomerPurchase cp)
7    {
8      //……这里添加你感兴趣的内容
9    }
10 }
```

Java 和 C#非常相似。这是同一示例在 Java 中的样子：

```
1  package acme.documentation.annotations;
2
3  /**
4   *在代码中将这个地方标记为值得在观光地图上列出的兴趣点
5   */
6
7  @Retention(RetentionPolicy.RUNTIME)
8  @Documented
```

```
9  public @interface PointOfInterest {
10
11     String description() default "";
12 }
```

现在我们可以按以下方式使用它：

```
1  @PointOfInterest("Key calculation")
2  private double pricing(ExoticDerivative ...){
3     ...
```

另一种命名方式可能如下所示：

```
1  @SightSeeingSite("This is our secret sauce")
2  public SupplyChainAllocation optimize(Inventory ...){
3     ...
```

在C#中，你将使用自定义属性，如下所示：

```
1 public class CoreConceptAttribute : Attribute
2
3 [CoreConcept("The main steps of enriching the Customer
4 Purchase from the initial order to the ready to ship
5 Shipment Request")]
```

措辞由你决定，你可以使用一个具有通用名称（如 PointOfInterest）的通用注解，并添加 Key calculation 参数来精确地说明其含义；或者，你可以决定为每个兴趣点创建一个注解：

```
1 @KeyCalculation()
2 private double pricing(ExoticDerivative ...){
3 ...
```

5.4.2 创建导览

在本节示例中，我们的目标是手把手教一个新手处理传入交易的完整处理链，从消息队列上的事件侦听器到将传出报告存储到数据库。请注意，尽管它严格地将领域逻辑和基础结构逻辑分开了，但是为了让人对完整执行路径有全面的了解，这个导览同时包括了业务逻辑元素与底层基础结构的元素。

当前，这个导览包括六个步骤，每个步骤都锚定在一个代码元素上，这些代码元素可以是类、方法、字段或包。

这个示例使用了带有一些参数的自定义注解@GuidedTour。

❑ **导览的名称**：如果只有一个导览，或者你更喜欢导览注解（例如@QuickDevTour），那么这个选项是可选的。

❑ **在本导览背景信息中对步骤的描述**：这与 Javadoc 对元素的注释相反，后者对元素的含义进行了描述，而不必说明如何使用。

❑ **等级**：可以用一个数字或任何可比较的东西来表示等级。给访客呈现步骤时，等级可用于对步骤进行排序。

以下是导览的一个示例：

```
1 /**
2 *  侦听
3 *  从加油卡供应商的外部系统传入的加油卡交易
4 */
5 @GuidedTour(name = "开发人员快速导览",
6     description = "MQ 侦听器会触发一个完整的处理链", rank = 1)
7 public class FuelCardTxListener {
```

然后执行其他步骤，直到最后一步：

```
1 @GuidedTour(name = "开发人员快速导览",
2     description = "DAO 会存储处理后生成的
3     加油卡报告", rank = 7)
4 public class ReportDAO {
5
6 public void save(FuelCardTransactionReport report){
7 ...
```

> **注意**
>
> 请注意，这里的编号不是连续的。它从 1 到 7，但是只有 6 个步骤。在良好的旧 BASIC 行编号样式中，你可能会将行编号为 10、20、30 等，这样在它们中间再加一个步骤就会很容易。

如果你只想为开发人员提供一些简单的兴趣点，你的工作可以结束了，之后就依靠用户自己去搜索自定义注解，让 IDE 完整地呈现整个导览吧：

```
1  Search results for 'flottio.annotations.GuidedTour'
6 References:
2
3 flottio.fuelcardmonitoring.domain - (src/main/java/l...)
4 - FuelCardMonitoring
5  - monitor(FuelCardTransaction, Vehicle)
6 - FuelCardTransaction
7 - FuelCardTransactionReport
8
9 flottio.fuelcardmonitoring.infra - (src/main/java/l...)
10 - FuelCardTxListener
11 - ReportDAO
```

以上就是所有的重点了，只是它不太漂亮，而且没有排序。但是，对于一小部分主要"地标"来说已经足够了，因为开发人员可以按任何期望的顺序进行浏览。因此，不要低估集成方法的价值，因为与更复杂的机制相比，它更简单并且更方便。

但是，对于要从头到尾按顺序进行的导览，完成第一步是不够的。所以，下一步就是为它创建一个活文档，使其成为活导览。

5.4.3　创建活导览

在上一节的基础上，你可以创建一个小机制来扫描代码库，以提取导览相关的每个步骤的信息，并生成一份导览的综合报告，报告上提供现成而且有序的行程。

FuelCardTxListener

　　　MQ 侦听器，会触发整个处理链。

　　　侦听来自加油卡提供商外部系统的加油卡交易。

FuelCardTransaction

　　　传入的加油卡交易。

　　　加油卡供应商所报告的卡与商户之间的交易。

FuelCardMonitoring

　　　负责所有加油卡监控的服务。

　　　监控加油卡的使用有助于提高加油效率，并检测燃油泄漏和潜在的驾驶员不当行为。

monitor (transaction, vehicle)

　　　对传入的加油卡交易执行所有潜在欺诈检测的方法。

```
1  public FuelCardTransactionReport monitor(FuelCardTransaction
2  transaction, Vehicle vehicle) {
3    List<String> issues = new ArrayList<String>();
4
5    verifyFuelQuantity(transaction, vehicle, issues);
6    verifyVehicleLocation(transaction, vehicle, issues);
7
8  MonitoringStatus status
9    = issues.isEmpty() ? VERIFIED : ANOMALY;
9  return new FuelCardTransactionReport(
10    transaction, status, issues);
11 }
```

FuelCardTransactionReport

　　　针对传入的加油卡交易的报告。

　　　针对一笔交易的加油卡监控报告，其中包含状态和发现的任何潜在问题。

ReportDAO

　　　DAO 存储处理后生成的加油卡报告。

请注意，在这次导览中，每个标题都链接到 GitHub 上相应的代码行。当兴趣点是一种方法

（如 monitor()方法）时，为了方便起见，我逐字包括了来自 GitHub 的代码块。类似地，当兴趣点是一个类时，如果觉得方便且与导览的重点相关，我可以概述一下非静态字段和公共方法。

为了方便起见，这个活导览文档会生成一个 Markdown 文件。然后，可以使用 Maven 站点之类的工具（或 sbt 或任何其他类似工具）将其渲染成一个网页或其他任何格式。如此处所示，另一种方法是使用 JavaScript 脚本库在浏览器中渲染 Markdown 文件，而无须其他工具链。

在导览注解中使用字符串的一种替代方法是使用枚举，该枚举同时负责命名、描述和排序。但是，它们会将导览每个步骤的描述从带注解的代码移到枚举类中，如你在此处看到的：

```
 1 public enum PaymentJourneySteps {
 2   REST_ENDPOINT("这个单页 app 会使用购物车 ID 调用这个端点"),
 3   AUTH_FILTER("这个调用正在被鉴定"),
 4   AUDIT_TRAIL("如有争议，这个调用应进行审计跟踪，并遵守规定"),
 5
 6   PAYMENT_SERVICE("现在输入实际的服务来执行这个任务"),
 7
 8   REDIRECT("支付的回应通过重定向发送");
 9
10 private final String description;
11 }
```

然后将这个枚举用作注解中的值：

```
 1   @PaymentJourney(PaymentJourneySteps.PAYMENT_SERVICE)
 2   public class PaymentService...
```

导览的实现

在 Java 中，你可以使用类似于 Doclet 的库 QDox 来完成简单枯燥的工作，这个库允许你访问 Javadoc 注释。如果你不需要 Javadoc，则可以使用任何解析器甚至痛苦反射。

QDox 扫描 src/main/java 中的每个 Java 文件，从已解析元素的集合中，你可以根据注解进行过滤。当 Java 元素（类、方法、包等）有自定义的 GuidedTour 注解时，它会包含在导览中。你可以提取注解的参数，还可以提取名称、Javadoc 注释、代码行和其他信息（必要时包括代码本身）。然后，你可以将所有内容转换为每个步骤的 Markdown 片段，并存储在按步骤等级标准排序的映射中。这样，在完成扫描后，你就可以将所有片段按排名顺序串联起来，从而呈现整个文档。

当然，问题出在细节里，这种代码可能很快就会变得冗长，这取决于你对最终结果的要求有多高。扫描代码并遍历 Java 或 C#元模型并不总是好的。在最糟糕的情况下，你甚至可能会遇到访问者模式。我希望这些实践被更多主流架构采纳会催生新的小型库，这些库将处理常见用例的大部分简单枯燥的工作。

5.4.4　一个可怜人的文学式编程

导览使人联想到文学式编程，但是两者相反：导览不是**带有代码的内容**，而是带有内容的代码。对于观光地图，你只需选择兴趣点并按大主题对它们进行分组。对于导览，你需要设计代码元素的线性定序。在文学式编程中，你还讲述了一个线性故事，贯穿整个代码，最后得到一个文档，该文档同时说明了推理和相应的软件。

导览或观光地图不仅是一个文档问题，还是鼓励你不断反思自己的工作的一种方式。因此，在构建应用程序早期的"骨架"时，最好编写一个导览文档。这样，你会在完成工作的同时一起完成文档，这种体贴周到的结果会令你受益。

5.5 总结：策展人筹备一场艺术展览

作为对活知识管理主题的总结，我们先回到艺术展览中策展人的做法，如图 5-4 所示。

图 5-4 博物馆里的策展人

展览的策展人主要决定主要的编辑重点，这一般会成为活动的标题，有时这些重点很琐碎，例如"超现实主义者克劳德·莫奈"。但即使在这种情况下，也要有一个明确的决定——先排除尚不属于超现实主义的艺术家。同样，任何文档计划都必须明确传达一个关键消息。

好的展览会尝试让它的元素给人带来惊喜从而引起人们的兴趣（例如，"你一直认为康定斯基的绘画是完全抽象的，但我们将展示他早期的具象绘画如何演变成抽象状态"）。参观者来了以后不仅可以看到艺术品，还可以增强他们的文化意识，更好地了解艺术家、艺术作品及其时代之间的关系。同样，好文档将重点放在关系上，并通过提供不同的视角，来增加价值和新知识。

5.5.1 选择和整理现有知识

策展人根据选定的编辑重点来选择艺术品。大部分可用的作品被留在储藏室里，只有少数有特别意义的作品才被拿出来展示。同样，文档编写是一项管理活动，需要从给定的角度确定最重要的内容。

策展人会决定每个房间中展示的作品，房间可以围绕某个时间段（艺术家的某个生活阶段）或主题来布置。艺术品可以并排显示以便显示它们之间的区别。它们可以按时间顺序或通过一系列主题的顺序来讲述故事。对知识的组织是为普通的知识集合添加意义的关键工具。我们通过命名的文件夹、标签或命名约定对元素进行分组。

5.5.2　在需要时添加缺失的东西

策展人写了一些文字来解释展览各部分的构想。他们还为每件艺术品写了一个小标签，将其紧挨着相应艺术品直接贴到墙上。同样，文档需要知识增强，这可以通过注解、DSL 或命名约定来实现，在某些地方也可以使用少量的文本。只要有可能，这些知识就会添加到相关的代码元素上。

如果一件作品被认为对这个艺术展至关重要，那么当收藏里没有这件作品时，策展人要从艺术家那里借用或委托艺术家创作。艺术家也可以直接为他们作品的整理做出贡献。

有时会缺失一些信息。策展人可以让研究人员进行调查，或要求对绘画进行化学分析，或者通过查看书面档案来查找这个"拼图"中的缺失部分。例如，为了告诉参观者拉斐尔实际参与创作了他的多少作品，卢浮宫对画布的涂色风格做了研究，而研究表明这位著名的大师并没有碰过它们中的很多画！类似地，文档是一种反馈机制，可以帮助你注意到代码或相关知识中是否有缺失或者错误。

5.5.3　使无法到场和以后的人可以访问

策展人创建了一个展览的目录，对展览的所有内容做了概述，包括每个部分的解释性文字、艺术品的优质照片以及它们的标签。目录作为书籍的组织方式通常类似于展览场地中房间的组织方式。

现在，博物馆有时会提供又贵又重的完整展览目录，而且它们也会提供较短的目录，其中仅包含主要作品的摘要。我通常会购买较短的目录，到目前为止，该目录更具吸引力！

文档的编写还要考虑让知识易于获取，并确保重要的内容在将来持续存在。例如，你可以针对不同的受众和需求将内容以文档的形式发布在交互式网站上，就像美术馆发行不同的目录一样。

5.6　小结

任何现实代码库一般都有大量知识，因此想要利用它就需要丢弃大部分知识，这是通过一个知识管理过程来实现的，而这个过程本身通过关注本质为所整理的知识增加了价值。

活知识管理、启发性的范例、突出核心以及提供导览和观光地图是一些可能的知识管理方法，这些方法可以为某个目的而突出显示部分知识。

第 6 章

自动化文档

如前所述，活文档不一定需要生成正式文档来处理知识。但是，在许多情况下，生成传统文档是可取的。在这种情况下，对于真正"活的"文档，最明显的例子是文档能与它所描述的知识完全同步发展。你需要自动化，以使活文档成为可能。

本章介绍了两个重要的相关概念：使用**自动化**来帮助创建**活文档**。

6.1　活文档

活文档是一种能与它所描述的系统同步发展的文档。手动创建活文档非常耗时，因此活文档一般是通过自动化创建的。

顾名思义，**活文档**方法（living documentation）在很大程度上依赖于活文档（living document），当其他文档编写方法无法跟上变更的速度，或者目标受众无法访问这些文档时，就需要活文档。

活文档的工作方式类似于能在每次变更后都生成新报告的报告工具。这种变更一般是代码变更，但也可能是对话时做出的关键决定。

本章介绍了活文档的一些重要示例，包括活词汇表和活图表。

6.1.1　创建活文档的步骤

创建活文档通常需要四个主要步骤。

(1) 选择存储在某处的一系列数据，例如源代码控制系统中的源代码。

(2) 根据文档目标过滤数据。

(3) 对于通过过滤器得出的每条数据，提取能用于文档的内容子集。它可以看作一幅投影图像，而且特定于绘制图表。

(4) 将数据及其中的关系转换为目标格式以生成文档。对于可视文档，这个目标可以是对渲染库 API 的一系列调用；对于文本文档，它可以是工具生成 PDF 需要的文本片段列表。

如果渲染非常复杂，那么转换为另一个模型的步骤可能需要多执行几次：创建中间模型，然后将这些模型链接在一起来驱动最终的渲染库。

每个步骤中困难的部分是编辑角度和演示规则之间的相互作用。应该选择或忽略哪些数据？应该从其他来源中添加哪些信息？应该使用什么布局？

6.1.2　演示规则

一个好的文档必须遵循特定的规则，例如一次显示或列出的条目最好不超过五项，最多不超过九项。选择特定布局（例如列表、表格或图表）也有规则，以便使其与问题的结构保持一致。这不是本书的主题，但是对这种演示规则有所了解会提高文档的效率。

6.2　活词汇表

你如何与项目涉及的所有人共享领域的通用语言？答案通常是提供一个完整的词汇表，里面包括该通用语言的所有术语，并附带说明以解释你需要了解的内容。但是，通用语言是不断变化的，因此这个词汇表需要维护，而且与源代码相比，术语可能还有过时的风险。

在领域模型中，代码表达业务领域，它会尽可能接近领域专家的思考和讨论方式。在领域模型中，出色的代码能描述领域业务：每个类名称、每个方法名称、每个枚举常量名称和每个接口名称都是领域通用语言的一部分。但并不是所有人都能读懂代码，而且几乎总是有一些代码与领域模型不太相关。

因此，要从源代码中提取通用语言的词汇表。将源代码视为单一信息源，在每个类、接口和公共方法表达领域概念时，要特别注意它们的命名。将对领域概念的描述直接添加到源代码中，作为可以由工具提取的结构化注释。提取词汇表时，找到一种方法来过滤掉那些没有表达该领域概念的代码。

如图 6-1 所示，活词汇表处理器扫描源代码及其注解以生成活词汇表，该词汇表将保持最新状态，因为它能根据需要频繁地重新生成。

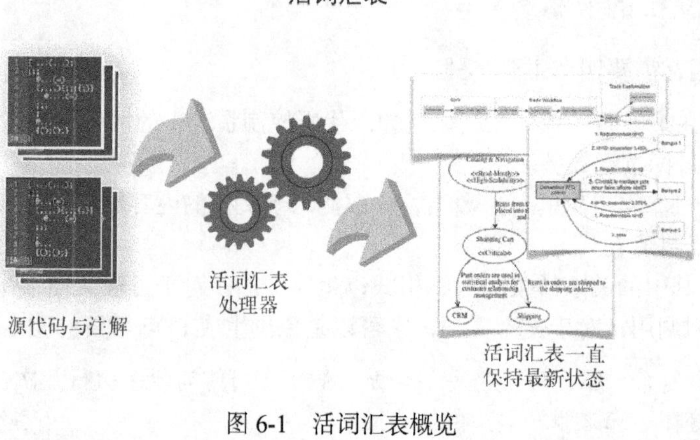

图 6-1　活词汇表概览

对于一个成功的活词汇表，代码必须是声明式的。代码看起来越像业务领域的 DSL，词汇表就越好。实际上，对于开发人员而言，他们并不需要活词汇表，因为代码本身就是词汇表。但对于那些无法访问 IDE 中的源代码的非开发人员来说，活词汇表特别有用。将它们全部放在一个文档中会带来更多的便利。

活词汇表也是一种反馈机制。如果词汇表看起来不太好，或者你发现很难正常使用词汇表，说明你的代码需要改进。

6.2.1　活词汇表是如何起作用的

在许多语言中，文档可以作为结构化注释直接嵌入到代码中，而且描述类、接口或重要方法的作用是良好实践。然后，诸如 Javadoc 之类的工具可以提取注释并基于它们生成报告。使用 Javadoc，你不需要花费很多精力就可以根据提供的 Doclet（文档生成器）创建自己的 Doclet。通过使用自定义 Doclet，你可以导出任何格式的自定义文档。

Java 中的注解和 C#中的属性非常适合增强代码。例如，你可以使用自定义领域构造型（@DomainService、@DomainEvent、@BusinessPolicy 等）或与领域无关的构造型（@AbstractFactory、@Adapter 等）来注解类和接口。这样可以轻松过滤掉对表达领域语言没有帮助的类。当然，你需要创建一个小的注解库来增强代码。

如果做得好，这些注解也可以表达编写代码的开发人员的意图。它们是刻意练习的一部分。

过去，我使用刚刚描述的方法来提取参考业务文档，然后将它直接发送给国外客户。我当时用自定义 Doclet 导出一个 Excel 电子表格，其中每个业务领域概念类别都有一个选项卡。这些类别仅仅是根据添加到代码中的自定义注解得到的。

6.2.2　请举个例子吧

因为每个人都喜欢小猫，让我们来看一个关于小猫的活词汇表的简短示例。以下用伪代码写的代码库表达了猫的主要活动：

```
 1  module com.acme.catstate
 2
 3  // 猫的一套主要活动
 4  @CoreConcept
 5  interface CatActivity
 6
 7  // 猫如何改变活动以应对事件
 8  @CoreBehavior
 9  @StateMachine
10  CatState nextState(Event)
11
12  // 猫闭着两只眼睛睡觉
13  class Sleeping -|> CatActivity
14
```

```
15 // 猫在吃东西，或者离盘子很近
16 class Eating -|> CatActivity
17
18 // 猫正在欢快地追逐，眼睛睁得很大
19 class Chasing -|> CatActivity
20
21 @CoreConcept
22 class Event // 任何可能发生的事情都对猫很重要
23 void apply(Object)
24
25 class Timestamp // 技术样板文件
```

这只是描述猫的日常生活领域的简单源代码。但是，添加一些注解来突出显示该领域中的重要信息，代码就增强了。

从这些代码中构建活词汇表的处理器将打印出如下词汇表：

```
1  词汇表
2  --------
3
4  CatActivity：猫的一套主要活动。
5  - Sleeping：猫闭着两只眼睛睡觉
6  - Eating：猫在吃东西，或者离盘子很近
7  - Chasing：猫正在欢快地追逐，眼睛睁得很大
8
9  nextState：猫如何改变活动以应对事件
10
11 Event：任何可能发生的事情都对猫很重要
```

请注意，此处的 Timestamp 类和 Event 方法已被忽略，因为它们与词汇表无关。另外，实现 CatActivity 的每个单独的类都与它们实现的接口一起呈现，因为这就是我们思考特定构造的方式。

> **注意**
>
> 这是状态设计模式，在这里它实际上是业务领域的一部分。

从代码中构建术语表本身并不是目的。从生成的第一个词汇表中，你可能会注意到 nextState 条目并不像你期望的那么清晰（这在词汇表中比在代码中更为明显）。因此，你回到代码中重命名了 nextActivity() 方法。

一旦重建项目，词汇表就会立即更新，因为它毕竟是一个活词汇表：

```
1  词汇表
2  --------
3
4  CatActivity：猫的一套主要活动。
5  - Sleeping：猫闭着两只眼睛睡觉
6  - Eating：猫在吃东西，或者离盘子很近
7  - Chasing：猫正在欢快地追逐，眼睛睁得很大
```

```
8
9  nextActivity: 猫如何改变活动以应对事件
10
11 Event: 任何可能发生的事情都对猫很重要
```

6.2.3 活文档的信息管理

刚刚描述的技术需要一种编程语言解析器，这种解析器不能忽略注释。对于 Java 来说，有许多选择，包括 Antlr、JavaCC、Java 注解处理 API 和一些开源工具。但是，最简单的选择是使用自定义 Doclet，本节描述的就是这个方法。

> **注意**
>
> 即使你对 Java 不感兴趣，仍然可以继续往下读，因为这里描述的重要信息大部分与语言无关。

在一个仅涵盖一个领域的简单项目中，一个词汇表就足够了。Doclet 有 Javadoc 元模型的根，并且从这个根开始扫描所有编程元素，包括类、接口和枚举。

对于每个类，主要问题是："对业务来说，它是否重要到需要被包含到词汇表中？"Java 注解目前还不能回答这个问题。如果你使用了"有业务意义"的注解，那么有该注解的每个类都是词汇表的理想选择。

> **警告**
>
> 在注解的代码与注解本身之间最好避免强耦合。为了避免这种耦合，注解可以仅通过其前缀（例如，org.livingdocumentation.*）或其非限定名称（例如，BusinessPolicy）来识别。另一种方法是检查一些本身使用元注解进行注解的注解，例如@LivingDocumentation。这类元注解本身只能通过简单的名称识别，以避免直接耦合。

对于要包括的每个类，Doclet 随后会访问这些类的成员，并以适合词汇表的方式打印需要被纳入词汇表的所有内容。

选择性地显示和隐藏源代码的相关部分并对相关元素进行分组非常重要。如果不是因为这个原因，标准的 Javadoc 就足够了。活词汇表的核心是关于显示什么、隐藏什么以及如何以最合适的方式呈现信息的所有编辑决策。你很难脱离背景做出这样的决策。我不会告诉你如何一步步完成操作，但是我会提供一些选择性管理的示例：

- ❑ 枚举及其常量
- ❑ Bean 及其直接非瞬态字段
- ❑ 接口及其直接方法，以及它们非技术性和非抽象性的主要子类
- ❑ "闭合运算"的值对象及其方法（即仅涉及类型本身的方法）

为了生成一个相关的词汇表，通常需要隐藏代码中的许多细节。

- ❑ 你通常会忽略超对象中的所有方法，例如 toString()和 equals()。
- ❑ 你通常会忽略所有瞬态字段，因为它们只是为了优化而存在，对业务几乎没有任何意义。
- ❑ 你通常会忽略所有常量字段，但是，如果它们表达了重要的业务概念，则类型本身的 public static final 除外。
- ❑ 标记接口通常不需要列出它们的子类，对于只有一个方法的任何接口，情况也可能如此。

选择性过滤在很大程度上取决于代码风格。如果常量**通常**用于隐藏技术性文字，那么应将它们大部分隐藏，但是如果它们**一般**用于公共 API，那么它们可能需要被纳入词汇表。

根据代码风格，你可以调整过滤，使其能在默认情况下完成大部分工作，即使在某些情况下会过滤太多。要补充或偏离这种默认过滤，你可以使用覆盖机制（例如，使用注解）。

例如，默认情况下，选择性过滤可能会忽略每种方法。在这种情况下，你必须定义一个注解来区分应出现在词汇表中的方法。但是，我永远不会使用名为@Glossary 的注解，因为在代码的上下文中它会成为干扰。类或方法并不一定是词汇表的一部分，它们只是为了表达领域里的概念。但是方法能表达领域的核心概念，并能使用@CoreConcept 作注解，可以使用这个注解将方法包含到词汇表中。

关于知识管理的更多信息，请参阅第 5 章。关于正确使用注解为代码添加含义的更多信息，请参阅第 4 章。

6.2.4 在限界上下文中创建词汇表

在领域驱动设计中，仅在给定的限界上下文中才可以定义无歧义的通用语言。如果你不习惯使用限界上下文，请不要担心。在这次讨论中，你可以用**关于一组内聚用例的模块**替换术语**限界上下文**。

如果源代码跨越了多个限界上下文，那么你需要按限界上下文分隔词汇表。为此，必须显式声明限界上下文。

你可以使用注解来声明限界上下文，但是这次这些注解将是关于模块的。在 Java 中，它们是使用伪类 package-info.java 的包注解：

```
1 package-info.java
2
3 // 猫会做很多有趣的活动，
4 // 可以使用马尔可夫链来模拟
5 // 从一种活动切换到另一种活动的方式
6 @BoundedContext(name = "Cat Activity")
7 package com.acme.lolcat.domain
```

这是应用程序中的第一个限界上下文，而关于猫你还有另一个限界上下文，但这次是从不同的角度来看：

```
1 package-info.java
2
3 //  猫的心情一直是个谜。
4 //  但是我们能用一个网络摄像头观察猫,
5 //  并用图像处理技术来判断它们的心情
6 //  并根据心情对它们进行分类
7
8 @BoundedContext(name = "Cat Mood")
9 package com.acme.catmood.domain
```

使用多个限界上下文时,处理过程会更加复杂,因为每个限界上下文都有一个词汇表。你需要清点所有限界上下文,然后将代码的每个元素分配给相应的词汇表。如果代码结构良好,那么限界上下文会在模块的根部被明确定义,因此,如果一个类属于一个特定模块,那么它显然属于一个限界上下文。

然后,处理过程如下。

(1) 扫描所有包并检测每个上下文。

(2) 为每个上下文创建一个词汇表。

(3) 扫描所有类,并为每个类找出其所属的上下文。这可以简单地从以模块限定名称(例如com.acme.catmood.domain)开头的限定类名称(例如com.acme.catmood.domain.funny.Laughing)完成。

(4) 对于每个词汇表,应用上述选择性过滤和管理过程以构建一个令人满意的相关词汇表。

可以增强这个过程以符合你的需求。词汇表可以按条目名称或概念的重要性进行排序。

6.2.5 活词汇表案例研究

我们来仔细研究一个音乐理论和 MIDI(Musical Instrument Digital Interface,乐器数字接口)领域的示例项目。图 6-2 显示了在 IDE 中打开项目时所看到的内容。

图 6-2 代码库的树视图

这里有两个模块，每个模块包含一个包。每个模块定义了一个限界上下文。第一个限界上下文的重点是西方音乐理论，如图 6-3 所示。

```
/**
 * A representation of the theory of western music, from notes to chords, rhythm, harmony and melody.
 */
@BoundedContext(name = "Music Theory", link = "███████████████████████████")
package com.martraire.music.theory;

import org.livingdocumentation.annotation.BoundedContext;
```

图 6-3　第一个限界上下文声明为包注解

第二个限界上下文的重点是 MIDI，如图 6-4 所示。

```
/**
 * Represents the MIDI concepts necessary for composing and recording sequences of rhythms and melodies.
 */
@BoundedContext(name = "MIDI sequencing", domain = "MIDI", link = "███████████████████████
package com.martraire.music.midi;

import org.livingdocumentation.annotation.BoundedContext;
```

图 6-4　第二个限界上下文声明为包注解

在第二个限界上下文中，图 6-5 显示了带有 Javadoc 注释和注解的简单值对象的示例。

```
package com.martraire.music.midi;

import org.livingdocumentation.annotation.ValueObject;

/**
 * Any message defined by the MIDI specification and that is sent over the wire.
 * There are several kinds of MIDI messages.
 */
@ValueObject
public interface MidiMessage {

}
```

图 6-5　带有注解的值对象

从第一个上下文中，图 6-6 显示了一个枚举和注解的示例。这个枚举也是一个值对象，带有 Javadoc 注释以及关于其常量的注释。

```
package com.martraire.music.theory;

import org.livingdocumentation.annotation.ValueObject;

/**
 * The accidentals alter the note by raising or lowering it by one or two half
 * steps.
 */
@ValueObject
public enum Accidental {

    /** (##) Lowered two half-steps */
    DOUBLE_SHARP("##"),
    /** (#) Lowered one half-step */
    SHARP("#"),
    /** No alteration */
    NATURAL(""),
    /** (b) Raised one half-step */
    FLAT("b"),
    /** (bb) Raised two half-steps */
    DOUBLE_FLAT("bb");

    private final String symbol;

    private Accidental(String symbol) {
        this.symbol = symbol;
    }

    public int halfSteps() {
```

图 6-6　带有注解的枚举

请注意，还有其他方法，但是它们不会被纳入词汇表中。

从某个东西开始并手动调整

要创建活词汇表处理器，你需要创建一个自定义 Doclet，该 Doclet 会创建一个文本文件并以 Markdown 形式打印词汇表标题：

```
1 public class AnnotationDoclet extends Doclet {
2
3   //...
4
5   // doclet 条目点
6   public static boolean start(RootDoc root) {
7     try {
8       writer = new PrintWriter("glossary.txt");
9       writer.println("# " + "Glossary");
10      process(root);
11      writer.close();
12    } catch (FileNotFoundException e) {
13      //...
14    }
```

```
15      return true;
16  }
```

剩下要实现的是 process()方法，它会枚举 Doclet 根目录中的所有类，并检查每个类对业务是否有意义：

```
1          public void process() {
2              final ClassDoc[] classes = root.classes();
3              for (ClassDoc clss : classes) {
4                  if (isBusinessMeaningful(clss)) {
5                      process(clss);
6                  }
7              }
8          }
```

你如何检查一个类对业务是否有意义？在这里，你只能通过注解来检查。在这种情况下，你可以考虑用 org.livingdocumentation.*中的所有注解将代码标记为对词汇表有意义。这是一个粗略的简化，但已经足够了：

```
1  private boolean isBusinessMeaningful(ProgramElementDoc doc){
2    final AnnotationDesc[] annotations = doc.annotations();
3    for (AnnotationDesc annotation : annotations) {
4      if (isBusinessMeaningful(annotation.annotationType())) {
5        return true;
6      }
7    }
8    return false;
9  }
10
11 private boolean isBusinessMeaningful(AnnotationTypeDoc
                                          annotationType) {
12   return annotationType.qualifiedTypeName()
        .startsWith("org.livingdocumentation.annotation.");
13 }
```

如果一个类有意义，那么你必须在词汇表中打印它：

```
1  protected void process(ClassDoc clss) {
2    writer.println("");
3    writer.println("## *" + clss.simpleTypeName() + "*");
4    writer.println(clss.commentText());
5    writer.println("");
6    if (clss.isEnum()) {
7      for (FieldDoc field : clss.enumConstants()) {
8        printEnumConstant(field);
9      }
10     writer.println("");
11     for (MethodDoc method : clss.methods(false)) {
12       printMethod(method);
13     }
14   } else if (clss.isInterface()) {
15     for (ClassDoc subClass : subclasses(clss)) {
16       printSubClass(subClass);
```

```
17      }
18    } else {
19      for (FieldDoc field : clss.fields(false)) {
20        printField(field);
21      }
22      for (MethodDoc method : clss.methods(false)) {
23        printMethod(method);
24      }
25    }
26 }
```

这个方法太大了，应该进行重构，但是为了完成这个解释说明，我希望将这个方法作为脚本全部显示在一个页面上。如你所见，这个方法决定如何为 Java/Doclet 元模型中的每种元素（类、接口、子类、字段、方法、枚举、枚举常量）打印活词汇表：

```
1  private void printMethod(MethodDoc m) {
2    if (!m.isPublic() || !hasComment(m)) {
3      return;
4    }
5    final String signature = m.name() + m.flatSignature()
6      + ": " + m.returnType().simpleTypeName();
7    writer.println("- " + signature + " " + m.commentText());
8  }
9
10
11
12 private boolean hasComment(ProgramElementDoc doc) {
13   return doc.commentText().trim().length() > 0;
14 }
```

你看懂这个想法了吧。关键是要让某个东西尽快工作，以便获得有关词汇表生成器（你的自定义 Doclet）和代码的反馈。然后就是迭代：你修改词汇表生成器的代码来改进词汇表的渲染并提高其选择性过滤的相关性，并且修改项目的实际代码，所以，通过添加注解和创建新注解（如有必要），代码会更有表达力，能描述整个业务领域知识。这种迭代周期不应该花费很多时间。但是，它从来没有真正完成过，也没有结束状态，因为这是一个实时变化的过程：词汇表生成器或项目代码中总有待改进的地方。

活词汇表本身并不是目标。最重要的是，这个过程可以帮助团队反思他们的代码，从而提高代码质量。

6.3 活图表

> 自动化应该使安全地修改代码更容易，而不是更难。如果变得越来越困难，请删掉一些代码。永远不要自动化那些一直变化的东西。
>
> ——Liz Keogh（@lunivore）

有些问题很难用文字来解释，用图片解释就容易多了。这就是我们在软件开发中经常用图表说明静态结构、活动顺序和元素层次结构的原因。

在大多数情况下，我们在对话过程中只需要使用图表。在餐巾纸上快速绘制草图就非常适合这种情况。一旦解释清楚了想法或者做出了决定，就不再需要这张图了。

但是你可能想留着某些图表，因为它们对每个人都应该知道的重要设计部分做了解释。大多数团队会创建图表并将其保存为单独的文档，例如幻灯片、Visio 文件或 CASE 工具文档。

当然，问题在于图表上的信息会过时。修改了系统代码后，没有人有时间或记得更新图表。因此，我们看到的图表经常有些不正确之处。人们习惯了这种不正确，然后就知道不能太相信图表。结果这些图表变得越来越没用，直到有人鼓起勇气删掉它们。从此，看出系统原本的样子，并试着看出系统是如何设计的以及为什么这样设计，就需要大量技能。这就成了逆向工程问题。

这一切都令人沮丧，但最糟糕的是，在这个过程中，那些一开始就存在的重要知识丢失了。试一下活图表吧，这是一种发生变更后能再次生成的图表，是能始终保持最新状态的图表。

因此，只要图表需要保证长期有效（例如，如果它已经被使用过多次），你就应该建立一种机制来根据源代码自动生成图表，而无须任何手动操作。点击一个按钮，就能在每次构建时或按需运行特殊构建时自动生成图表。不要每次都手动重新创建或更新图表。

6.3.1　用图表协助对话

> 为系统创建活图表的意外副作用：它使开发更可触知。你可以在讨论中证明问题。
>
> —— @abdullin

对话和图表不是不可兼容的。能一直引用最新版本的图表，而且图表能反映软件当前的状态，这有助于讨论。

6.3.2　一图一故事

当你手动创建和维护图表时，很可能会将尽可能多的内容放在同一个图表上以节省时间和工作量，即使这样做对用户不利。但是，一旦图表是自动生成的，就没有理由使它们更复杂了。另外创建一个图表并不需要太多工作量，因此对于已确定的受众群体，你可以为他们每个明确的目的各创建一个图表。

图表的大小是有限的，其受众的时间和认知资源也是有限的，这是一个图表应该只传达一个信息的主要原因。

那些为了向非技术人员阐明系统外部参与者的文档，应隐藏黑盒系统以外的所有内容、每个带有非技术名称的参与者以及与系统的业务关系；它不应显示有关 JBoss、HTTP 或 JSON 的任何内容，也不应显示组件或服务名称。正是这种选择性的视角决定了文档是否切题。如果一个文档同时描述多个事物，那么它的受众需要做更多的工作才能看懂，而且文档传达的信息也不清晰。

图 6-7 里展示了一张有趣的海报，它传达的信息是一个活图表一次只能讲一个故事。如果你想讲多个故事，请为每个故事制作一张图表。记住：一图一故事。

因此，请记住，每个图表都应该有一个目的，而且只能有一个目的。抑制在现有图表中添加额外信息的冲动。如果真的有需要，另外为这些额外信息新建一个图表，并删掉那些对这个新图表没什么价值的信息。主动过滤多余的信息，只有必不可少的元素才值得将其制作成图表。

相关的反模式是展示怎么做是方便的，而不是展示什么与确定的目的相关。还记得 20 世纪 90 年代末的逆向工程/双向工具吗？一开始它很神奇，但是最终我们都得到了如图 6-8 这样或更糟的图。

图 6-7　一图一故事

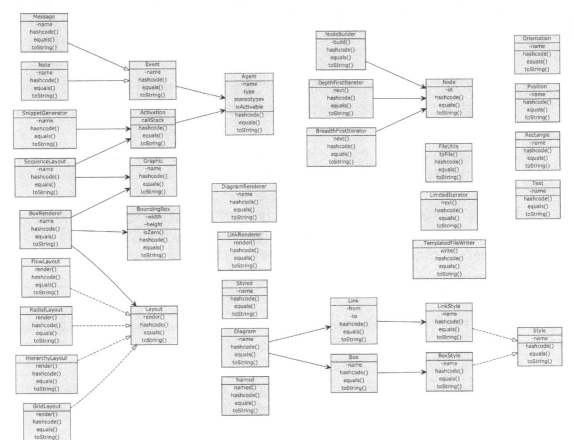

图 6-8　这种图表有什么用呢

太多信息就和没有信息一样，毫无用处。要使图表有用，需要进行大量认真的过滤。但是，如果你清楚地知道图表的重点是什么，那么你已经完成了一半。

活图表的挑战是从大量可用数据中仅过滤和提取那些紧密相关的数据。在任何现实世界的代码库中，没有过滤的活图表几乎是没有用的。它就像是一堆盒子和电线，无法帮助任何人理解任何东西（请参见图 6-8）。

一个有用的图表能说清楚一件事，它有明确的重点。它可能会展示依赖关系、层次结构或工作流程，也可能显示模块的特定分解或类之间的特定协作，就像在设计模式中那样。你可以给图表命名，但是只能选择一个重点。由于活文档是自动生成的，因此为你要解释的每个方面创建一张图表很容易，不需要试着将它们混在一起。确定图表的重点是一种编辑决策。

一旦选择了图表的重点，过滤时就只选择真正有助于表达图表重点的元素，而忽略其余元素。理想情况下，这个阶段应该最多包含七到九个元素。然后，对于每个元素，仅提取与图表重点真正密切相关的最小数据子集。你应该抑制想要展示一切的冲动。如果你曾经用过具有神奇的双向机制的 UML 工具，就知道你的图表能变得多复杂。

6.3.3　活图表让你诚实

将活图表的代码存储在源代码控制系统中很重要。你想不断地运行代码，以便在代码变更时，很容易生成更新的图表。这个生成器甚至可以成为构建工具中的插件，能在每次构建时生成最新版本的图表。

当活图表是构建的一部分时，它提供了另一种查看代码当前状态的方法。你可以在审查代码或召开设计会议时查看活图表，或者只是随机查看图表以确认一切是否符合预期。这种图表能带来的最大好处是它显示了代码原本的样子，这可能会令人感到意外。它让你诚实地面对设计质量。正如我在 Twitter 上与 Rinat Abdullin 讨论的那样，如果你必须自己编码一个新模块，那么一个自动生成的图表可能是你的第一个开发反馈。而且，如果你与同事一起工作，那么拥有系统活图表的另一个好处是，（正如 Rinat 所说）它使开发更可触知。你可以在讨论中证明问题。

6.3.4　追求完美的图表

从传统的手工制作图表到完美的活图表有一定的距离，并且转变过程中每个点都要采用不同程度的自动化来适应变化，需要的工作量不同。转变程度越低，生成一张图表所需的精力就越少，但是发生变更时就需要花费更多的精力更新图表。图表转变程度如下所示。

- ❏ **餐巾纸草图**：这些一次性图表是用笔和纸画出来的。这种类型的图表非常适合表达即时的想法，也可以随意丢弃。除了笔和随机拿到的纸（如信纸背面、餐巾纸等）之外，不需要任何其他东西。

❑ **专有图表**：这些图表看起来不错，但是创建和维护过程需要很长时间。除非你想手动进行布局，需要更完整的 UML 支持，确实需要工具提供的所有额外功能，或者必须依法使用这些类型的图，否则这不是首选方法。绘制这种图表非常耗时，而且只有安装了该工具的人员才能编辑它们。比较它们的差异很难，它们还会产生一些大文件，而且需要花费时间来调整布局和各种图形可能性。

❑ **纯文本图表**：纯文本易于维护，对源代码控制系统友好，很容易比较文件的差异，还支持查找和替换操作，但是你仍然需要维护它。这些图表具有延展性，易于变更和区分。某些 IDE 可以传递重构，例如在文本中重命名为类名，这可能有助于减少维护工作，但是也可能会限制文本。ASCII 图是纯文本图表的一种特殊形式。

❑ **代码驱动的图表**：你可以使用代码而不是纯文本来绘制图表。重命名类（也重命名图表）或删除类（当编译器告诉你有错误时）时，这种图表甚至可以不受重构影响。这些图表更不怕重构，是带有专用代码和应用程序代码的程序图（例如，由包含对代码的参考的 DSL 驱动）。

❑ **活图表**：这种图表完全是在运行时从代码库或软件系统中创建的（参见第 7 章）。

如果一张图表只需要一次，使用后可以立即丢弃，请选择餐巾纸草图。如果知识足够重要，会使用一段时间，请从以上几种方式中另选一种你觉得合适的图表形式，对于除了一些添加、删除和重命名重构之外不会有太大变化的简单图表，我建议使用纯文本图表或代码驱动的图表。

如果你需要漂亮的图表用于说服或销售，那么生成的图表可能不太适合。生成的图表看起来都不够漂亮。一旦图表本身涉及利益，就值得用正确的工具使其变得更加漂亮。你可以尝试使用商业专用的 CASE 工具，但是最终你还是需要求助于图形设计工具，甚至需要图形设计师来完成这项工作。

哈哈哈

"我知道这个绘图工具不太好用，你讨厌它，但是你必须使用它，因为我们已经购买了无限的企业许可证，而且有四人组成的支持团队为你提供帮助！"

6.3.5 渲染活图表

使用编程语言创建图表的方法有多种，而且对于各种技术和环境，这个主题本身可以写成好几本书。本章不会尝试涵盖所有这些内容，而是旨在让你对该过程有一个很好的了解。

请记住，一个图表应该描述一件事，而且只能描述一件事。所有与这件事无关的信息都不应该出现。结果就是制作一个活图表时，大部分工作是忽略那些与要描述的事情无关的内容。图表必须聚焦于事情本身。

活图表的生成取决于你需要创建哪种图表。创建活图表一般需要四个步骤。

(1) 扫描源代码。

(2) 从大量元素中过滤出密切相关的部分。

(3) 从每个部分提取密切相关的信息，包括与图表重点相关的少数有意义的关系。

(4) 使用与图表重点匹配的布局来呈现信息。

我们来看一个简单的例子。假设你的代码库包含许多类，其中一些与订单的概念有关。你想看到的图表应该是仅关注与订单相关的类以及它们之间的依赖关系。

代码库如下所示：

```
1   ...
2   Order
3   OrderPredicates
5   SimpleOrder
6   CompositeOrder
7   OrderFactory
8   Orders
9   OrderId
10  PlaceOrder
11  CancelOrder
12  ... // 很多其他类
```

首先，你需要一种**扫描代码**的方法。你可以使用反射或动态加载代码来完成。从包开始，然后你可以枚举它的所有元素。

这个应用程序的领域模型中有很多类，因此你需要一种方法**过滤**出你感兴趣的元素。现在，你对与订单概念相关的所有类或接口都感兴趣。为了简单起见，你可以对名称中包含 order（订单）的所有元素进行过滤。

现在，你需要确定图表要表达的重点。在这种情况下，假设你想显示类之间的依赖关系，可能是为了突出显示那些可能不需要的类。为此，在扫描所有类和接口的过程中，你将仅**提取**它们的名称以及它们之间的聚合依赖关系。例如，你可以收集构成类的依赖项的所有字段类型、枚举常量、方法参数类型和返回类型以及父类型。通常，通过使用 Java 语言的简单解析器让访问者浏览所有声明（导入、超类、已实现的接口、字段、方法、方法参数、方法返回和异常），并将发现的所有依赖关系收集到一组中，你可以实现这个目的。你可能会决定忽略其中一些依赖关系。

最后一步是使用专门的库来**渲染**图表。如果使用 Graphviz，你需要将带有依赖关系的类模型转换为 Graphviz 文本语言。完成后，运行这个工具就能获得一个图表。

> **注意**
>
> 在这个示例中，对于名称包含 Order 的每个类，你会获取它的名称及其依赖关系列表。它已经是一个图形，你能将它映射到任何图形渲染库，例如 Graphviz。

渲染图表的工具有很多，但没有几个工具可以对任意图形进行智能布局。Graphviz 可能是最好的，但它是一个本机工具。幸运的是，它现在也有 JavaScript 库，而且能轻易包含在网页中，用于在浏览器中渲染图表。这个 JavaScript 库也已成为纯 Java 库 graphviz-java。我以前常常使用小小的基于 Graphviz DOT 语法的旧 Java 包装器 dot-diagram，现在 graphviz-java 似乎是更好的选择。

谈谈工具

一些能帮助渲染活图表的工具和技术包括 Pandoc、D3.js、Neo4j、AsciiDoc、PlantUML、ditaa、Dexy，以及 GitHub 和 SourceForge 上其他很多不太知名的工具。创建简单的 SVG 文件也是一种选择，但是你必须自己进行布局。然而，如果你也可以将它用作模板，那么它可能是一个好方法，因为你可以用模板来处理动态 HTML 页面。Simon Brown 的 Structurizr 是另一种工具。

要扫描源代码，你需要解析器。一些解析器只能解析元模型，而另一些则可以访问代码注释。例如，在 Java 中，Javadoc 的标准 Doclet 或 QDox 等替代工具能让你访问结构化注释。而出色的 Google Guava ClassPath 仅允许访问编程语言的元模型，在很多情况下这就足够了。

我们根据布局复杂度看一下图表类型。

- 表格（表格可能不是真正的图表，但是它们有严格的布局）。
- 固定在背景上的大头针（例如 Google 地图上的标记），它提供了一种方法，能将每个元素根据(x, y)位置固定在背景上。
- SVG、DOT 等图表模板，它们使用源代码中提取出来的实际内容进行评估。
- 简单的一维流程图（从左到右或从上到下），它们的布局简单，你甚至可以自己编程完成。
- 管道图、序列图和进出生态系统黑盒。
- 树状结构（从左到右，从上到下或放射状），它们可能很复杂，但是如果你真的想做，也可以自己做。
- 继承树和图层。
- 包含图，包含自动布局，例如使用 Graphviz 的集群功能。
- 丰富的布局，带有垂直和水平布局以及包含图。

当然，如果你想发挥更大的创造力，还可以尝试将图表转变成一幅艺术作品，例如照片拼贴，甚至将其转变为动画或互动形式。

6.3.6　可视化准则

为什么这么多工程师认为复杂的系统图会令人印象深刻呢？真正令人印象深刻的是那些针对难题的简单解决方案。

—— @nathanmarz

终极经验法则：只要图表中有一条线与另一条线交叉，这个系统就过于复杂。

—— @pavlobaron

编写好文档有一些规则，例如展示或列出的条目最好不超过五项，最多不超过九项，而且要选择与问题结构一致的布局、列表样式、表格或图表。为了充分利用图表，最好让所有的内容都有意义。

- ❑ **使自左向右和自上而下的轴有意义**：示例可能包括从左到右的因果关系（左侧的 API 和右侧的 SPI），以及从上而下的依赖关系。
- ❑ **使布局有意义**：例如，元素之间的接近度可能意味着"相似度"，而包含图可能意味着"专业化"。
- ❑ **使大小和颜色有意义**：例如，视觉元素的大小或颜色可能反映了其重要性、严重性或某些属性的规模。

6.3.7　示例：六边形架构的活图表

六边形架构是分层架构的演进结果，而且在依赖关系约束方面更进一步。六边形架构只有两层：内部和外部。两层之间有一条依赖规则：必须是外部依赖内部，而绝不能反过来。

如图 6-9 所示，内部是领域模型，它是按规则完成的，而且没有任何技术性错误。外部就是其余的东西，尤其是使软件相对于世界上的其他事物运行所需的所有基础结构。领域位于中心，在它的左侧通常会显示一个小的应用程序层。领域模型周围是适配器，用于集成领域模型和连接到世界其他事物的端口，包括数据库、中间件、Servlet、REST 资源，等等。

图 6-9　六边形架构概述

假设你必须为遵循六边形架构的项目创建文档，可能是老板要求的，也可能是因为你想将这么好的架构介绍给同事。你会怎么做呢？

1. 这个架构已经有文档了

首先要知道的是，自从 Alistair Cockburn 第一次在他的网站上用老式图表（如图 6-10 所示）描述了这种模式后，这个架构就被记录到很多行业文献中了。

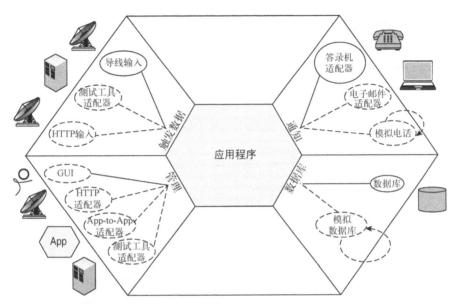

图 6-10　来自 Alistair Cockburn 网站上的六边形架构图

很多书也描述了这种架构模式，包括 Steve Freeman 和 Nat Pryce 的《面向对象的软件开发》以及 Vaughn Vernon 的《实现领域驱动设计》。这种模式在.NET 圈子中也因 Jeffrey Palermo 提出的洋葱架构而为人所知。

因为关于六边形架构的信息太多了，所以你无须亲自解释。你可以只提供一个能清楚解释这种架构的外部链接作为参考。既然有人已经写过了，为什么还要尝试重写呢？描述这个架构的文档是现成的。

2. 这个架构已经在代码里了

这个架构本身已经在文献中有了记录，但是在你的自定义项目中它具体又是怎么实现的呢？

因为你很认真地做了工作，所以这个六边形架构已经在你的代码里了：领域模型在它自己的包里（分别是.NET 中的命名空间或项目），而基础结构在一个或几个其他包里，与领域模型完全隔离。

对这种模式有了一些使用经验后，你只需查看包及其内容就可以识别它。如此整洁且严格的隔离绝不是偶然的，它体现了明确的设计意图。如果仅通过查看代码就可以识别六边形架构，那么你就完成了，对吧？

好吧，不是真的完成了。不是所有人都知道六边形架构，而架构是每个人都应该知道的东西。你需要以某种方式使架构明确。99%的东西已经有了，但是还缺 1%，你需要补上它才能使所有人都看到这个架构。你需要使用注解或命名约定来增强知识，这两种方法在这里都可以很好地发挥作用。

实际上，命名约定已经在用了。

❑ 每个类、接口和枚举都位于根包*.domain.*下的一个包中。
❑ 每个基础结构代码都位于*.infra.*下。

你需要记录这些约定，当然，还要使其保持稳定。

你可以使用注解而不是命名约定。这能让你或其他人添加更多信息（比如依据）：

```
1   @HexagonalArchitecture.DomainModel(
2     rationale = "Protect the domain model",
3     alternatives = "DDD.Conformist")
4   package flottio.fuelcardmonitoring.domain;
5
6   import flottio.annotations.hexagonalarchitecture
7                             .HexagonalArchitecture;
```

3. 你知道需要什么来完成活文档

你可以通过在餐巾纸上涂鸦来理清楚你想要什么。你想要的是在中心有一个六边形（或其他任何形状）的图，它代表内部有最重要元素的领域模型。在六边形的外部和周围，你期望能有这个基础结构的所有重要元素，并用箭头表示它们与内部领域元素的依赖关系。它可能类似于图 6-11。

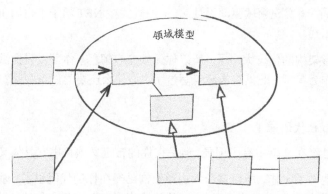

图 6-11　快速画一个你想要生成的图表草图

你需要一个布局，从左到右依次是 API 调用到领域，再到服务供应商和他们在基础结构中的实现。

4. 这些知识现在在哪里

如你所见，有关六边形架构的大部分知识在包使用的命名约定中。剩下的知识就是这些包中包含的每个类、接口和枚举及其关系的列表。

绘制六边形架构时使用的一个方便约定是，将消耗领域模型的所有元素都放在左侧，而为领域模型提供服务的所有元素都放在右侧。你如何从源代码中提取这个信息呢？

在当前的应用程序中，你有几个简化的机会：每个调用领域模型的类都通过它的成员字段来实现，而每个服务供应商都通过实现其中一个接口与领域模型集成。这是常见的情况，但不是规则。例如，调用方可能正在通过回调获得响应。在其他情况下，如果你在图表布局中关心哪些在API端，哪些在SPI（服务供应商）端，那么你可能必须明确声明这一点。

5. 滤除无关紧要的细节

即使在小型项目中，源代码也包含很多信息，因此你始终需要谨慎决定图表中**不要包含**哪些内容。在这个例子中，你不想包含以下内容：

- ❑ 每个基本类型（primitive）
- ❑ 每个充当基本类型的类（如最基本的值对象）
- ❑ 与图中提到的其他类无关的每个类

你希望用以下方式包括类。

- ❑ 在领域模型中包括所有类和接口（像度量单位这种准基本类型除外）。包括在领域模型中是命名约定问题，或者是包括在被这样注解的包里的问题。
- ❑ 包括有意义的相互关系。你可能想将类型层次结构折叠到它们的超类型中，以节省图表所占的空间。
- ❑ 包括与领域模型中已包含的元素有关系的基础结构类。
- ❑ 对于每个基础结构类，还应包括它与领域类的关系以及基础结构元素之间的关系。为了使图表中从左到右显示从API到SPI的方向，你需要帮助渲染器。例如，如果你要保证图表中**调用**和**实现**的关系与图表的描述相反，比如A调用B和A实现B，那么在图表中两者之间的方向必须是从B指向A和从A指向B。如果你现在不了解这一点，也没问题，当你试着通过调整渲染使它起作用时，就能清楚地理解它了。

所有这些只是一个可以在一种情况下正常工作的示例。它绝不是这种图表的通用解决方案。你应该尝试各种替代方法，而且如果图表太大，你需要滤除的信息可能就越多。例如，你可以根据其他注解决定仅显示核心概念。

6. 扫描源代码

对于像这样的活图表，你需要的只是遍历所有类并对它们进行内省（introspect）的能力。任何标准解析器都可以做到这一点，甚至不使用任何解析器也能做到这一点，只需使用反射即可。因为重点是六边形架构而不是其他内容，所以你的重点是隔离元素并突出显示它们之间的依赖关系。

图 6-12 所示的示例使用标准 Java 反射，并借助 Google Guava ClassPath 方便地扫描了整个类路径。我自己的实用工具库 DotDiagram 是基于 Graphviz DOT 语法的一个简便的包装类，用于创建.dot 文件，然后由 Graphviz DOT 语法进行神奇的自动布局和渲染。

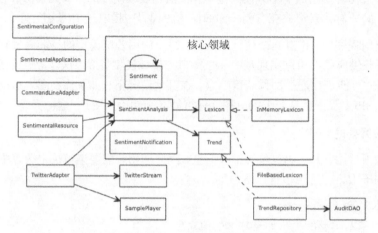

图 6-12　从源代码生成的六边形架构活图表

7. 应对变化

假设创建图 6-12 所示的图表一个月后，你不喜欢领域接口的名称 `Trend`，并决定将其重命名为 `SentencesAuditing`。你不需要手动更新这个图表，在下一个构建中将生成一个最新的图表，显示新的接口名称。

8. 可能的发展

六边形架构限制了依赖关系：只能外部依赖内部，而绝不能反过来。但是，活图表展示了所有依赖关系，甚至是那些违反了这条规则的依赖关系。这对发现违规设计很有帮助。

你还可以做得更多，用不同的颜色突出显示所有违例，例如用红色大箭头来表示依赖关系的方向错误。在强制执行规范方面，活图表与静态分析很像。

你可能已经注意到了，如果不深入讨论图表的目的（即不讨论设计），就不可能认真讨论活图表。这并非巧合。有用的图表必须是相关联的，而要与你所要描述的设计意图密切相关，你就必须真正了解设计意图。这表明做好设计文档与做好设计是一致的。

6.3.8　案例研究：用活图表呈现业务概览

假设你在一家几年前成立的网店工作。这个网店的软件系统是由几个组件组成的完整的电子商务系统。该系统必须处理在线销售所需的一切，包括商品目录、导航、电子购物车、运输以及一些基本的客户关系管理。

你很幸运，因为创始的技术团队拥有良好的设计技能。因此，所有组件以一对一的方式匹配所有业务领域，如图 6-13 所示。换句话说，这个软件架构与它所支持的业务非常吻合。

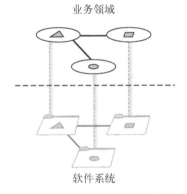

图 6-13 软件组件一对一地匹配业务领域

由于软件系统的成功，你的网店迅速发展。结果，该系统需要支持的新需求越来越多，所以需要给组件添加更多功能。由于这种增长，你可能必须添加新组件，重做一些组件，并将现有组件拆分或合并为更易于维护、发展和测试的新组件。

你还需要雇一些新人加入开发团队。作为给新人传达必要知识的人员之一，你需要一些文档，从系统支持的主要业务领域或领域的概述开始介绍。你可能花了几个小时在 PowerPoint 或某个专用的图表工具上手动创建这些文档。但是，你希望能信任自己的文档，而且你知道你很可能会忘记在系统发生变更（而且你知道它一定会变更）时更新这些手动创建的文档。

幸运的是，在阅读了一本关于活文档的书之后，你决定从源代码自动生成所需的图表。你不想花时间手动完成布局。根据领域之间的关系完成的布局就非常好，类似于图 6-14 所示的草图。

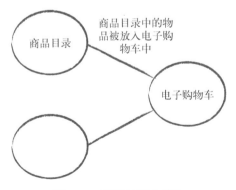

图 6-14 预期的图表风格

1. 实际实现：已有的源代码

你的系统由组件组成，而这些组件就是 Java 包，如图 6-15 所示。

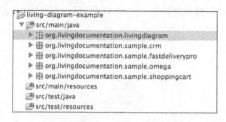

图 6-15 组件（Java 包）概览

这些包的命名不太一致，因为从历史上看，这些组件都是以开发项目代码命名的———一般来说都是这样的。例如，负责运输功能的代码被命名为 Fast Delivery Pro，因为这个名称是营销团队两年前提出的自动运输方案的名称。但是，这个名称已经不再使用了，只是包名称还在使用它。同样，Omega 实际上是负责商品目录和当前导航功能的组件。

这个命名问题同时也是一个文档问题：代码不能说明业务。由于某个原因，你现在无法重命名包，尽管你希望明年能够重新命名。但是，即使用了正确的名称，包也不能说明它们之间的关系。

2. 增强代码

由于当前代码中的命名问题，你需要其他信息才能制作出有用的图表。如前所述，在代码中添加知识的一种好方法是使用注解。至少，你需要在代码中添加以下知识来更正命名：

```
1  @BusinessDomain("运输")
2  org.livingdocumentation.sample.fastdeliverypro
3
4  @BusinessDomain("商品目录&导航")
5  org.livingdocumentation.sample.omega
```

你引入一个只带有一个名称的自定义注解来声明业务领域：

```
1  @Target({ ElementType.PACKAGE })
2  @Retention(RetentionPolicy.RUNTIME)
3  public @interface BusinessDomain {
4      String value(); // 领域名称
5  }
```

现在，你想要表达领域之间的关系。

❑ 在订购目录商品之前，先将其放入电子购物车。

❑ 然后必须运输订单里的物品。

❑ 再对这些物品进行统计分析，用于客户关系管理。

然后，你使用相关领域的列表扩展注解。但是，一旦多次引用同一名称，文本名称就会引发一个小问题：如果你改了一个名称，就必须在提及它的所有地方进行修改。为了解决这个问题，你需要将所有名称都提取到一个单独的地方用于引用。一种可能的解决方案是使用枚举类型而不是文本，然后，你可以引用枚举类型的常量。如果重命名一个常量，那么你不需要做任何特殊操作即可在任何地方更新这个引用。因为你还想说明每个链接的信息，所以你还要为这些链接添加一个文本描述：

```
1  public @interface BusinessDomain {
2         Domain value();
3         String link() default "";
4         Domain[] related() default {};
5  }
6
7  //枚举类型，
8  //用于声明在某个位置的所有领域
9  public enum Domain {
10   CATALOG("商品目录&导航"),
11   SHOPPING("电子购物车"),
12   SHIPPING("运输"), CRM("CRM");
13
14       private String value;
15
16       private Domain(String value) {
17             this.value = value;
18       }
19
20       public String getFullName() {
21             return value;
22       }
23 }
```

现在，只需使用每个包上的注解来显式添加代码中缺少的所有知识即可：

```
1  @BusinessDomain(value = Domain.CRM,
2         link = "对过去的订单进行统计分析用于客户关系管理",
3         related = {Domain.SHOPPING}))
4  org.livingdocumentation.sample.crm
5
6  @BusinessDomain(value = Domain.SHIPPING,
7         link = "订单中的商品被送往收货地址",
8         related = {Domain.SHOPPING})
9  org.livingdocumentation.sample.fastdeliverypro
10
11 //等等
```

3. 生成活图表

因为你需要一个在所有情况下都能高效工作的全自动布局，所以你决定使用 Graphviz 工具进行图表的布局和渲染。这个工具需要一个符合 DOT 语法的.dot 文本文件。你需要先创建这个纯文本文件，再运行 Graphviz，才能将其渲染成常规图像文件。

生成过程包括以下步骤。

(1) 扫描源代码或类文件以收集带注解的包及其注解信息。

(2) 对于每个带注解的包，在 DOT 文件中添加一个条目：

- 从而添加一个代表模块本身的节点
- 从而向每个相关节点添加链接

(3) 保存 DOT 文件。

(4) 通过将.dot 文件名和所需的选项传递给它，在命令行中运行 Graphviz dot 脚本以生成图像文件。

完成了！磁盘上的映像已经准备好了。

完成所有这些操作的代码可以放入单个类中，这个类里的代码行不超过 170 行。因为你使用的是 Java，所以大部分代码是关于处理文件的，而最难的部分是关于扫描 Java 源代码的。

运行 Graphviz 后，你将获得如图 6-16 所示的活图表。

图 6-16   从源代码生成的实际图表

添加其他样式信息后，你将获得如图 6-17 所示的图表。

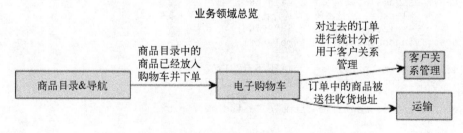

图 6-17   从源代码生成的实际图表（带样式）

4. 适应变化

一段时间后，业务增长了，提供支持的软件系统也需要改进。系统里多了几个新组件，其中有些是全新的，有些则是拆分现有组件的结果。例如，现在你有专门用于以下业务领域的组件：

❑ 搜索和导航
❑ 开票

❑ 会计

每个新组件都有它自己的包，而且就像任何表现良好的组件一样，它们必须在包注解中声明知识。然后，不需要任何额外的工作，你的活图表就会自动适应并生成新的更复杂的概览图，如图 6-18 所示。

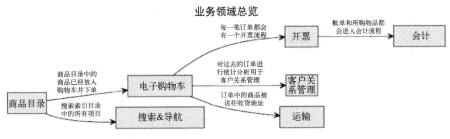

图 6-18　从源代码生成的活图表（一段时间后）

5. 添加其他信息

现在，你考虑用质量属性之类的信息来丰富图表。因为代码中缺少这种知识，所以你需要通过增强代码来添加它。这次，你又可以用包注解来完成这项工作，如图 6-19 所示。

```
@Concern({ HIGH_SCALABILITY })
@BusinessDomain(value = SEARCH, link = "Search indexes all items of the catalog", upstream = { CATALOG })
package org.livingdocumentation.sample.search;

+import static org.livingdocumentation.livingdiagram.Domain.CATALOG;
```

图 6-19　package-info.java 中的包注解

现在，你可以改进活图表处理器来提取 @Concern 信息，并将其包含在图表中。完成之后，你将得到如图 6-20 所示的图表，与以前的图表相比，它显然不那么清晰。

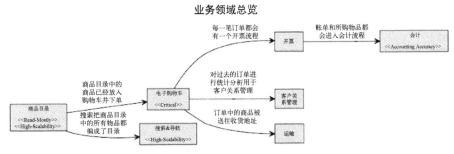

图 6-20　从源代码生成的实际图表（带有额外的质量属性）

这个案例研究提供了一个示例，展示了活图表可能的样子。主要的限制是你的想象力和尝试想法所需的时间，而且其中有些想法可能行不通。但是，不时地花点时间尝试想法，或者在文档或设计出现问题时尝试这些想法是值得的。活文档编写使你的代码、文档设计和架构透明可见。

如果不喜欢你所看到的内容，你需要在源代码中进行修复。

6. 活图表如何匹配活文档的模式

这个图表是一个能根据系统变更自动更新的活文档。如果要添加或删除模块，这个图表会在下一次构建时迅速调整。

这个案例研究提供了一个图表示例，该图表通过显示简短说明的链接讲述了前后两个节点之间的故事。

这个图表是增强代码的示例，使用带有相应业务领域知识的注解来增强每个主模块。这也是对分布在多个包中的信息进行整合的一个示例。

最后，添加到源代码中的知识可被用于架构相关的强制性规范。编写验证程序与编写活图表生成器相似，区别在于节点之间的关系被作为依赖关系白名单，用来检测意外的依赖关系而不是生成图表。

6.3.9 示例：系统上下文图

没有哪个系统是孤岛。每个系统都与其他参与者（通常是人和其他系统）一起组成一个更大的生态系统，成为它的一部分。开发人员通常认为与其他系统的集成所涉及的知识是显而易见的，不值得记录，尤其是在系统的早期。但是一段时间后，系统发展壮大并与许多其他参与者深度集成，即使是团队中的成员也不再了解这个生态系统。要重建整个系统，你必须手动检查所有代码并采访那些了解这个系统的人（而碰巧他们也很忙）。

当考虑修改这个系统或另一个外部系统时，背景知识对于推断变更对其他参与者的影响或者其他参与者对变更的影响至关重要。因此，应随时使这些信息清晰可见并保持最新状态。基本上，系统上下文图提供了所有参与者使用系统（API 端）或者被系统使用（服务提供商端）的概览：

```
1  Actors using * --> System --> * Actors used
2  using the system             by the system
```

可以将上下文关系表示为一个简单的列表，如下所示。

❑ API（使用系统的参与者）
- Fuelo Card API（Fuelo 卡 API）
- Fleet Management Teams（车队管理团队）
- Support & Monitoring（支持与监控）

❑ SPI（为系统提供服务的参与者）
- Google Geocoding（Google 地理编码）
- GPS Tracking from Garmin（Garmin 的 GPS 跟踪）
- Legacy Vehicle Assignment（遗留车辆分配）

但是视觉布局也有优势，如图 6-21 所示。

系统图

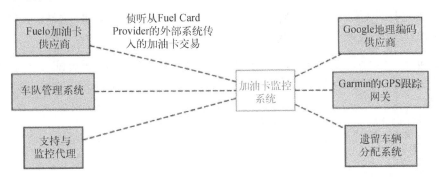

图 6-21 生成的系统上下文图，左右两侧各有三个参与者

你可以在每次需要时手动创建这种图，并针对当前问题进行定制。你也可以用工具生成一个图表。

图 6-21 所示的图是根据本书示例中一直在用的 Flottio 车队管理系统生成的。它通过与外部参与者的链接描述了系统的功能，并对其中一些做了简要说明。

> **注意**
>
> 系统上下文图一词是从 Simon Brown 的 C4 模型中借用而来的。C4 模型是一种绘制架构图的轻量方法，在开发人员中越来越受欢迎。

系统上下文图是一个活文档，只要系统发生变更，它就会自动刷新。它是通过扫描增强的源代码并调用图形布局引擎（例如 Graphviz）生成的。如果要添加或删除一个模块，系统上下文图将在下一次构建时迅速进行调整。它也是不怕重构的图表的示例。如果要在代码中重命名一个模块，系统上下文图也会显示重命名后的模块，而不需要额外花费精力。你不需要每次都启动 PowerPoint 或图表编辑器来编辑它。

1. 超链接到相应的源代码位置

你的活文档支持添加能指向代码库中准确位置的超链接。通过这些链接，用户可以单击图上的任何一个外部参与者，从而在线跳转到源代码存储库中的相应 URL。（为此，你可以使用第 8 章中的一种模式来实现稳定链接。）

请注意，即使没有链接，也可以按图中的措辞在代码库中逐字执行搜索。由于措辞来自代码，因此很容易找到相应的位置。

2. 应用增强代码和知识整合

当然，问题在于自动识别外部参与者及其名称、描述和使用方向（使用或被使用）。不幸的是，我还没有找到解决这个问题的"灵丹妙药"。

要生成系统上下文图，必须在代码中添加一些注解来声明**外部参与者**。这是增强代码的示例，也是整合分散在多个包和子包之间信息的一个例子。

例如，包 flottio.fuelcardmonitoring.legacy 负责与将车辆分配给驾驶员的遗留系统集成，它为当前正在考虑的系统提供服务：

```
1  /**
2  * Vehicle Management 是一个遗留系统，
3  * 它管理某段时间内司机与车辆的关联关系
4  */
5
6  @ExternalActor(
7     name = "Legacy Vehicle Assignment System",
8     type = SYSTEM,
9     direction = ExternalActor.Direction.SPI)
10 package flottio.fuelcardmonitoring.legacy;
11
12 import static flottio.annotations.ExternalActor
13                                    .ActorType.SYSTEM;
14 import flottio.annotations.ExternalActor;
```

另一个示例是侦听传入消息总线的类，这个类基本上使用这个系统检查加油卡交易是否存在异常：

```
1  package flottio.fuelcardmonitoring.infra;
2  // 更多导入
3
4  /**
5  * 侦听从加油卡供应商的外部系统传入的加油卡交易
6  */
7  @ExternalActor(
8     name = "Fuelo Fuel Card Provider",
9     type = SYSTEM,
10    direction = Direction.API)
11 public class FuelCardTxListener {
12    //...
```

你不是必须使用注解。也可以在同一个文件夹中添加 YAML、JSON 或.ini 等边车文件作为注释代码，内容与内部注解相同：

```
1  ; external-port.ini
2  ; 这个边车文件在集成代码文件夹中
3  name=Fuelo Fuel Card Provider
4  type=SYSTEM
5  direction=API
```

假设在某个时候，你想在系统上下文图中添加信息，因此在集成代码的 Javadoc 中将该信息添加到代码里，然后如图 6-22 所示更新这个图。

系统图

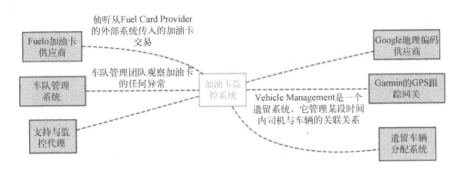

图 6-22　生成的系统上下文图，左右两侧各有三个参与者

3. 这种活系统图的局限性和优势

由于需要使用注解文件完成某种程度的代码增强，因此可能会存在不知道某些外部参与者的风险。

如果在你的项目中只能枚举几种执行集成的方法，那么你可以尝试将它们全部检测出来并添加到图中，除非通过代码增强显式地对它们做了压制。

无论如何，通过数据库进行的集成很难检测和记录。你可能会认为数据库中的详细信息是你的系统私有的，但是如果另一个系统直接查询或写入你的数据库，那么不与"始作俑者"对话，你将很难发现它。

系统上下文图显示了每个潜在的集成，但无法通过它判断这些集成在生产中是否处于活动状态。如果代码库是产品线的工具箱，那么它将显示所有潜在的集成，而不仅仅是在特定实例中实际使用的集成。

与临时绘制的手工图表相比，如图 6-22 所示的由工具生成的图有另一个缺点：不是根据当前特殊问题定制的。但是，生成图表要比绘制临时图表快得多。

尽管如此，你可能仍需要调整图表生成器。例如，使它专注于上下文的子集。

6.3.10　自动生成设计文档所面临的挑战

手动编写软件项目的设计文档需要大量工作，而且在新一轮的变更或重构后，文档内容很快就会过时。手动绘制有意义的 UML 图非常耗时，甚至决定显示哪些内容也要花费很多时间。

根据领域驱动设计，代码本身就是模型，但是代码不能清楚地表达高于类的结构和协作。因此，其他经过精心选择的设计文档能帮你看到更全面的情况。只要在代码中增加了设计意图，就能从代码中生成文档。

在生成设计文档时使用模式

使用模式来帮助生成设计文档很有可能成为现实。模式默认位于语言元素的"顶部"。它们在上下文关系中解决特定问题、讨论解决方案，并拥有明确的意图。它们涉及语言中一些元素的协作，例如几个类及其协议，或者只是类中的字段和方法之间的关系。每个模式都包含大量设计知识。当需要自动化设计描述时，按模式将自动化过程进行分块似乎也是自然而然的。

在某些项目中，我已经通过注解声明了代码中使用的一些模式，并创建了一些小工具来围绕这些模式派生出软件设计的部分宏结构。每个模式都有一个上下文关系，该上下文关系有助于选择要显示的内容以及显示方式。然后，根据代码中声明的模式，该工具可以生成优于通用级别的设计文档（例如，图表），这些文档的实质内容是逐个模式分块的知识。

到目前为止，本书中所有活图表示例都是在编译时根据源代码生成的，但并非必须如此，你也可以利用运行时知识来生成活图表。

6.4　小结

生成活文档非常有趣，而且有助于弥合快速发展的项目与传统文档之间的鸿沟。在某些情况下，传统文档仍然是理想之选。本章中描述的设计图表、词汇表、总览图表和领域特定的图表说明了如何使用自动化来生成智能文档。

但重要的不只是自动化图表，从已知来源中生成图表也很重要。因此，当图表变更时，文档也会变更。如本章所示，你需要稍微增强源代码。例如，通过注解或任何其他增强代码的方式显式声明要使用的模式或设计构造型，从而实现可靠的自动化。

第 7 章

运行时文档

《敏捷宣言》呼吁"工作的软件优于完整的文档"。

如果工作的软件本身就是一种文档，会怎么样呢？

现在用户体验设计已经非常普遍，用户无须打开用户手册即可与应用程序成功交互。但是，让开发人员无须打开源代码就能看懂软件的设计并不常见。

仅通过使用相关的和设计良好的应用程序可能就能学习业务领域。软件本身就是一份关于自身及其业务领域的文档。这就是为什么开发某个应用程序的所有开发人员至少应该知道如何在大多数标准用例中使用这个应用程序，即使该应用程序是处理复杂概念（如金融工具）的复杂应用程序。

> **关键点**
>
> 任何能回答问题的内容都可以被看作文档。如果你可以使用一个应用程序来回答问题，那么这个应用程序就是文档的一部分。

在第 6 章中，你看到了几个基于源代码的活图表示例，但是活图表也可以根据运行时可用的知识来构建。让我们通过一个基于分布式追踪的示例对此进行研究，该示例通常用于具有多个组件的分布式系统。

7.1　示例：活服务图表

根据 Google Dapper 的论文，分布式追踪正在成为微服务架构的重要组成部分。它是"分布式服务的新调试器"，还是用于监视的关键运行时工具，通常用于解决响应时间问题。但它也是一个出色的现成的活图表工具，能在指定的一天发现整个系统的活架构及其所有服务。

例如，Zipkin 和 Zipkin Dependencies 提供了现成的服务依赖关系图，如图 7-1 所示。这个视图只不过是某个时期（例如一天）内每个分布式追踪的汇总。

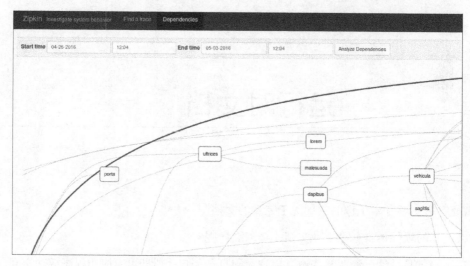

图 7-1 屏幕上的 Zipkin Dependencies 图

7.1.1 在运行时中增强代码

为了使分布式追踪正常工作，你需要通过**检测**来增强系统。每个服务或组件都必须使用符合追踪标识符的追踪器，以声明请求的接收、响应（及注解）的发送以及额外的"行李"（baggage）作为键/值存储。

追踪标识符包括由三个标识符组成的上下文，这些标识符使你能够将调用树构建为脱机流程。

- ❏ **追踪 ID**：完整调用树的相关 ID。
- ❏ **跨度 ID**：单个客户端/服务器调用的相关 ID。
- ❏ **父 ID**：当前的父调用。

例如，可以使用注解通过 Spring Cloud Sleuth 指定跨度名称：

```
1 @SpanName("calculateTax")
```

用于定义客户端/服务器请求的启动和停止的一些核心注解如下。

- ❏ cs：客户端启动
- ❏ sr：服务器接收
- ❏ ss：服务器发送
- ❏ cr：客户端接收

注解可以扩展，用于对你的服务进行分类或执行过滤。但是，这些工具可能不是天然就支持你自己的注解。

行李（或者"二进制注解"）更进了一步，捕获了关键的运行时信息：

```
1  responsecode = 500
2  cache.somekey = HIT
3  sql.query = "select * from users"
4  featureflag.someflag = FALSE
5  http.uri = /api/v1/login
6  readwrite = READONLY
7  mvc.controller.class = Application
8  test = FALSE
```

在这里，所有带有元数据和其他活数据的标记都是实时发生的。你可能看出来了，这种方法和增强代码很像。你需要为工具提供一些知识以提供更多帮助，而且这种增强是在运行时发生的。

7.1.2 发现架构

不仅前端开发人员需要具备实时检查分布式系统的能力。正如 Mick Semb Wever 在博客文章中所写的那样，将随时间推移的追踪聚合到运行时服务依赖关系图中，"为架构师和管理人员准确理解事物的工作方式提供了很大帮助，从而消除了对高级文档的大量需求"。

7.1.3 让这项工作起作用的魔法

通过采样，一些请求在通过系统的每个节点时得到检测。检测生成跨度追踪，这些追踪被收集并存储在某个中央（逻辑）数据存储中。单次追踪都可以被搜索和展示。然后，每日 cron 触发器将所有追踪后处理为代表服务之间"依赖关系"的聚合。这个聚合类似于以下简化示例：

```
1  select distinct span
2  from zipkin_spans
3  where span.start_timestamp between start and end
4  and span.annotation in ('ca', 'cs', 'sr', 'sa')
5  group by span
```

然后，用户界面使用某种自动节点布局显示所有依赖关系。

7.1.4 更进一步

通过使用有创意的标签，并通过测试机器人在预定义的场景下刺激系统，像 Zipkin 这样的分布式基础架构很有可能生成活架构图。

- ❑ 你可以从驱动一个或多个服务的测试机器人创建"受控"追踪，并使用特定标签标记相应追踪。
- ❑ 你可以为 cache = HIT 和 cache = MISS 这两个场景显示不同的图表。
- ❑ 你可以为系统中整个对话的"写部分"与"读部分"显示不同的图表。

你正在这个领域里做尝试吗？快来告诉我吧！

7.1.5   可见工作方式：工作的软件即其自身文档

另一个与**软件即文档**相关的想法是依靠软件本身来解释其内部工作方式，这就是 Brian Marick 所谓的**可见工作方式**，这也是指从外部即能看到内部机制。实现这个目标的方法有很多，它们的共同之处是都依赖于软件本身输出所需的文档形式。

例如，许多应用程序执行工资单、银行对账单的计算或其他形式的数据处理，通常需要向外部受众（如业务人员或合规性审核员）描述这种处理是如何完成的。

你可以将可见工作方式看成一种导出或报告功能，可以向最终用户解释其内部的工作方式。你希望能询问软件"你是怎么计算的"或者"得到这个结果的公式是什么"，并让它在运行时告诉你答案。要得到这些答案，不是一定要问开发人员。

客户通常不要求可见工作方式，但如果他们需要更多的文档，可见工作方式就是一个能让人相信的答复。可见工作技术对于开发团队显然非常有用。开发团队应该能自行决定添加功能，从而使自己的工作更轻松，因为他们显然是项目的关键干系人之一。关键在于花足够多的时间来获得预期的收益。

7.2   可见测试

好的测试会始终检查代码是否符合预定义的断言。它们会一直"保持沉默"，直到意外发生，例如断言失败或错误。但是，我发现测试有时还可以用来产出可见的输出，例如用不同特定领域符号表示的图表。

当以探索模式开始时（例如在峰值期间），当问题还不清楚而且也不确定应如何解决时，你很难定义准确的断言。但是，可见输出对于它是否能按预期工作能给予快速反馈。稍后，随着测试变成非回归工具，你可以添加实际的断言，但是你可能仍然决定保留一些可见的输出，以显示正在发生的事情。

7.2.1   特定领域的符号

随着时间的推移，许多业务领域都形成了自己的特定符号。领域专家很喜欢用符号，通常用笔和纸来使用符号。

例如，对于供应链，我们习惯用树形图来表示上游生产者到下游分销商的过程，如图 7-2 所示。

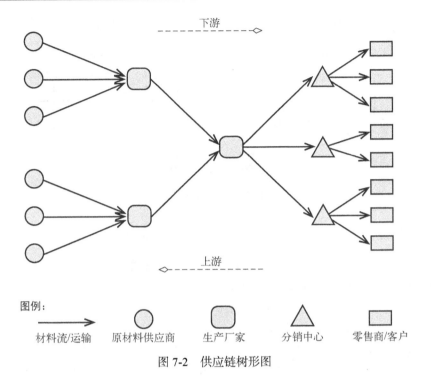

图例:

材料流/运输　　原材料供应商　　生产厂家　　分销中心　　零售商/客户

图 7-2　供应链树形图

对于股票交易来说,当需要决定匹配方式时,我们通常需要绘制一个订单簿,如图 7-3 所示。

买量	价格	卖量
	105.00	40
	104.50	30
	104.00	20
	103.50	10
10	103.00	
20	102.50	
30	102.00	50
40	101.50	
50	101.00	

图 7-3　用于匹配订单的订单簿

在金融领域,金融工具沿着时间轴完成现金流量(金额)的支付和接收,我们通过在时间轴上绘制垂直箭头来表示。如图 7-4 所示。

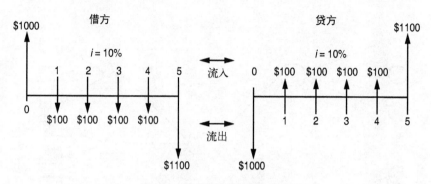

图 7-4 沿着时间轴的现金流

7.2.2 生成自定义的领域特定图表，从而获得视觉反馈

很久以前，在开始一个新项目时，我常常会创建一些没有断言的简单测试，这些测试只是生成基本的丑陋的 SVG（Scalable Vector Graphics，可缩放矢量图形）文件，如图 7-5 所示。

图 7-5 生成 SVG 文件

将图 7-5 中显示的信息与以下电子表格进行比较。

1	EUR13 469	20/06/2010
2	EUR13 161	20/09/2010
3	EUR12 715	20/12/2010
4	EUR12 280	20/03/2011
5	EUR12 247	20/06/2011
6	EUR11 939	20/09/2011
7	EUR11 507	20/12/2011
8	EUR11 205	20/03/2012
9	EUR11 021	20/06/2012
10	EUR8266	20/09/2012
11	EUR5450	20/12/2012
12	EUR2695	20/03/2013

使用图表直观地检查支付金额随时间的变化要容易得多。

当然，你也可以转储 CSV 文件并在你喜欢的电子表格应用程序中将其图形化。你甚至可以通过编程的方式生成内部带有图形的 XLS 文件。例如，在 Java 中可以使用 Apache POI 执行这个操作。

图 7-6 显示了一个更复杂的生成图表示例，该图显示了现金流量如何受市场因素制约。

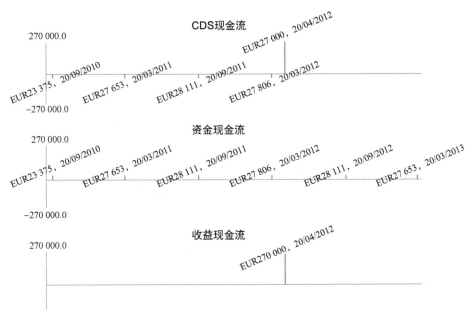

图 7-6　为更复杂的金融工具的现金流量生成 SVG 文件

如你所见，我不是 SVG 专家，这里只是一些快速生成的图，用于在较大项目的初始峰值阶段获得视觉反馈。你可以使用现代的 JavaScript 库生成漂亮的图表。

对 Gherkin 场景的补充？

我还没有试过。但是我很乐意在 Cucumber 或 SpecFlow 的关键场景中，除了断言的测试结果之外，还能生成特定领域的图表。这听起来很可行，所以如果你恰好要尝试，请告诉我！

7.3　示例：使用事件溯源时的可见测试

事件溯源是一种捕获应用程序状态的所有变更作为事件结果的方法。在这种方法中，对应用程序状态的每次变更（领域驱动设计术语中的**聚合**）都由持久事件表示。通过应用所有过去的事件可以构建当前时间点的状态。

当用户或系统的另一部分想要变更状态时，它将通过命令处理程序将命令发送到相应的状态持有者（聚合）。这个命令可以被接受或拒绝。无论哪种情况，都会向感兴趣的每个人发送一个或多个事件。事件以动词过去式命名，而且仅使用领域词汇。命令也用命令性动词命名，这些词也来自领域语言。

我们可以用以下方式表示这些：

```
1  Given 过去的事件发生
2  when 我们处理一个命令
3  Then 新事件产生
```

在这种方法中，每个测试都是预期业务行为的一个场景，并且不需要做太多工作就可以用流利的英文撰写这个场景，而且业务人员也能看懂。因此，我们回到了典型的 BDD 优势——不需要 Cucumber！

因此，在进行事件溯源时，你不需要"BDD 框架"。在这种方法中，如果命令和事件是根据领域语言正确命名的，那么这些测试自然是业务人员也能看懂的场景。如果要为非开发人员提供其他报告，你可以在事件溯源测试框架中通过简单的文本转换来打印事件和命令。

使用事件溯源有很多好处，其中之一就是你几乎可以免费获得非常不错的自动化测试和活文档。这最初是由 Greg Young 在各种谈话中提出的。Greg 在 GitHub 上提供了他的 Simple.Testing 框架，后来 Jeremie Chassaing 详细阐述了这个概念。

7.3.1 代码中的具体示例

我们来看一个制作（并吃掉）几批曲奇饼的示例。该示例是从 Brian Donahue 讨论 Greg 方法的 CQRS 邮件列表里摘出来的。

Given 批量制作 20 个曲奇饼

When 吃曲奇饼：数量 = 10

Then 被吃掉的曲奇饼：被吃掉的数量 = 10；剩余的数量：10

为了便于说明，我用 Java 创建了一个类似的框架，它非常简单。

采用这种方法，并且使用这个框架，通过直接使用形成事件溯源 API 的领域事件和命令，这个场景可以按字面意义被编写为如下代码：

```
1  @Test
2  public void eatHalfOfTheCookies() {
3    scenario("一批曲奇饼有 20 个，要吃掉 10 个")
4      .Given(new BatchCreatedWithCookiesEvent(20))
5      .When(new EatCookiesCommand(10))
6      .Then(new CookiesEatenEvent(10, 10));
7  }
```

这是一个测试，"那么"子句是一个断言。如果没有发出 CookiesEatenEvent 事件，那么这个测试就失败了。但这又不只是测试。它还是活文档的一部分，因为运行测试还以一种非常容易理解的方式描述了相应的业务行为，即使对于非开发人员也是如此：

```
1    一批曲奇饼有 20 个，要吃掉 10 个
2         Given 批量制作 20 个曲奇饼
3         When 要吃 10 个曲奇饼
4         Then 吃掉 10 个曲奇，剩余 10 个曲奇
```

在这里，框架仅调用和打印测试（又称为场景）中涉及的每个事件和命令的 toString()方法。就这么简单。

因此，它不像在 Cucumber 或 SpecFlow 之类的工具里手动编写的文本场景那样既美丽又像"自然语言"，但也还不错。

当然，在聚合之前的历史中可以有多个事件，并且通过应用以下命令可以发出多个事件：

```
1    @Test
2    public void notEnoughCookiesLeft() {
3      scenario("请求了 15 个曲奇饼，只吃掉其中的 12 个")
4        .Given(
5          new BatchCreatedWithCookiesEvent(20),
6          new CookiesEatenEvent(8, 12))
7        .When(new EatCookiesCommand(15))
8        .Then(
9          new CookiesEatenEvent(12, 0),
10         new CookiesWereMissingEvent(3));
11   }
```

第二种情况将显示为以下文本：

```
1    请求了 15 个曲奇饼，只吃掉其中的 12 个
2         Given 批量制作 20 个曲奇饼
3         And 吃掉 8 个曲奇饼，剩余 12 个曲奇饼
4         When 要吃 15 个曲奇饼
5         Then 就吃了 12 个曲奇饼，剩余 0 个曲奇饼
6         And 少了 3 个曲奇饼（没有更多曲奇饼了）
```

这个小框架只是一个生成器，它使用 Given(Event...)、When(Command)和 Then(Event...)这三种方法之间的方法链来生成测试用例。每种方法都将事件和命令存储为参数。最后调用then()方法运行完整测试，并通过调用每个事件和命令的 toString()方法（以关键字 Given、When 或 Then 为前缀）来打印其文本场景。关键字重复时，以 And 另外命名。

Scenario(title)方法以你希望其打印和记录的方式实例化这个框架的 SimpleTest 类。在此基础上，你可以详细说明其他内容，而不仅仅是测试。例如，你还可以使用这些测试中的知识将可能的行为记录为活图表。

7.3.2   根据事件溯源场景生成的活图表

在上一节描述的示例中，测试检查行为，并以任何人都能读懂的纯文本形式打印业务行为的描述。

有一些测试各有不同的传入事件、命令和传出事件。所有这些测试的并集代表了所考虑的聚合的用例。这通常就足够了。

如果要将这种测试转换为图表，那么基于事件溯源的测试框架可以收集整个测试套件中的所有输入和输出，以便打印传入命令和传出事件的图表。

每个测试都会收集命令和事件。测试套件完成后，就可以按照以下方式打印图表了：

1　添加聚合作为图表的中心节点
2　添加每个命令作为一个节点
3　添加每个事件作为一个节点
4
5　添加一个从命令到聚合的链接
6　添加一个从聚合到命令的链接

当在浏览器中使用 Graphviz 渲染这个图形时，你将得到如图 7-7 所示的内容。

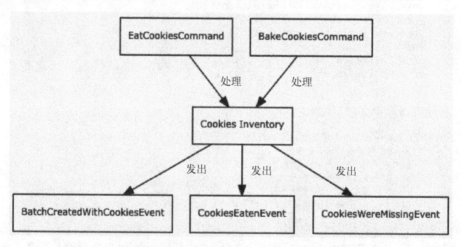

图 7-7　为曲奇饼库存聚合而生成的命令、聚合和事件的活图表

你可能会也可能不会发现这种图表很有用，并且你可以基于这个方法创建自己的图表。这个示例说明，自动化测试是可以挖掘宝贵知识的数据源，然后可以以将其转换为活文档或活图表。

请注意，图 7-7 中的内容也可以渲染为表格。

曲奇饼库存命令
BakeCookiesCommand
EatCookiesCommand
曲奇饼库存事件
BatchCreatedWithCookiesEvent
CookiesEatenEvent
CookiesWereMissingEvent

你可能还想避免将场景混在一起，或者你可能决定在同一张图片中添加更多信息。例如，你可以消除 Event 或 Command 后缀的干扰。你可以根据自己的具体情况自定义这个想法。

7.4　内省的工作方式：内存中的代码即知识来源

在运行时，代码通常采用**对象树**的形式，即通过使用新的运算符、工厂、生成器或依赖项注入框架（例如 Spring 或 Unity）创建的对象的树。

通常，对象树的确切性质取决于配置，甚至取决于每个请求，如图 7-8 所示。

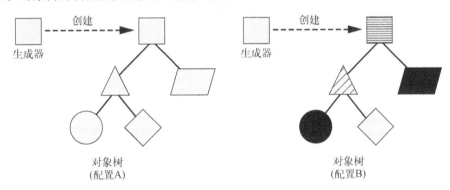

图 7-8　运行时的对象树可能因配置或请求而有所不同

你如何知道对于给定的请求运行时对象树看起来是什么样的呢？常规方法是查看源代码，并尝试想象它将如何连接对象树。但是你可能仍想检查你的理解是否正确。

因此，在运行时内省对象树，以显示对象及其对象类型和实际结构的实际排列。

在 Java 或 C#之类的语言中，可以通过反射或对要内省的结构的每个成员的方法来完成这个操作，如图 7-9 所示。这个想法最简单的形式是依靠每个元素的 toString()方法来描述自身及其带有某种缩进方案的自身成员。当使用依赖注入（DI）容器时，你最好试着让容器描述它的构造。

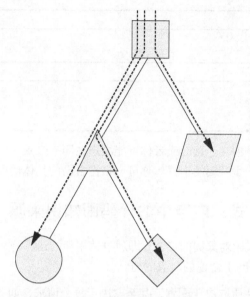

图 7-9 从对象树的根进行内省

我们来看一个嘻哈节拍循环的小型搜索引擎的例子。从根本上，它由一个引擎组成，该引擎本身会查询反向索引以进行快速搜索查询。为了建立索引，它还浏览了由服务用户贡献的链接存储库，使用循环分析器提取每个节拍循环的重要特征并放入反向索引。分析器使用波形处理器。

引擎、反向索引、链接存储库和循环分析器都是抽象接口，每个接口都有多个实现。对象树的确切连线是在运行时确定的，并根据环境的配置而变化。

7.4.1 使用反射内省

如果它是一个对象，我们可以穿越它。

——阿诺德·施瓦辛格

内省对象树不过是没什么价值的递归遍历。从给定的（根）实例中，你可以获取它的类并枚举每个声明的字段，因为这是类在此处存储其注入的协作者的方式。对于每个协作者，你都可以通过递归调用进行遍历。

你可能会怀疑，你需要过滤掉不想包含在遍历中的无用元素，例如字符串和其他低级内容之类的类。在这里，过滤仅是根据类的限定名称进行的。如果将与业务逻辑无关的类的实例作为参数传递，那么只需完全忽略它。以下代码段说明了在过滤无用元素时如何进行内省：

```
1  final String prefix = org.livingdocumentation.visibleworkings.";
2
3  public void introspectByReflection(final Object instance, int depth)\
4  throws IllegalAccessException {
5    final Class<?> clazz = instance.getClass();
```

```
6    if (!clazz.getName().startsWith(prefix)) {
7      return;
8    }
9    // System.out.println(indent(depth) + instance);
10   for (Field field : clazz.getDeclaredFields()) {
11     field.setAccessible(true);// 必要的
12     final Object member = field.get(instance);
13     introspectByReflection(member, depth + 1);
14   }
15 }
```

对于这段代码，如果打印每个元素时都有适当的缩进，那么控制台会显示以下内容：

```
1  SingleThreadedSearchEngine
2  ..InMemoryLinkContributions
3  ..MockLoopAnalyzer
4  ....WaveformEnergyProcessor
5  ..MockReverseIndex
```

这是一个单线程引擎，它使用贡献链接的内存存储库，以及一个循环分析器的模拟和另一个反向索引的模拟。

使用同一段代码，你可以用每个元素以及它们之间的适当关系来代替构建 DOT 图，如图 7-10 所示。

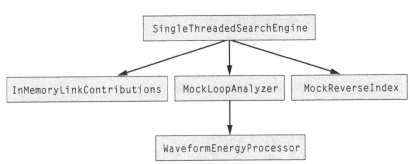

内省的工作方式

图 7-10　实际工作中，对对象树进行内省

图 7-10 显示的信息与我们之前在控制台上读到的文本相同，但是这种可见的关系可以展示更多信息。

7.4.2　不使用反射内省

要在不使用反射的情况下内省对象树，树中的所有对象都必须显示出它们有一种可访问的方式来枚举它们的协作者。你可以使用公共字段来完成这个操作，但我不建议这样做。相反，它们可以公开一个返回其成员列表的公共方法。

在最简单的情况下，每个元素都将实现像 Introspectable 这样的接口，成为组合模式的实例：

```
1  interface Introspectable {
2    Collection<?> members();
3  }
```

因此，对树的遍历也不过是对树枝构件的递归遍历：

```
1  private void traverseComposite(Object instance, int depth) {
2    final String name = instance.getClass().getName();
3    // 在图中添加这个节点
4    digraph.addNode(name).setLabel(instance.toString());
5    if (!(instance instanceof Introspectable)) {
6        return;
7    }
8    final Introspectable introspectable = (Introspectable) instance;
9    for (Object member : introspectable.members()) {
10     traverseComposite(member, depth + 1);
11     // 在图中添加这个节点和它的成员之间的关系
12     digraph.addAssociation(name, member.getClass().getName());
13   }
14 }
```

显然，这种方法产生的输出与使用反射产生的输出完全相同。

你应该选择哪种方法？如果所有对象都是由团队创建的，并且对象不太多，那么我建议你使用组合模式，只要它不会对类造成太大破坏即可。

在所有其他情况下，通过反射进行内省的方法是最佳或唯一的选择。这种方法有助于我们看到内部的工作方式。对于为每个给定的业务请求即时构建的工作流、决策树或决策表，内省的工作方式是一种使构建的特定结构对用户和开发人员都可见的方法。

但是有时候，你根本不需要任何内省。当处理由配置、硬编码或者从文件或数据库驱动时，显示工作方式可能会大大简化，因为这只是一种适宜地显示配置的方法。至少，每个由配置驱动的工作流或处理都应该能够显示用于特定类型处理的配置。

7.5   小结

与在源代码存储库中的静态工件相比，在运行时执行源代码更容易获得某些知识，因此，工作的软件可以也应该被看作是文档的一个信息源。随着分布式架构和云基础架构的日益普及，利用运行时知识的机会也会越来越多，而且机器也可以访问这些知识从而得到更好的活文档。

第 8 章

可重构文档

活文档是根据权威性来源的最新知识自动生成的文档。使用专有工具创建的文档则必须手动更新，而这是一项很烦琐的工作。在这两种极端情况之间还有**可重构文档**，这种文档也必须手动更新，但可以用一种智能的方式更新，而这主要归功于自动化工具减少了大量的人力劳动。

对于文本文档，大多数文本编辑器的"查找和替换"功能是实现文档可重构的一种工具，它可以轻松地在一个大型文档中批量修改一个词，并保证一致性。例如，有些图表里的词会因为词之间的链接而被多次引用，所以这些图表会不时地发生变化。对于维护这种图表，这个功能可能就很有吸引力。

但是，能实现可重构性的著名工具之一是源代码和应用到源代码上的自动重构。开发人员花了大量时间阅读代码并尝试从中获取知识。如果你专门从文档价值来看代码，那么代码就成了你的活文档的关键组成部分，它能很好地适应变化。

自动化重构是修改软件系统的主要方法之一。运作良好的项目一直在使用这个过程。当你在某个地方重命名类或方法时，自动化重构工具会立即在整个项目中更新声明以及使用了这些类或方法的所有实例。将一个类型移到另一个模块、向函数签名中添加参数，以及从代码块中提取函数，这些只是工具自动执行的一些转换。将这种重构自动化与测试相结合，团队就能够非常频繁地进行变更（包括重大变更），因为工具已经解决了那些令人痛苦的操作。

一直进行重构是好的，尽管对于传统文档来说这是一个挑战。活文档支持不断地重构，而且支持那些能利用自动化重构而不是抵制自动化重构的文档编写方法。

8.1 代码即文档

程序必须能够供人们阅读，偶尔可以供计算机执行。

——Harold Abelson、Gerald Jay Sussman 和 Julie Sussman，
《计算机程序的构造和解释》

这么说没错，但是程序能做得更多。源代码也是你可能拥有的任何一个集合中唯一能保证确切反映现实情况的文档。因此，它是已知的唯一一份真实的设计文件。设计师的想法、梦想和幻想只有写成了代码才是真的。UML 图只有编成了代码才是真实的。源代码反映的设计是其他任何文档无法声明的。还有一种说法是：也许写的时候是真的，但是读的时候却成了假的。

—Ron Jeffries

大多数时候，代码就是它自己的文档。当然，代码是为机器编写的，但是编写代码也是为了让人们能看懂它，从而对其进行维护和发展。

要写出能被人们快速而清晰地理解的代码，需要不断地改进技能和技术。这是软件匠人社区的核心主题，而且关于这个主题有大量的书、文章和会议演讲，本书并不想对它做过多说明。相反，本书侧重于描述一些与"代码本身就是文档"这个理念密切相关的、典型或独创的实践和技术。正如 Chris Epstein 在一次演讲中说的："善待未来的自己。"学习怎样使你的代码易于理解，对未来的自己来说是一个奖励。

关于如何编写易于阅读的代码，很多书已经介绍过了。其中特别重要的是 Robert Cecil Martin（常被称为 Bob 大叔）的《代码整洁之道》和 Kent Beck 的《实现模式》。Kent 鼓动你问问自己："当有人读这段代码时，我想对他们说什么？""计算机会用这段代码做什么？""我如何向人们传达我的想法？"

8.1.1　文本布局

我们常常将代码视为线性媒介，但是代码本身是在文本编辑器的二维空间中对字符的图形化排列。这种代码的二维布局能用于表达含义。

文本布局最常见的例子是对类成员进行排序的规范：

- ❑ 类声明
- ❑ 字段
- ❑ 构造函数和方法

按照这种排序，即使将类声明为纯文本，页面上文本块的分层也隐含着视觉效果。这与在 UML 中以可视化方式表示类的方式并没有什么不同（请参见图 8-1）。代码布局和视觉符号之间的主要区别是代码中文本块的周围没有边框线。

类名称
字段
方法

图 8-1　类的 UML 视觉符号

下面介绍代码布局的其他例子。

1. 表格式代码布局

以被视为状态机的套接字为例。这个状态机可以通过其**状态转换表**进行完整描述，状态转换表可以用代码表示。在这种情况下，布局确实很重要，包括当前状态、过渡和下一个状态的垂直对齐，如图 8-2 所示。

```java
public static enum State {
    CREATED, OPEN, CLOSE;
}

public static enum Action {
    CREATE, CONNECT, CLOSE;
}

public Object[][] socketStableTransitionTable() {
    final Object[][] stableTransitionTable = {
    //state,          action,         next state
    { State.CLOSE,    Action.CREATE,  State.CREATED },
    { State.CREATED,  Action.CONNECT, State.OPEN },
    { State.OPEN,     Action.CLOSE,   State.CLOSE }};
    return stableTransitionTable;
}

@Test
public void testSocketStateMachine() {
```

图 8-2　用代码布局表示套接字作为状态机的状态转换表

这种布局类型用代码很容易完成，只是 IDE 的自动代码格式化经常会破坏这种对齐方式。在每一行的开头加一个空的注释部分（/**/）可以防止格式化程序对行进行重新排序，但是这么做很难保留空格。当然，这一切都取决于你的 IDE 以及它是否能以更智能的方式自动格式化。

2. Arrange-Act-Assert

单元测试提供了使用二维图形化代码布局表达含义的例子。Arrange-Act-Assert 约定主张代码应该由三个不同的段组成，每个段都位于前一段的下方，如图 8-3 所示。

```java
@Test
public void aaa_distance_4km2_between_centre_pompidou_and_Eiffel_Tower() throws Exception {
    // Arrange
    final Coordinates centrePompidou = new Coordinates(48.8608333, 2.3516667);
    final Coordinates eiffelTower = new Coordinates(48.858222, 2.2945);

    // Act
    final double distance = GeoDistance.EQUIRECTANGULAR.distanceBetween(centrePompidou, eiffelTower);

    // Assert
    assertEquals(4190, distance, 10);
}
```

图 8-3　单元测试中的 Arrange-Act-Assert 约定

当你熟悉了这个约定，它的垂直布局会使每一段代码所负责的工作在图形上显而易见。通过查看文本与空白的组合你就能判断出来。

单元测试中的另一个约定包括考虑单元测试将左侧给定的表达式与右侧的另一个表达式匹配。在这种方法中，水平布局是有意义的：你希望在一行上有完整的断言，在断言的两侧有两个表达式，如图 8-4 中的示例所示。

```
@Test
public void distance_4km2_between_centre_pompidou_and_Eiffel_Tower() throws Exception {
    assertEquals(4190, GeoDistance.EQUIRECTANGULAR.distanceBetween(CENTRE_POMPIDOU, EIFFEL_TOWER), 10);
}
```

图 8-4   测试左侧的表达式是否与右侧的表达式匹配

图形化组织代码的方式还有很多，但是本节仅仅是为了让你知道有这种可能。

8.1.2   编码约定

编程始终依靠约定来传达代码中的其他含义，其中很大一部分是由编程语言语法完成的。例如，在 C# 和 Java 中，区分 play() 方法与 play 变量很容易，因为方法是以括号结尾的。但是仅凭括号来区分类标识符和变量标识符是不够的。因此，我们依靠命名约定（例如小写和大写的特殊用法）来快速区分类名和变量名。这样的约定无处不在，可以将它看作强制性的。

例如，在 Java 中，类名必须是大小写字母混合的形式，其中每个单词的首字母必须大写（例如，StringBuilder）。这种约定一般称为驼峰命名法。实例变量也遵循相同的约定，只是它们的首字母必须小写（例如，myStringBuilder）。常量则应全部为大写字母，且单词之间用下划线分隔（例如，DAYS_IN_WEEK）。当你熟悉了这类约定，就不需要费力去想了，根据名称里的大小写就能立即识别出类、变量和常量。

请注意，IDE 中会用颜色和语法高亮进行区分，例如实例变量为蓝色、静态变量带有下划线，等等，所以标准的 Java 和 C# 表示法就显得多余了。因此，从理论上讲，你甚至不再需要命名约定。

匈牙利表示法是使用命名约定存储信息的一个极端示例。在这种表示法中，变量或函数的名称指示该变量或函数的类型或预期用途，目的是将类型编码为短前缀，如以下示例所示。

❑ lPhoneNum：变量是一个长整数（l）。
❑ rgSamples：变量是一个数组或一系列 Sample 元素（rg）。

这种表示法的明显缺点是，它使标识符变得很丑，就像它们被混淆了一样。我不建议你使用这种约定。

约定不仅仅是为了方便，它也是一种社会结构，是一个团体中所有开发人员之间的社会契约。熟悉了一种约定后，你会感到很舒适自在，甚至在碰到另一种不同的约定时你会感到不安。熟悉了一种表示法后，你就会习以为常，即使对于那些不了解这种表示法的人来说它很神秘。

匈牙利表示法起源于那些缺乏类型系统的语言，而以前使用这种表示法有助于记住每个变量的类型。但是，除非你仍在使用 BCPL 编码，否则你不太可能需要这种表示法，因为它极大地降低了代码的可读性，几乎没有好处。

> **警告**
>
> C#保留了用 I 作为每个接口名称前缀的约定，我觉得这是很不可取的，因为这会使人联想到匈牙利表示法，而且没有任何好处。从设计的角度来看，我们甚至不应该知道一个类型是接口还是类。从调用者的角度来看，这并不重要。实际上，你可以从一个类开始，然后在真正需要时将其泛化为一个接口，这不会对代码造成太大的改变。但是，这是应遵循的标准约定的一部分，除非参与应用程序开发的所有开发人员都同意不遵循。

在不支持内置命名空间的语言中，通常的做法是为所有类型加上特定于模块的前缀，如下所示。

- `ACMEParser_Controller`：对应 `ACMEParser` 模块
- `ACMEParser_Tokenizer`：对应 `ACMEParser` 模块
- `ACMECompiler_Optimizer`：对应 `ACMECompiler` 模块

这种做法通常很糟糕，因为它用一些在包（Java）或命名空间（C#）中可能会被排除的信息来污染类名称。

- `acme.parser`：Controller
- `acme.parser`：Tokenizer
- `acme.compiler`：Optimizer

如你所见，编码约定试图扩展一种编程语言的语法，使其能支持缺少的一些功能和语义。如果没有类型，你必须借助命名约定手动管理类型。类型对于文档编写也很有帮助。

8.2 命名作为最初的文档

> 在设计时，搜索正确的词是对时间的有效利用。
>
> ——Kent Beck 和 Ward Cunningham，"A Laboratory for
> Teaching Object-Oriented Thinking"

命名是最重要的文档编写工具之一。尽管它没什么吸引力，但你不能忽略其重要性。通常，如果想找回原始作者的知识，能用的唯一文档元素就是他们所赋予的名称。良好的命名极为重要，同时也很难。作为一种社会约定，名称需要达成共识并具有共同的含义。检查同义词库中的替代术语，积极聆听自发对话中使用的单词，以及要求同事提供关于名称的反馈，这些都可以帮到你。

好名称不仅在你阅读时有用，在你搜索内容时也很有用。良好的命名可以确保所有名称都是可搜索的。可搜索性方面失败的一个命名例子就是 Go 语言，考虑到它起源于 Google 这家"搜索公司"，这一点特别有趣。

8.2.1　组合方法：你需要为它们命名

名称并不是孤立存在的。在面向对象的编程语言中，一组类名构成一种语言，并且单词之间有各种关系，从而整体上具有表达性。Kent Beck 和 Ward Cunningham 在论文 "A Laboratory for Teaching Object-Oriented Thinking"（1989）中写道：

> 一个对象的类名创建了一个用于讨论设计的词汇表。确实，许多人已经指出，相较于过程式程序设计，对象设计与语言设计的共同点更多。我们敦促学习者（而且在设计上我们自己也花费了大量时间）寻找正确的词语来描述我们的对象，这些词在较大的设计环境中是内部一致且能引发人共鸣的。

关于命名和实用建议的更多信息，我建议你读一下 Tim Ottinger 在 Robert C. Martin 的《代码整洁之道》中撰写的有关命名的章节。

8.2.2　惯用命名受上下文影响

在一个大型代码库中，命名风格并不一定要统一。这个系统的不同区域需要不同的惯用风格。例如，我总是在领域模型内或领域层中寻找业务领域名称，例如 `Account`、`ContactBook`、`Trend`。但是，在基础结构层或适配器（就六边形架构意义而言）上，我喜欢使用前缀和后缀来限定在相应实现子类中使用的技术和模式，例如 `MongoDBAccount`、`SOAPBankHolidays-Repository`、`PostgresEmailsDAOAdapter`、`RabbitMQEventPublisher`。在这个命名双重标准的例子中，名称必须说明领域模型内的内容，而在领域模型之外（即在基础结构代码中），名称必须说明这些内容的实现方式。

8.2.3　依靠框架编码

> 但是，如果你在"没有框架"的情况下编写应用程序，最终得到的就是一个未指定的、未记录的非正式框架。
>
> ——Hacker News

依靠当前流行的或者自用的框架进行编码对于重要的文档很有用。未编写的代码不需要文档。当你使用诸如 Spring Boot（一种轻量级微服务框架）或 Axon-Framework（一种用于实现事件溯源应用程序的框架）之类的现成框架时，很多代码是已经写好的，而且你的代码必须符合框架的要求。对于不那么成熟的团队来说，选择这样的框架可能是个好主意，因为这些框架会约束你的设计来遵循某种结构。这听起来似乎不是一件好事，但从知识转移的角度来看却是一件好事：你写出来的代码不会太出人意料，而且当你熟悉了框架后，就可以理解大多数代码。此外，这类框架有很好的文档记录，并且它们也使用注解在代码中提供文档，如以下示例所示：

```
1  @CommandHandler
2  void placePurchase(PlacePurchaseCommand c){...}
```

8.3 类型驱动文档

类型对于开发人员和工具来说都是存储和传递知识的强大工具。有了类型系统,你就不需要匈牙利表示法了,因为类型系统知道需要用哪种类型。无论是编译时(Java、C#)还是运行时(TypeScript)系统,类型系统都是文档的一部分。

在 Java 或 C#的 IDE 中,将鼠标悬停在内容上你就能查看内容的类型,然后工具提示会告诉你这个类型的相关信息。

基本类型是类型,但是当你使用自定义类型而不是基本类型时,类型确实会表现突出。例如,以下代码并不能说明这个数量代表的是钱的一定数额,所以你需要添加注释来说明货币名称:

```
1  int amount = 12000; // EUR
```

但是,如果你创建了一个自定义类型 Money,作为一个类,它就变成了显式的。现在你知道这是一笔钱,而货币名称是代码的一部分:

```
1  Money amount = Money.inEUR(12000);
```

为不同概念创建类型有很多好处,其中文档编写就是非常重要的一个。它不再是一个随机整数,而是一笔钱,类型系统知道这一点而且能告诉你。

你也可以查看 Money 类型以了解它的更多信息。例如,下面是这个类的 Javadoc 注释描述:

```
1  /**
2   * 以 Euro (EUR) 为单位的一笔钱,用于会计核算,例如精确到 1 分
3   * 不适用于超一万亿欧元的数额
4   */
5  class Money {
6   ...
7  }
```

这是有价值的信息,最好放在代码里,而不要放在其他地方的随机文档中。

你的类型是文档的重要组成部分。确定所有内容的类型并认真命名。

因此,尽可能使用类型。类型越有说服力越好。避免使用空基本类型和空集合。将它们提升为一级类型。根据通用语言认真命名你的类型,并在类型本身添加足够的文档。

8.3.1 从基本类型到类型

在以下示例中,代码打开一个 String。它是一种类型,但是很弱,实际上它几乎就像一个基本类型:

```
1  validate(String status)
2    if (status == "ON")
3    ...
4    if (status == "OFF")
```

```
5   ...
6   else
7     // 一些错误信息
```

这种代码是很丢脸的。因为 String 可以是任何东西，所以你需要一个额外的 else 子句来捕获任何意外值。所有这种代码都描述了预期的行为，但是如果这种行为是由类型系统（例如，通过使用类型化的枚举）完成的，那么根本就不需要编写任何代码：

```
1   switch (Status status){
2     case: ON ...
3     case: OFF ...
4   }
```

8.3.2　被记录的类型和集成的文档

类型是存放 Javadoc 部分或 C#同等部分中某个概念相关的文档的理想场所。这种文档会在类型的整个生命周期中不断发展：创建类型时就会创建文档，如果删除了类型，它的文档也会随之消失。如果重命名或移动了类型，文档也会跟着它一起，因此无须维护。

唯一的风险是，如果你改了类型的定义而没有更新文档，那么你最终得到的可能仍是一个错误的文档。但是，由于文档与类型声明是放在一起的，因此这种风险比较低。

使用带有文档的类型的一个明显的好处是，它可以直接在 IDE 中为你提供**集成的文档**。当你将鼠标悬停在代码中任意位置的类型名称上时，IDE 会显示一个带有相关文档的弹出窗口。使用自动补全功能时，每个自动补全选项前面都会显示该文档的简短摘录。

8.3.3　类型和关联

代码中的关联表示为类型的成员字段。代码及其类型可以说明很多问题，但有时你还需要更多。让我们来看一些例子。如果关联是一对一的，而且成员字段也被正确命名，那么你只需要以下这段代码：

```
1   // 不需要任何描述
2   private final Location from;
3   private final Location to;
```

当类型自身也能表达含义时，你就不需要再多说什么了。在以下示例中，对声明的类型作注解是多余的，并且众所周知，Set 强制实现了唯一性：

```
1   @Unicity
2   private final Set<Currency> currencies;
```

同样，以下代码不需要额外的排序声明，因为具体类型中已经隐含了这个声明。但是从调用者的角度来看确实是这样吗？

```
1   @Ordered
2   Collection<Item> items = new TreeSet<Item>();
```

你可以重构为新的声明类型，使它不再需要文档：

```
1  SortedSet<Item> items = new TreeSet<Item>();
```

但是这样做会暴露很多你可能不想公开的方法。如果你只想公开 Iterable<Item>，那么排序就是一个内部细节。

在这里，你可以看到，与注解相比，我更喜欢类型。

8.3.4 类型优于注释

注释可能而且经常会"说谎"。命名也是如此，尽管没有注释那么严重。但是类型是不会"说谎"的，如果它们"说谎"了，程序就没法编译了。

方法名称可能会伪装成以下形式：

```
1  GetCustomerByCity()
```

但是，无论它的名称是什么，如果签名及其类型实际上如以下代码所示，你就可以更准确地了解它真正的含义：

```
1  List<Prospect> function(ZipCode)
```

甚至可以做出改进：List<Prospect>本身可以是一种类型，类似于 Prospects 或 ProspectionPortfolio。

仅使用基本类型，你就可以自己决定是否可以信任命名。布尔值 ignoreOrFail 是什么意思？枚举（例如 IGNORE 和 FAIL）提高了准确性。

Optional<Customer>表示可能没有完全正确的结果。在支持它们的语言中，Monad 以完全准确的方式表明存在副作用。在这些示例中，信息是准确的，因为编译器会强制执行。

无论变量名是什么，诸如 Map<User,Preference>之类的泛型都提供了很多信息。

如果仍未被说服，你可以读一份关于这个主题的研究报告："What Do We Really Know About the Differences Between Static and Dynamic Types?"

小试类型驱动开发

使用类型时，即使你没有命名变量，仍然可以确定很多变量的内容，这要归功于它们的类型。看一下以下变量声明：

```
1  FuelCardTransactionReport x = ...
```

这个类型名称说明了一切。只有当范围内同时有多个实例时，变量名称才有用。

函数和方法也是如此。即使不知道它们的名称，你也可以判断出一个以 ShoppingCart 作为参数并返回 Money 的函数可能与定价或税收计算有关。只是看函数签名，你就能很好地理解这个函数能做什么。

另外，如果要查找负责购物车定价的代码，你有两种选择：

❑ 猜一下这个类或方法的命名方式，并根据你的猜测进行搜索；
❑ 根据类型猜一下签名并按签名进行搜索。

Haskell 有一个名为 Hoogle 的文档工具，它能显示所有带有给定签名的函数。在使用 Eclipse（Kepler）的 Java 中，你也可以按方法签名进行搜索。在搜索菜单中，选择 Java Search 选项卡，在 Search For 中选择 Method，并在 Limit To 中选择 Declarations，然后键入要搜索的字符串（参见图 8-5）：

```
1  *(int, int) int
```

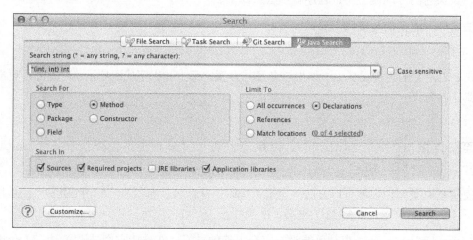

图 8-5　在 Eclipse 中按方法签名搜索

Eclipse 返回的搜索结果里有很多方法，这些方法使用两个整数作为参数并返回另一个整数，例如：

```
1 com.sun.tools.javac.util.ArrayUtils
                        .calculateNewLength(int, int) int
2 com.google.common.math.IntMath.mean(int, int) int
3 com.google.common.primitives.Ints.compare(int, int) int
4 org.apache.commons.lang3.RandomUtils.nextInt(int, int) int
5 org.joda.time.chrono.BasicChronology
                        .getDaysInYearMonth(int, int) int
6 ...
```

这不仅适用于整数之类的基本类型，而且适用于任何类型。例如，如果你正在寻找一种方法来计算两个 Coordinates 对象（Latitude 和 Longitude）之间的距离，可以使用完全限定的类型名称来搜索以下签名：

```
1  *(flottio.domain.Coordinates, flottio.domain.Coordinates) double
```

通过这种方法，你可以在不知道服务名称的情况下找到你要找的服务：

```
1   GeoDistance.distanceBetween(Coordinates, Coordinates) double
```

你可能听说过类型驱动开发（TDD）或类型优先开发（TFD）。这些方法关于类型有类似的理念。

8.4　组合方法

> 清晰的代码，就像清晰的写作一样，是很难做到的。通常，你只能在别人读代码时，或者完成编码几天后再来看它时，才明白如何让代码变得清晰。
>
> Ward Cunningham 是这么解释的：每当必须弄清楚代码在做什么时，你就是在脑子里构建一些理解，一旦这种理解构建好了，你就应该将其转移到代码里，这样其他人就不需要再在大脑中从头开始构建了。
>
> ——Martin Fowler，《重构》

清晰的代码不是偶然发生的。你必须运用各种设计技能，通过不断地重构来实现。例如，遵循 Kent Beck 提出的简单设计四规则可能是一个好主意。

在所有设计技能中，组合方法模式对于编写文档尤其重要。例如，这段代码正在做什么？

❑ 它正在压扁吧台。

❑ 那么我们应该将它提取出来放到 `squishFibblyBar` 函数中吗？

组合方法是编写清晰代码的必备技术。它包括将代码分成许多小方法，每个方法执行一个任务。因为每个方法都有名称，所以方法名称是最初的文档。

常见的重构是将需要注释的代码块替换成以注释命名的组合方法。看一下这个例子：

```
1   public Position equivalentPosition(Trade... trades) {
2         // 如果交易单上没有交易
3         if (trades.length == 0) {
4               // 返回数量为 0 的位置
5               return new Position(0);
6         }
7         // 返回第一笔交易的数量
8         return new Position(trades[0].getQuantity());
9   }
```

这里的注释表明你可以做得更好，例如通过简化代码或将方法提取为组合方法。你可以将小的内聚代码块提取到它们自己的组合方法中，如下所示：

```
1   public Position equivalentPosition(Trade... trades) {
2         if (hasNo(trades)) {
3               return positionZero();
4         }
5         return new Position(quantityOfFirst(trades));
```

```
 6  }
 7
 8  //----
 9
10  private boolean hasNo(Trade[] trades) {
11          return trades.length == 0;
12  }
13
14  private Position positionZero() {
15          return new Position(0);
16  }
17
18  private static double quantityOfFirst(Trade[] trades) {
19          return trades[0].getQuantity();
20  }
```

注意，第一个方法现在描述了整个处理过程，它下面的其他三个方法描述了代码的低层级部分。这是通过将方法组织成不同的抽象级别使代码变得清晰的另一种方法。

在这里，第一个方法的抽象级别比其他三个方法高。通常，你只需阅读较高抽象级别的代码即可了解它的功能，而不必处理较低抽象级别里的所有代码。这可以使你更有效地读取和浏览未知代码。

上面的代码还说明了文本布局多么有意义：只需通过方法的排序，你就能看出一个抽象级别在另一个抽象级别之上。

8.5　连贯风格

要使代码更具可读性，最显而易见的方法之一是使用**连贯接口**的风格使其模仿自然语言。我们来看一个软件应用程序示例，这是一个用于计算手机账单的程序：

```
1  Pricing.of(PHONE_CALLS).is(inEuro().withFee(12.50).atRate(0.35));
```

你可以很容易地用英语读通这段代码：“The pricing of phone calls is in euros, with a fee of 12.50, at a rate of 0.35.”（电话通话费以欧元计，费用为 12.50 欧元，费率为 0.35。）

当这段代码一直以这种准英语句子的形式保持可读性时，它可能会变得更长：

```
1  Pricing.of(PHONE_CALLS)
2    .is(inEuro().withFee(12.50).atRate(0.35))
3    .and(TEXT_MESSAGE)
4      .are(inEuro().atRate(0.10).withIncluded(30));
```

8.5.1　使用内部 DSL

除其他技巧外，使用内部领域特定语言（DSL）通常严重依赖于方法链。连贯接口是一种内部 DSL 的示例，它是基于编程语言自身构建的，优点是你无须放弃编程语言的所有优势（编译器检查、自动补全、自动重构功能等）就能获得表达能力。

创建一个连贯接口需要花一些时间和精力，因此，我不建议在所有情况下都将其设置为默认的编程风格。对于已经发布的接口、向所有用户公开的 API、与配置有关的所有内容以及测试，这种风格尤其有趣，这样测试就可以变成任何人都可以阅读的活文档了。

.NET 中连贯接口的一个著名例子是 LINQ 语法。它是通过扩展方法实现的，而且非常像 SQL，如以下示例所示：

```
1  List<string> countries = new List<string>
2   {"USA", "CANADA", "FRANCE", "ENGLAND","CHINA","RUSSIA"};
3
4  // 找到包含字母 "C" 的所有国家名称
5  // 并根据长度排序
6  IEnumerable<string> filteredOrdered = countries
7                         .Where (c => c.Contains("C"))
8                         .OrderBy(c => c.Length);
9
10
```

以下是 FluentValidation 里另一个用于数据验证的连贯接口示例：

```
1  using FluentValidation;
2
3  public class CustomerValidator: AbstractValidator<Customer> {
4    public CustomerValidator() {
5      RuleFor(customer => customer.Surname).NotEmpty();
6      RuleFor(customer => customer.Forename).NotEmpty()
7               .WithMessage("Please specify a first name");
8      RuleFor(customer => customer.Discount).NotEqual(0)
9               .When(customer => customer.HasDiscount);
10     RuleFor(customer => customer.Address).Length(20, 250);
11     ...
12 }
```

8.5.2　实现连贯接口

与在 TDD 中编写测试的第一步一样，要实现连贯接口，你要从做梦开始。即使你尚未开始构建理想的连贯接口，也可以想象它已经构建好了而且是完美的，并用它来编写实例。然后，取它的一小段，开始让它工作。你会遇到困难，迫使你重新考虑用其他方法来表达同样的行为。

8.5.3　连贯风格的测试

连贯风格在测试中特别受欢迎。JMock、AssertJ、JGiven 和 NFluent 是众所周知能帮你用连贯风格编写测试的库。当测试易于阅读时，它们就成了软件行为的文档。

NFluent 是由 Thomas Pierrain 创建的 C# 测试断言库。使用 NFluent，你可以用连贯风格编写测试断言，如下所示：

```
1 int? one = 1;
2 Check.That(one).HasAValue().Which.IsPositive()
3              .And.IsEqualTo(1);
```

通过方法链和许多其他技巧（尤其是围绕 C#泛型的技巧），这个库会支持一种非常易读的测试风格，如下所示：

```
1 var heroes = "Batman and Robin";
2 Check.That(heroes).Not.Contains("Joker")
      .And.StartsWith("Bat")
      .And.Contains("Robin");
```

在 Java 中，与之等效的库是 AssertJ。

8.5.4   创建一种 DSTL

你可以创建自己的领域特定测试语言（DSTL），用于实现用纯代码编写漂亮的场景。这包括测试数据构建器。

使用构建器时，创建内部 DSL 来创建测试数据并不是很困难。Nat Pryce 将其称为测试数据构建器。你可以使用测试数据构建器来扩展前面的例子，在指定段创建对象。

测试数据构建器可以嵌套。例如，你可以将捆绑旅行定义为将航班、住宿和其他服务捆绑销售的旅行，以便于购买。你可以使用测试数据构建器来单独创建每个元素：

```
1 aFlight().from("CDG").to("JFK")
2    .withReturn().inClass(COACH).build();
3
4 anHotelRoom("Radisson Blue")
5    .from("12/11/2014").forNights(3)
6    .withBreakfast(CONTINENTAL).build();
```

你可以使用另一个测试数据构建器从每个产品中创建捆绑包：

```
1 aBundledTravel("Blue Week-End in NY")
2    .with(aFlight().from("CDG").to("JFK")
3    .withReturn().inClass(COACH).build())
4 .with(
5    anHotelRoom("Radisson Blue")
6    .from("12/11/2014").forNights(3)
7    .withBreakfast(CONTINENTAL).build()).build();
```

测试数据构建器非常有用，你可能会决定不仅仅将它们用于测试。例如，我最终将它们移到生产代码中，并确保它们不再是"测试"数据构建器，而只是常规构建器，其中没有特定于测试的内容。

关于 DSL 的更多信息，请参考 Martin Fowler 的《领域特定语言》。

8.5.5 何时不应使用连贯风格

连贯风格本身并不是目的，而且用连贯风格编码也并非总是正确的做法。

- 连贯风格使创建 API 变得更加复杂，而且并不总是值得为此额外花费精力。
- 编写代码时，连贯风格的 API 常常更难用，因为它不是编程语言的习惯用法。尤其是，使用这种风格可能会不知道何时该用方法链、嵌套函数或对象作用域。
- 连贯风格中使用的方法的名称本身并没有意义，例如 Not()、And()、That()、With() 或 Is()。

8.6 案例研究：由注释引导的重构代码示例

本案例研究从金融领域一个遗留的 C#应用程序中抽取一个随机类开始：

```
1   public class Position : IEquatable<Position>
2   {
3       // 可以仅是 DealId
4       private IEnumerable<Position> origin;
5
6       // Position 属性待定义
7       private double Quantity { get; set; }
8       private double Price { get; set; }
9
10      // MAGMA 属性用于发送一个任务
11      public int Id { get; set; }
12      public string ContractType { get; set; }
13      public string CreationDate { get; set; }
14      public string ModificationVersionDate { get; set; }
15      public bool FlagDeleted { get; set; }
16      public string IndexPayOffTypeCode { get; set; }
17      public string IndexPayOffTypeLabel { get; set; }
18      public string ScopeKey { get; set; }
19      // 结束 MAGMA 属性发送一个任务
20
21   # Region 构造函数
22   ...
```

请注意，大部分注释为各个段划出了边界。例如，最后一个注释，用简明英语来表达就是 "from here to there, this is a subsection that is used only by the application MAGMA"（从这里开始到那里，是仅被 MAGMA 程序使用的子节）。不幸的是，简明英语是为人们编写的代码，它需要像你一样的开发人员不断地处理它。

相比于用自定义文本注释来描述这些段，你可以做得更好：你可以将它们变成由不同的类表示的形式段。这样，你就将简明英语表达的模糊知识变成了用编程语言表达的严谨知识。以下显示了如何用这种方法来处理最后一段：

```
 1  public class MagmaProperties
 2  {
 3      public int Id { get; set; }
 4      public string ContractType { get; set; }
 5      public string CreationDate { get; set; }
 6      public string ModificationVersionDate { get; set; }
 7      public bool FlagDeleted { get; set; }
 8      public string IndexPayOffTypeCode { get; set; }
 9      public string IndexPayOffTypeLabel { get; set; }
10      public string ScopeKey { geL; set; }
11  }
```

在这里，你可以对字段的子集再次应用一两次这种方法。例如，CreationDate 和 ModificationVersionDate 可能成为一个子节，可以成为泛型共享类，一起进行版本控制：

```
 1  public class AuditTrail
 2  {
 3      public string CreationDate { get; set; }
 4      public string ModificationVersionDate { get; set; }
 5  }
```

这样做可以让你更深入地思考你正在做的事情。例如，当你使用 AuditTrail 这个名称时，很明显它应该是不可变的，以防止历史记录被更改。

IndexPayoffTypeCode 和 IndexPayoffTypeLabel 也可能一起使用，它们类似的命名会让人产生这样的联想：

```
 1  IndexPayoffTypeCode
 2  IndexPayoffTypeLabel
```

名称的前缀类似于模块名称或命名空间。同样，这可以很好地表示为一个实际的类：

```
 1  public class IndexPayoffType
 2  {
 3      public string Code { get; set; }
 4      public string Label { get; set; }
 5  }
```

你可以继续操作，仅通过注释和命名的引导改进代码及其设计。当你这么做时，请使用编程语言的形式化语法，而不要使用脆弱且含糊的文本注释。

注释、草率的命名和其他丢脸的信息都表明代码需要改进。如果你看到了其中任何一个问题，但是又不知道其他替代技术，那么你在简洁的代码、面向对象的设计或函数式编程风格方面需要一些外部帮助。

8.7　集成的文档

你的集成开发环境（IDE）已经满足了许多文档需求。由于 IDE 的自动补全功能，文档甚至可以进一步集成到你的代码中。这有时被称为"智能感知"，因为它能够根据上下文猜到你需要什么。在编写代码时，IDE 会显示可用的内容。

当你编写了一个类的名称并按下句号键时，IDE 会立即显示这个类所有方法的列表。不过，实际上，它并不会列出所有方法，而是经过过滤仅显示你可以在鼠标光标所在代码上下文中真正能访问的方法。例如，如果你不在类中，它就不会显示私有方法。

这是一种面向任务的文档形式，而且针对你的上下文进行了精心策划。

因此，承认吧，你的 IDE 是用于编写文档的重要工具。学习如何好好地使用它。不得不承认，你的 IDE 处理的文档用例在其他任何地方都不必添加评论。

8.7.1 类型层次结构

类层次结构图是参考文档的经典元素。因为这些图通常会使用 UML 符号，所以它们占用了大量屏幕空间。相反，你的 IDE 可以从任何选定的类中即时显示自定义类型层次结构图。这种图是交互式的：你可以选择在所选类型的上方或下方显示层次结构，并且你可以展开或折叠层次结构的分支。而且由于不使用 UML 符号，它非常紧凑，因此你可以在一小部分屏幕上看到很多内容。

例如，如果你想找一个固定长度的并发列表，但是不记得它的名称，那么你可以选择标准的 List 父类型，并让 IDE 展示它的类型层次结构。IDE 会显示以列表形式存在的所有类型。现在，你可以按名称检查每种类型，将鼠标悬停在 Javadoc 的每种类型上进行查看，然后选择所需的类型。看，不需要文档！

事实上，这就是文档，只是形式不同而已。再说一遍，这是一种面向任务的文档形式，而且针对你的上下文关系进行了交互式管理。

8.7.2 代码搜索

讨论 IDE 却不提它的搜索功能，对它是不公平的。

当你在找一个类但不记得它的名称时，只需键入类名里的词干，内部搜索引擎就会展示一个包含每个词干的所有类型的列表。只键入词干的缩写也会得到同样的结果。例如，你可以键入 bis 作为 BufferedInputStream 的快捷方式。

8.7.3 源自实际用法的语义

Arolla 的一位同事 Mathieu Pauly 曾经跟我说过一个想法，他认为意义来自事物之间的联系。因此，要了解一个类的含义，一种方法就是查看它与你已经知道的所有其他类之间的关系。

从表面上看，你可能已经这么做了。想象一下，你需要在代码库中找到每个事务服务。如果服务使用@Transactional 之类的注解，那很简单：在任意位置选择这个注解，并让 IDE 找到所有使用了它的内容。

或者，假设事务是通过标准 Java 类 Transaction 及其方法 Commit() 完成的。你可以要求 IDE 检索这个方法的调用栈。每个直接或间接调用了该事务的类都应该是事务服务。因此，IDE 是一种评估工具。不过，它远非完美。你必须将目标转化为 IDE 能提供的功能。尽管如此，IDE 提供的所有功能仍可以有利地替代许多原本需要的文档。IDE 是一个很棒的集成文档工具。

你可以将 IDE 用作用户界面，以增强代码的方式扩展代码。这种方法的例子包括导览和突出启发性的范例（请参见第 5 章）。

8.8   使用纯文本图表

大多数图表只是暂时性的。图表可能对某个特定的讨论有用，也可能有助于做出特定的设计决策，但是一旦沟通了想法或者做出了决定，人们就会立即对图表失去大部分兴趣。这就是为什么手工绘图应该首选餐巾纸草图。我使用**餐巾纸草图**一词实际上指的是任何技术含量较低的视觉和有形技术。**白板**、**CRC 卡**和**事件风暴**具有相似的作用，它们都是以可视化方式交流、推理和尝试事物的良好工具。

有些图表确实会长期有用，在这种情况下，你想将最初的餐巾纸草图、一整套卡片或贴纸或者白板上的内容以更合适的方式保留下来供后来的人使用。一种方法是简单地对着它们拍照，并将照片紧临相关工件一起存到 wiki 上或直接存在源代码控制系统中。如果图片描述的是稳定的知识，那么这种方法效果很好，但如果图片描述的是那些不断变更的决策，那么它在一段时间后就会误导受众。你可以尝试制作一个活图表，但是考虑到预期的收益，这么做可能太难或者工作量太大了。这时你就需要一个纯文本图表了。

因此，将初始的餐巾纸草图或 CRC 卡转换为纯文本格式。使用文本转图工具自动将其呈现为可视化图表。然后，每次变更时，维护该图表的纯文本描述，并将其保存在相关代码库的源代码控制区域中。

请记住，纯文本图表更重内容而不是形式。你应该专注于纯文本的内容，并尽可能地让工具来负责格式、布局和渲染。

8.8.1   示例：纯文本图表

我们以加油卡欺诈检测算法为例。假设你在考虑这个问题时从绘制餐巾纸草图开始（请参见图 8-6），在上面列出了所需的所有相关职责以及这些职责如何相互操作来解决问题。

图 8-6 欺诈检测机制的初始餐巾纸草图

几天后，你的团队可能会一致认为你需要将餐巾纸草图保留为文档的一部分，并且需要让它变得更易于阅读，而且在它不断修改的过程中更易于维护。

这个图表应该讲述一个故事。所有与这个故事无关的内容都不应该出现在这个图表里。以故事为导向，你可以将链接作为句子：

```
1   <actor A> "does something to" <Actor B>
```

因此，基本上，你可以看着餐巾纸草图并用以下格式的句子对其进行描述：

```
1   FueldCardTransaction received into FuelCardMonitoring
2   FuelCardMonitoring queries Geocoding
3   FuelCardMonitoring queries GPSTracking
4   Geocoding converts address into AddressCoordinates
5   GPSTracking provides VehicleCoordinates
6   VehicleCoordinates between GeoDistance
7   AddressCoordinates between GeoDistance
8   GeoDistance compared to DistanceThreshold
9   DistanceThreshold delivers AnomalyReport
```

然后，你可以使用渲染工具将这组句子转换为漂亮的图表。

注意

对于图 8-7 和图 8-8 所示的图形，我使用了一个名为 Diagrammr 的在线工具，但是它现在已经不能再用了。（在参加我在 CraftConf Budapest 大会中的活文档研讨会时）Zoltán Nagy 贡献了一个类似的工具，名为 diagrammr-lite。

渲染出来的图表的默认布局类似于图 8-7 所示的活动图。

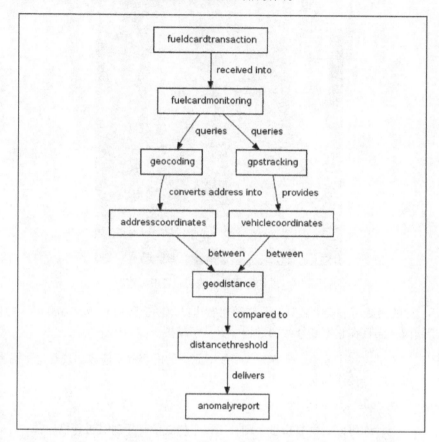

图 8-7　根据文本渲染出来的图表

但是，相同的文本语句也可以渲染为顺序图，如图 8-8 所示。

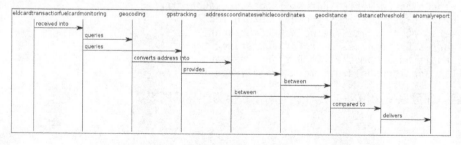

图 8-8　用另一种方式讲述同一故事的另一种布局

这样的工具实际上只是基于 Graphviz 等自动布局工具的一个瘦包装器。每个句子描述两个节点之间的关系。句子的第一个单词代表起始节点，句子的最后一个单词代表目标节点。这是一种朴素的方法。

使用不同的约定来解释文本句子，以这种方法创建自己的风格并不难。但是，关键是要使其保持朴素。如果你不能使语法保持简单，那么你最终看到的语法可能就是过于复杂，以至于你必须一直查看它的语法表。

如果有必要更新图表，那么可以轻松地对文本进行更新。重命名可以通过查找和替换功能来完成。根据你的首选项设置，你的 IDE 可能可以直接对纯文本文件完成重构自动化，在这种情况下，你忘记更新图表的风险就比较小。

8.8.2 图表即代码

纯文本图表的另一种形式是使用编程语言中的代码声明节点及其关系。这种方法有很多好处。

- ❑ 你可以从自动补全中受益。
- ❑ 编译器或解释器的检查可以捕获无效的语法。
- ❑ 你可以进行任何自动重构，与所有变更保持同步。
- ❑ 你可以用编程的方式根据数据源生成许多动态图。

它也有一些缺点。

- ❑ 与纯文本相比，对非开发人员来说，代码本身的可读性较低。
- ❑ 标识符名称不能包含空格。
- ❑ 它并不是真正的活图表，而只是根据临时代码创建的图表。

以下是根据我的小库 DotDiagram 生成的一个图表示例，该库是基于 Graphviz 的包装器：

```
1 final DotGraph graph = new DotGraph("MyDiagram");
2 final Digraph = graph.getDigraph();
3
4 // 添加节点
5 digraph.addNode("Car").setLabel("My Car")
        .setComment("This is a BMW");
6 digraph.addNode("Wheel").setLabel("Its wheels")
        .setComment("The wheels of my car");
7
8
9 // 添加节点之间的联系
10 digraph.addAssociation("Car", "Wheel").setLabel("4*")
        .setComment("There are 4 wheels")
11        .setOptions(ASSOCIATION_EDGE_STYLE);
12
13 // 渲染所有内容
14 final String actual = graph.render().trim();
```

根据这段代码创建的图表应如图 8-9 所示。

图 8-9　渲染 `MyCar -> 4* Wheel`

当然，图表即代码的最大好处是它能够根据任何数据源生成图表。

8.9　小结

考虑到软件系统中的许多变更是使用自动重构完成的，因此利用重构来更新文档也很有意义。在实践中，这是一种将纯文本转换为实际代码的偏代码的技术，而且有助于学习许多编码技术（例如类型的使用和谨慎命名），使代码更具表现力。

第 9 章

稳定文档

记录稳定的知识很容易，因为它不会经常变动。稳定知识的一大好处是你可以采用任何形式的文档来记录它们。对于这种知识，因为不需要更新文档，所以即使是我避免使用的传统格式文档（如 Microsoft Word 文档或 wiki）也完全没问题。但是，处理稳定的知识时，你确实需要注意一些问题。你需要恰当地设计每个细节，确保所有内容都是**真正稳定**的。

9.1 常青内容

常青内容是一种对特定受众长期有用的内容，不需要变更。尽管常青内容不会有变化，但是它能一直保持有用、密切相关而且准确。显然，并非每种文档都包含常青内容。

常青内容文档具有以下特征。

❏ 往往很短，没有太多细节。
❏ 关注高层级的知识——"大局"。
❏ 关注目标和意图，而不是实现决策。
❏ 更多地关注业务概念，而不是技术概念。

这些特征是保证文档稳定性的关键。

因此，传统的文档形式适用于那些很少变更的知识。如果知识很少发生变更，而且是有用的，就不需要考虑活文档技术了。你可以用任何形式的文档来记录这类知识，甚至可以是专有格式的文档或 PDF 文档，也可以使用内容管理系统、幻灯片或电子表格。但是，确保不要在文档中加入任何可能发生变更的内容。

你不必花很多时间来创建常青内容，但是一旦创建，它将使读者长期受益。

请注意，稳定的知识并不意味着它是有用而且值得被记录的。

9.1.1 需求比设计决策稳定

> 如果你无法改变一个决策，那它就是一个需求。如果你能改变，它就是你的设计。
>
> ——Alistair Cockburn

如果你无法改变一个决策，那么从你的角度来看，该决策已经比你的设计决策更稳定了。因此，需求往往比设计决策更稳定。尤其是，高层级需求可能足够稳定，可以被写成常青文档。

当然，有些需求会经常发生变化，但是变化的往往是预期行为的细节。对于这些可能经常变更的低层级需求，BDD 之类的实践更适合有效地应对这些变更。对于快速变化的知识，对话非常有效，如果适用，还可以加上自动化。

9.1.2　高层级目标往往很稳定

一家公司可能会有改变世界的愿景。这种高层级愿景是稳定的，而且是公司形象的一部分。一家初创公司早期可能会经常转型，但它的愿景通常保持不变。

在大公司中，变化会随时随地发生，但是传统的管理方法是将大多数决策和知识看作确定的、可预测的和稳定的。在一个部门、团队或项目中，周围的一切通常可以被认为是稳定的。

用几句话表达的项目愿景可能会非常稳定，就像电梯间距一样。如果愿景变了，这个项目可能就会停止或完全重新考虑。

你的项目为什么存在？由谁发起？业务驱动力是什么？预期的收益是什么？成功的标准是什么？

你需要使愿景的层级足够高，以免过早限制了项目的执行。

例如，项目愿景“创建一个向监管机构报告销售情况的库”已经假设了解决方案。以这种方式陈述愿景时，团队已经错失了更好的解决方法，例如扩展两个现有服务以便它们能一起提交报告。这个愿景示例也很容易发生变化。如果新的 CTO 决定现在只能使用服务（即不允许使用库），那么这个团队就不得不更新项目愿景。针对这个项目，更好的愿景陈述是“向监管机构报告销售情况”，甚至更好的是“扩展报告以符合 MIFID II 规定”。有了这样的愿景，你采用什么方式实现目标就不重要了，所有方法都是可以的。

9.1.3　很多知识并没有看起来那么稳定

常青文档有一定的局限性：即使知识本身变化不大，常青文档也会包含一些图形样式元素（公司徽标和公司特定的页脚），而这些样式元素有时会变更。

另一个限制是，所有文档（包括常青文档）通常与源代码在同一源代码控制系统中。这会鼓励人们使用诸如文本和 HTML 之类的轻量级文档格式，而不是 Microsoft Office 文档或其他二进制专有格式。以纯文本格式保存知识也是获取稳定知识的首选方法。

9.1.4　案例研究：README 文件

举个例子，我们来看一下以下车队管理系统的 README 文件：

```
1   # Phoenix 项目
2   (加油卡集成)
3
4   项目经理: Andrea Willeave
5
6   ## 每日同步
7   加油泵的交易数据自动发送到 Fleetio。
8   不再手动输入燃油收据,
9   或者不再手动下载和跨系统导入燃油交易。
10
11  ## 加油卡交易监控
12
13  根据不同的规则,
14  对加油泵的交易数据进行自动验证来判断潜在的欺诈行为:
15  漏油、交易时车辆与加油站距离太远等。
16
17
18  *负责该功能的类叫
19  "FuelCardMonitoring"。*
20
21  如果车辆距离加油站超过 300m,
22  或者交易总量超过车辆油箱容量的 5%,
23  即判定为异常。
24
25  司机在加油泵里输入里程数时,
26  Fleetio 会根据这个信息触发服务提醒。
27  这种节省时间的方法可以降低你的车辆维修的可能性,
28  而且让你的汽车处于最佳状态。
29
30  *该模块将于 2015 年 2 月发布,
31  更多信息,请与我们联系。*
32
33
34  ## 智能燃油管理
35  ...
```

这个文件有很多问题,这些问题需要我们定期更新这个文件。

❑ 项目名称 Phoenix 可能会因为政治或营销原因而多次发生变更。

❑ 项目经理的姓名也可能有变化,大概每两年改一次。

❑ 如果团队正在进行重构,那么在某个时候,类可能会被重命名、拆分或与其他类合并,这些变更都是可以预见的。每次变更时,这个文档也需要更新。

❑ 在类名附近,有一些具体参数随时可能变更(例如,300m 可能变为 500m,而 5% 可能变为 3%)。

❑ 发布日期可能会变,因为这个时间已经过去了。你怎么解决?

开始修改时,你可以通过参考模块的核心业务将标题改为一个稳定的名称。它可能也不会一直保持不变,但至少比一个由公司内部政治发起的名称更稳定。为此,你需要更改以下内容:

```
1  # Phoenix 项目
2  (加油卡集成)
3
4  项目经理：Andrea Willeave
```

改成以下标题，并附上一行简短的介绍：

```
1  # 加油卡集成
2
3  以下是该模块的主要功能：
```

你也可以在这个文件中删除项目经理的名字，因为它不应该出现在这里。你可以将它放到 Wiki 页面的 Team 部分中，或者放到项目清单的 Team 部分中（例如，Maven POM 文件）。你也可以用一个包含此信息的页面链接来替换项目经理的姓名。

你还应该从这个文件中删除发布日期。与其在这里添加日期，不如加个链接连到公司日历、新闻门户、专用论坛或内部社交网络，也可以链接到宣布新功能发布的 Twitter 或 Facebook 页面。

类名在这里没有任何作用。如果你真的想从这个文件链接到代码，那么可以链接到源代码控制系统上的搜索功能，例如 "链接到标记为@EntryPoint 的类"。

最后，这里不需要详细的参数值。如果确实需要，你可以查看代码或配置，也可以检查描述预期行为和 Cucumber 或 SpecFlow 使用的场景。

总而言之，修改后的代码如下所示：

```
1  # Phoenix 项目
2  # 加油卡集成
3
4  项目经理：Andrea Willeave
5
6  点击这里查看团队成员// 链接到 wiki 页面
7
8
9
10  以下是该模块的主要功能：
11
12  ## 每日同步
13  加油泵的交易数据自动发送到 Fleetio。
14  不再手动输入燃油收据，或者不再手动下载和跨系统导入燃油交易。
15
16  ## 加油卡交易监控
17
18  根据不同的规则，对加油泵的交易数据进行自动验证来判断潜在的欺诈行为：
19  漏油、交易时车辆与加油站距离太远等。
20
21
22
23  * 负责这个功能的类叫"FuelCardMonitoring"。*
24
25  相应代码在公司的 GitHub 库中// 链接到源代码库，但是不提供具体类名
26
```

```
27
28 *如果车辆距离加油站超过 300m，或者交易总量超过车辆油箱容量的 5%，
29 即判定为异常。*
30
31
32 想要了解更多欺诈行为检测的业务规则信息，请点击这里检查业务场景// 链接到活文档
33
34
35
36 ## 里程表读数
37 司机在加油泵里输入里程数时，Fleetio 会根据这个信息触发服务提醒。
38 这种节省时间的方法可以降低你的车辆维修的可能性，而且让你的汽车处于最佳状态。
39
40
42 *这个模块将于 2015 年 2 月发布。更多信息，请与我们联系。*
43
44
45 关于这个产品的新闻和通知，请根据我们的 Facebook 页面链接查看 FB 页面。
46
47
48 ## 智能燃油管理
49 ...
```

现在你就有了一份常青的 README 文件。

9.2 关于常青文档的提示

以下各节针对如何使文档保持最新状态给出了一些提示。

9.2.1 避免将策略文档与策略实现文档混在一起

策略与它的实现并不是同步的。在《敏捷软件测试：测试人员和敏捷团队的实践指南》中，作者 Lisa Crispin 和 Janet Gregory 借用测试策略的例子，建议不要将策略文档和策略实现文档混在一起：

> 如果你的组织想要关于项目的整个测试方法的文档，那么应考虑使用策略信息，并制定静态文档（不会经常更改）。很多信息不是特定于项目的，可能被抽取出来作为测试策略或者测试方法文档。
>
> 这种文档可被用作参考，并且只在流程改变时才需要更新。测试策略文档可以让新员工对测试流程是如何工作的有一个高层次的理解。

我已经成功地在一些组织中实施了这种方法。所有项目所共有的过程被提取出来形成了一个文档。使用这种格式可以满足大多数合规性要求。以下是涉及的一些主题：

- 测试实践
- 故事测试

- ❏ 解决方案验证测试
- ❏ 用户验收测试
- ❏ 探索性测试
- ❏ 负载和性能测试
- ❏ 测试自动化
- ❏ 测试结果
- ❏ 缺陷跟踪过程
- ❏ 测试工具
- ❏ 测试环境[①]

因此，请勿将策略文档和策略实现文档混在一起。将策略文档做成一个纯粹的常青文档。考虑到实现会变更得更频繁，请使用另一种活文档方法来记录策略实现。

策略应作为常青文档记录下来，它的内容应该是稳定的，甚至可以被多个项目共享。从策略文档中去掉所有可能变更或针对特定项目的细节。变更频率更高且因项目而异的所有细节必须单独存放，可以使用本书提到的一些更适用于经常变更的知识的技术（例如声明式自动化和 BDD）。

9.2.2　确保稳定性

描述商业利益的名称通常能稳定用上数十年。业务在不断变化，但是从高层级角度来看，它仍然是关于销售、采购、止损和报告的。如果你打开一本描述在你的领域里开展业务的老书，会发现尽管典型的业务方式自那以后已经有了发展变化，但是书中的大多数词语仍然有效，并且含义没变。业务领域词汇是稳定的。

另外，有关组织、法律事务和营销的一切都是不稳定的，比如公司名称、子公司、品牌和商标一直在变化。避免在多个地方使用它们，最好用稳定的名称代替。

看一下你所在公司现在的组织结构图，并将它与两三年前的组织结构图进行比较。它们有什么不同？新高管经常变动组织结构。在有些公司里，最高管理者每三年会更换一次。部门会被拆分、合并和重命名。一再重复发生的业务和政治驱动的重构游戏可能会改变组织结构，但不会对基础业务操作造成太大影响。

你想花时间在代码和文档的各处修改用词来适应这些变更吗？我当然不想这样，所以我会尽可能选用稳定的名称，而且尤其偏爱企业域名。

---

① 这一部分内容参考了《敏捷软件测试指南》中的 “Janet 的故事”。——译者注

代码中的任意名称与描述性名称

我注意到，不描述任何内容的任意代码名称（例如 SuperOne）比描述功能的通用名称更易变。即使你在一家公司只工作了两三年，也会看到其中一些名称发生了变化。但是，任意名称很有吸引力，因为我们经常为了适应当前的时尚而修改它们。不过，像 AccountingValuation 这种描述事物的通用词很乏味，但它被重命名的可能性较低，因此更稳定。更重要的是，在后一种情况下，名称本身就是文档的元素。在没有其他任何内容的情况下，你可能就能知道 AccountingValuation 组件的功能。

9.2.3 使用持久的命名

命名是传递知识的最强大的手段之一。不幸的是，很多种名称经常变更，例如营销品牌和产品名称、项目代码名称和团队名称。这种情况发生时会带来维护成本：必须有人找到使用旧名称的每个地方，并更新每个实例。

有些名称比其他名称使用得时间更长，而有些名称比其他名称变更得更频繁。例如，营销名称、法定名称和公司组织名称一般都是每隔一到三年变更一次。这些名称都是易变的。

明智地选择名称，使其不经常变更，这对于减少各种工件的维护工作量很重要。这对代码和其他文档都很重要。

因此，在你维护的所有文档中，使用稳定的名称而不是那些易变的名称。使用稳定的名称给类、接口、方法、代码注释和文档命名。在所有文档中避免引用易变的名称。

9.2.4 沿着稳定轴组织工件

在宏观级别上，你如何组织文档？组织文档的方式有很多种。

- **按应用程序名称**：例如 CarPremiumPro、BestSocksOnline。
- **按业务流程**：例如零售汽车、在线销售袜子。
- **按目标客户**：例如个人购车者、城市中产阶级男性、B2B 或 B2C。
- **按团队名称**：例如 B2B 团队、忍者团队。
- **按团队目的**：例如巴黎软件交付、伦敦研发。
- **按项目名称**：例如 MarketShareConquest、GoFastWeb。

对于这些组织模式而言，它们彼此之间是如何随着时间演变的？如果你回想过去的工作经历，哪些保持不变，哪些不时发生变化，甚至一年变化几次？

项目会开始也会结束，有时会被取消，有时会以新名称恢复。应用程序比项目存在得更久，但最终会退役，并被能提供类似商业利益的其他项目所取代。

9.3　链接的知识

只要连接稳定，知识就更有价值。知识连接成一个关系图后会传递更多的信息并会展示出结构，这种知识也就变得更有价值。

在一个特定主题或项目上，所有知识都以某种方式与其他知识建立联系。在互联网上，资源之间的链接带来了很多价值：作者是谁？在哪里可以找到更多信息？这个定义是什么意思？这里引用了谁的话？在一本书或一篇论文中，参考书目会告诉你这些背景。作者知道这个出版物吗？如果参考书目中引用了它，那么你可以认为作者是知道的。同样的想法也适用于你的文档。

因此，在你的文档中，将知识链接到其他相关知识。确认关系。定义一个资源标识方案，例如一个 URL 或引用方案。确定一种机制，以确保从长远来看链接能保持稳定。

用一些元数据来限定链接很重要，例如源、关于主题的参考、评论、批评、作者等。

> **警告**
>
> 注意链接的方向。就像在设计中一样，应该是从不稳定知识链接到更稳定的知识。

链接到某些知识的一种好办法是使其能通过 URL 进行访问。你可以将知识公开，作为可通过链接访问的 Web 资源。如有必要，你可以使用链接来引用这个知识。使用链接注册表来确保链接一直有效。

许多工具通过链接公开它们的知识：问题跟踪器、静态分析工具、计划工具、博客平台以及像 GitHub 之类的社交代码存储库。如果你想要链接到某个内容的特定版本，请使用永久链接。如果你更想链接到某个内容的最新版本，请链接到首页、索引或文件夹，这些页面上通常会首先显示最新版本。

9.3.1　不稳定到稳定的依赖关系

当你引用某些内容时，请确保是在不稳定元素中引用更稳定的元素。在不稳定元素中引用稳定元素要比在稳定元素中引用不稳定元素方便得多。引用稳定的内容不会产生很高的成本，因为这种依赖关系不会经常改变，所以不会产生太多影响。反过来，如果引用的是不稳定内容，那么只要依赖关系发生变化，你就必须一直更改。这个理念同时适用于代码和文档。

以代码为例，大多数编程语言建议将实现耦合到实现的协定或接口上，而不是反过来。通用的东西通常比具体的东西更稳定。

在代表知识的领域（我们称之为文档）中，按以下方式引用（而不是反过来）更受欢迎：

- ❑ 在工件（代码、测试、配置、资源）中引用项目目标、约束和需求
- ❑ 在目标中引用项目愿景

9.3.2　断链检查器

如果你有某个资源的直接链接，那么你需要一种方法来检测链接何时断开。如果你链接到存储在 GitHub 上的代码，那么当代码改变时，链接也就断了，而指向外部网站的链接会因为网站重新组织了内容或内容消失而断开。

因此，赶在你同事之前，使用一种机制检测断链。

你可以在整个文档中使用断链检查器检测断开的链接。（你可以通过在线搜索"broken link checker"找到许多这样的检查器）。你还可以使用技术含量低的契约测试，如果发生了使链接断开的变更，该测试就会失败。这样，你就知道何时必须修复链接或代码，使它们重新同步。这是一致性机制的另一个例子。

你可以创建一个单元测试，对随时可能变更的代码与代表外部约定的硬编码分支（例如链接）进行比较。当测试失败时，你就知道必须更新文档或还原变更了。

例如，如果在链接中直接使用限定的类名称，那么契约测试看起来可能是这样的：

```
1  @Test
2  public void checkLinks() {
3  assertEquals(
4  "flottio.fuelcardmonitoring.domain.FuelCardMonitoring",
5  FuelCardMonitoring.class.getName());
6  }
```

每当你重构并不小心违反了约定时，这种对硬编码分支的检查无法告诉你需要进行修改。

9.3.3　链接注册表

所有链接都需要维护，因为网络是实时变动的，你所在公司的内部网络也是如此。当链接断开时，你并不想检查包含断链的所有文档，并用另一个链接替换它。

因此，不要在工件的多个位置使用直接链接，而是使用你能控制的链接注册表。

链接注册表是一种间接寻址，使用它，你可以在一个地方修改断链。链接注册表为你提供了中间 URL，作为实际链接的替身。当链接断开时，你只需要在一个地方更新链接注册表即可重定向到另一个链接。

内部 URL 缩短器可以完美地用作链接注册表。有些缩短器允许你选择自己喜欢的短链接。这些链接不仅变得更易于管理，而且更短、更好看。

我见过一些公司，他们已经安装了自己的本地链接注册表。对那些非常注重知识保密性的公司来说，这是必需的。你可以找到许多可以在本地安装的 URL 缩短器，有些开放源代码，有些则需要商业授权。

9.3.4   加书签的搜索

另一种更能抵抗变更的链接方式是链接到加书签的搜索，而不是直接链接到资源。试想一下你想链接到存储库中的 `ScenarioOutline` 类。你可以通过直接链接来链接，它在 GitHub 中可能包含很长的路径。

问题是这个类可能会移入另一个包中，或者它的包可能会重命名，这个类本身也可能会重命名（即使这种可能性很小）。但是其中的任何一种变更都会使链接变成断链，这就很糟糕。

因此，将直接链接替换为根据更稳定的条件得到的搜索结果页链接。搜索结果可能不止一个，但是它会帮助用户以更可靠的方式找到链接目标。

你可以通过使用加书签的搜索而不是直接链接使链接更健壮。例如，你可以在这个特定存储库中搜索名称中包含 `ScenarioOutline` 的 Java 类。使用 GitHub 的高级搜索，你将创建以下搜索：

```
ScenarioOutline in:path extension:Java repo:Arnauld/tzatziki
```

其中，每个选项都能帮你创建一个更密切相关的搜索。

- ❏ `ScenarioOutline`：搜索这个术语。
- ❏ `in:path`：搜索词必须出现在路径名称中。
- ❏ `extension:Java`：文件扩展名必须为 Java。
- ❏ `repo:Arnauld/tzatziki`：仅在这个库中搜索。

这个搜索的结果页面会显示多个结果，但是从这个列表中找到你要查找的结果很容易（这个例子中是列表中的第二个结果）：

```
1  .../analysis/exec/model/ScenarioOutlineExec.java
2  .../analysis/step/ScenarioOutline.java
3  .../pdf/emitter/ScenarioOutlineEmitter.java
4  .../analysis/exec/gson/ScenarioOutlineExecSerializer.java
5  .../pdf/model/ScenarioOutlineWithResolved.java
```

加书签的高级搜索不仅对更健壮的链接有用，总体而言，它还是活文档的重要工具。它为所有拥有浏览器的人提供了 IDE 的强大功能。通过创建经过管理的加书签的搜索，你可以创建导览，用于导航代码并快速发现与概念相关的所有内容，如此处围绕 `ScenarioOutline` 的概念所示。

9.4   稳定知识的类别

不同的知识有不同的寿命，从不稳定到长期不变。以下是稳定知识的典型类别，它们适合做成常青文档。

常青的 README 文件

> 我们的项目经常只有一些描述简短、写得不好的文档，或者根本没有文档……在有大量技术规范与根本没有规范之间必须有个中间地带。实际上，它也确实存在。这个中间地带就是小小的 README 文件。
>
> ——Tom Preston-Lerner，"Readme Driven Development 自述驱动开发"

对于一个指定的项目 Blabla，如果 README 文件着重于回答以下关键问题，那么它就必然是常青文档。

- ❏ 什么是 Blabla？
- ❏ Blabla 如何工作？
- ❏ 谁要使用 Blabla？
- ❏ Blabla 的目标是什么？
- ❏ 机构如何从使用 Blabla 中受益？
- ❏ 你要如何开始使用 Blabla？（但要注意：一定要使它保持简单，以免经常变更。特别是不要嵌入版本号，而应引用可以找到最新版本号的位置。）
- ❏ Blabla 的许可信息是怎样的？（这也可以在 LICENSE.txt 的边车文件中详细说明。）

同时，这一层级的关键信息必不可少，而且会长期稳定。

注意，要包括关于如何开发、使用、测试或帮助的说明，也要包括联系信息，但永久邮件列表除外。

另外，在使用诸如 GitHub 之类的在线源代码存储库时，请不要从 README 文件链接到 wiki 页面：README 是受版本控制的，而 wiki 不受版本控制，因此链接会断开，尤其是在克隆或复刻（forking）时。

9.5 愿景声明

> 愿景就是当你完成工作后世界会变成的样子。
>
> ——McCarthy Show（@mccarthyshow）

> 当经理来找我时，我不会问他："有什么问题吗？"我会说："跟我讲一下这个故事吧。"这样，我就能找出问题的所在了。
>
> ——连锁杂货店店主 Avram Goldberg，引用自 *The Clock of the Long Now*

项目中每个人绝对应该知道的最重要的知识之一就是项目或产品的愿景。

有了清晰的愿景，每个团队成员的努力就能真正汇聚在一起来实现愿景。愿景是梦想，但它也是一个决定将梦想变成现实的团队要求行动起来的号召。

愿景一般是由某个特定的人提出的，他会试图通过各种方式与他人分享：

☐ 讲授式演讲，可能会有出色的视觉效果，就像 TED 演讲一样
☐ 经常向所有人重复愿景
☐ 讲述那些会说明或例证愿景的故事
☐ 写下愿景声明

所有这些都是文档。将精彩的演讲录制为视频可能是对愿景的最佳记录。

愿景必须简单，这样才能用几句话来表达。初创企业喜欢愿景声明，但这些声明有时缺乏深度，因为它们只是从已经成功的初创企业那里借鉴来的。

愿景声明最好配上一些故事，这些故事可以对愿景加以说明，并能使其更真实。

至少与其他项目工件（例如源代码和配置数据）相比，愿景声明通常是稳定的。但是，公司可能会不时更改他们的愿景，例如在进行关键转型时。

愿景一旦设定，就可以将它划分为高层级目标。

9.5.1　领域愿景声明

一种特殊的愿景声明侧重于产品所涉及的业务领域。这种声明的目的是描述要构建的未来系统的价值。这种描述可能会跨越多个子领域，因为一开始没有人知道该领域应如何划分为多个子部分。领域愿景声明的重点是关注领域的关键方面。

用 Eric Evans 的话说：

> 写一份关于核心领域以及它将会创造的价值的简短描述（大约一页纸），也就是"价值主张"。那些不能区分该领域与其他领域的方面就不要写了。展示出领域模型是如何实现和均衡各方利益的。这份描述要尽量精简。尽早把它写出来，并在获得新的理解时对其进行修改。

大多数技术方面和基础结构或 UI 详细信息不会出现在领域愿景声明中。

以下是关于车队管理业务中加油卡监控的领域愿景声明示例：

> 监控每笔加油卡交易有利于检测驾驶员的潜在异常行为。
>
> 通过查找滥用模式以及交叉检查各种来源的信息，系统会报告异常，进而由车队管理团队进行调查。
>
> 例如，使用带有 GPS 车队跟踪功能的加油卡监控功能的客户能抓住有哪些员工在混时间、伪造时间表、窃取燃油或使用加油卡购买非燃油物品。
>
> 考虑到每辆车在某个时间段都分配了驾驶员以及交易机构的地址，每张加油卡的交易会根据车辆特征及其位置历史进行验证。还可以计算燃油经济性，从而检测发动机何时需要维修。

作为一份对领域主要概念以及这些概念如何联系起来向用户交付价值的总结，领域愿景声明很有用。它可以被看作尚未构建的实际软件的一个代理。

9.5.2 目标

愿景是每个人在任何时候都应该了解并牢记的最重要的知识。从愿景出发，会做出许多决定，最后形成解决方案并实现。

单凭一个愿景一般并不足以使人们开始工作，你可能必须制定一些精确的中间目标，例如在不同团队之间共享工作，或及早探索可以做什么及其替代方案。

目标可以用一个目标和子目标组成的目标树来说明，树的根是愿景。目标的层级低于愿景，但是，与描述系统构建方式的所有细节相比，目标的层级更高。因此，它们是稳定的，而且层级越高越稳定。

目标也是大多数人必须知道的长期目标，而且这些目标至关重要，因为它们会推动进一步的决策。因此，必须用一种持久的方式来记录它们。既然目标是稳定的，那么传统形式的文档就适合用来记录它们：

- ❑ Microsoft Word 文档
- ❑ 幻灯片
- ❑ 纸质文档

这并不意味着为目标编写良好的文档很容易。你仍然很可能浪费大量时间去编写一份完成后因为太长或太无聊而无人阅读的文档。

> **警告**
>
> 请记住，过早地确定目标是危险的：你可能会在对项目不太了解的情况下过早地限制了项目。这可能会阻碍项目的执行。这就是为什么 Woody Zuill 在博客文章中建议"在使用之前，将你的需求保持在一个非常高而通用的层级"，就好像它们是易腐商品一样。你不希望因为子目标不成熟而过早地放弃机会。

9.5.3 影响地图

Gojko Adzic 提出的影响地图是一种用于探索目标并组织项目或业务计划的高层级知识的出色技术。它主张通过交互式研讨会来实现目标，并将备选目标一起放在地图上，以便在项目执行过程中保持目标选择的开放性。这种协作技术既简单又轻巧，而且包括可视化的假设和目标。

影响地图展示了实现目标的选项和替代路径。因此，它并没有像其他传统的线性路线图那样限制项目的执行。

影响地图本身是稳定的，但是建议你以较低的频率（通常是每年两次）重新考虑它。如果你经常发布，那么在影响地图上跟踪项目的执行显然会经常发生变化，而且不应通过每次修改地图来完成。

我们以音乐行业中的某家公司为例，以树状思维导图的形式展示影响地图会议的结果：

```
1    降低歌曲版税的处理成本
2      IT 部门
3        100x 流量
4        降低 50% 的处理成本
5      销售部门
6        每小时订阅数统计
7      账务部门
8        在线实时报告（2s 或更短）
```

影响地图建议按主要干系人对目标进行分类，在这个示例中，主要干系人是 IT 部门、销售部门和账务部门。它也要求在影响地图中量化目标，并附上成功的量化指标，这称为"绩效目标"。

还有一些其他类似的技术用于通过各种方式探索需求，例如 EVO 方法 Gilb。

无论有没有影响地图，理想情况下都会在墙上用即时贴创建目标树。如果你想保留一个清晰的表述以便以后使用，那么可以使用思维导图应用程序（例如 MindMup、MindNode、Mindjet MindManager、Zengobi Curio 或 MindMeister）来记录并显示更清晰的地图布局。

这些应用程序可以读写多种形式的思维导图，包括**缩进文本**，至少可以作为"导入"的对象。作为纯文本工件的爱好者，我最喜欢缩进文本。

9.6 投资稳定知识

稳定知识是一项可以长期回收的投资。学习一个主题是一项昂贵的投资。学习那些过个几年就要更新的技术，我觉得很难。

商业领域知识（金融、保险、会计、电子商务、制造等领域的知识）是最稳定的知识。但是，由于你可能并不总是在同一个领域里工作，因此你可能想知道学习特定领域的知识是否有意义。但是，很多特定领域的知识可能会以某种形式在其他业务领域中重用。例如，Martin Fowler 在《分析模型：可复用的对象模型》一书中描述了许多从会计或医学观察中获得的模式，但这些模式几乎能直接应用于金融、保险和商业领域。

此外，计算与软件架构和设计的基础知识也属于稳定知识类别。不要犹豫，去读一些旧的论文以及映射了这个领域的模式吧。

因此，请不要犹豫，花些时间和精力来学习稳定的知识吧。尤其是业务领域知识和软件架构的基础知识是常青内容，特别值得学习。

9.6.1　领域浸入

领域知识通常是稳定的，尽管你对知识的理解是随时间改变的（如此），但是核心用例、目的、具体示例以及与业务人员的对话通常是常青的。

传统上，软件项目本身是学习其领域的主要方法。一个任务接着一个任务，每一部分工作都会带来新词汇和新概念，这些新词汇和新概念都是必须在工作中学习的。这导致了许多缺点。

- □ 没有足够的时间来完成任务并更深入地研究业务领域的一部分。学习仍然是浅尝辄止的。
- □ 许多任务只需要对基础业务有一个浅显的了解就能完成。有些事情可能看起来像是偶然地起了作用，实际上却是满足下一个业务需求的隐患。
- □ 即使你决定从任务中拿出两个小时用于学习，领域专家那时可能也没有空。

每当领域知识缺失成为瓶颈时，尽早投入时间来学习领域知识是一个很吸引人的建议。最好的方法之一就是浸入：尽早投入时间使团队沉浸在领域中；参观开展业务的地方，拍些照片，拿到一些正在使用的文档副本；认真听取业务人员的对话；如果可能的话，多多提问；根据所看到的内容画些草稿图，并做大量笔记。

对于新加入的成员来说，领域浸入也是一种快速发现领域含义的有效做法。它是直接从现场转移知识的另一种形式，也意味着它是一种真实的文档形式。

有时候，去现场是不可能的，或者这样做成本太高了。在这种情况下，你需要更便宜的替代方法来获得这些宝贵的知识，例如调查墙或简单的培训。

9.6.2　调查墙

你可能想要创建一个发现墙，就像刑事调查电影中的调查墙一样。影片中，探长用大头针将大量图片、笔记和地图钉在墙上，使自己完全沉浸在犯罪信息中。

同样，你可以在墙上用图片、笔记、草图和示例业务文档创建一个空间，以便在工作时保持对实际业务领域的感觉。

9.6.3　领域培训

团队或团队的一部分人可能会从针对业务领域的专门培训中受益。

在过去的一个项目中，在一开始压力还不太大的时候，我们决定尽早花点时间学习领域知识，因此我们会在午餐后花 30 分钟进行一次小型培训，每周两次。具有专业领域知识的业务分析师或产品经理作为领域专家加入团队，向我们解释需要了解的某个概念的全部内容（关于债券息票的会议，关于标准金融期权的会议，关于新法规的会议，等等）。团队成员认为这种培训很有用，开发人员对它也非常满意。

9.6.4　"过我的生活"活动

通过"过我的生活"活动，在半天到两天的时间里，一两个开发人员会与业务运营人员保持密切联系，使用这些人所用的软件工具，去了解业务中的真正需求是什么。开发人员可能在后端，尽量不干涉而只是被动地看着。但是，如果他们能随时或者在约定好的暂停时段里提问就最好了。

这样的实验可能会更复杂。例如，开发人员可以尝试成为业务人员的助手。一些公司更进了一步，他们会让员工完全换岗工作一天。作为开发人员，做　一天会计师的工作可能是了解会计人员利益的最佳方法之一，从而改进他们的软件。它还可以为用户体验带来奇迹。

9.6.5　影子用户

"过我的生活"理念的一个变体是作为影子用户观察用户的行为。开发人员以另一位真实用户的身份以只读方式登录，并实时查看该用户的屏幕。观察他们如何真正使用软件来实现业务目标是非常有价值的。

由于隐私原因或由于已安装的软件无法访问，在很多情况下使用影子用户显然不可行。

9.6.6　长期投资

所有这些投资稳定知识的方法都可以视为一种**投资**，因为业务领域通常非常稳定。业务操作细节一直在变化，但是业务仍然使用相同的旧概念。我在 2007 年打开一本 1992 年出版的关于金融的书时就意识到了这一点。除了例子不再现实以外（1992 年某些货币的利率通常在 12% 和 15% 之间，而 15 年后，这一比例接近 2%，现在大约是 0.2%！），这本书的所有内容仍然具有现实意义。

即使是在计算机问世之前出版的书，只要写得好，也会很有趣。

通过这些对稳定知识进行投资的方式所获得的所有背景知识，每天会为许多决策提供信息并帮助改进决策。而且，所有学到的领域特定词汇会使开会时的讨论更加高效，因为你不需要花几分钟来澄清词汇的含义。

9.7　小结

即使在变化最快的项目中，传统文档仍然有一定的空间，但仅限于存储稳定的知识，这些知识可以作为常青内容记录。本章介绍的示例只是示例，而不是规则。

关注知识变更的频率是减少后续工作量的一个好策略，因为这意味着你可以为那些几乎不会改变的知识创建文档，这种文档只需要手动更新。在其他情况下，你需要使用本书其他章节里描述的更动态的文档形式，而且你必须更多地依赖对话、合作和活文档。

第 10 章

避免传统文档

我们接受文档，但不是几百页从不维护也基本不用的大部头文档。#敏捷宣言

—— @sgranese

我没见过几个喜欢传统文档形式的开发人员。多年来，我一直在收集传统文档的替代方案，其中有些看起来像文档，有些却不像。作为第 1 章的续篇，本章反对编写文档（参见图 10-1），并探讨了许多有助于保存和共享知识的技术，但这些技术通常不被看作文档技术。

图 10-1　NODocumentation 是探索传统文档形式替代方案的宣言，其中的 NO 实际上表示 Not Only（不是只有）。我们认可编写文档的目的，但并不认同文档完成的方式。NODocumentation 致力于探索更好的替代方案，以实现人与人之间以及跨时空的知识转移

注意

文档只是一种手段，不是目的，也不是产品。

我们认为健康的团队会协同工作，进行对话，高效地交换知识。基于这种认识，我们开始寻找这种替代方案。

10.1　关于正式文档的对话

> 进行对话比记录对话更重要，比使对话自动化更重要。
>
> —— @lunivore（Liz Kheogh）

> 一次电话可以省二十封邮件。一次面对面聊天可以省二十次电话。
>
> —— @geoffcwatts

需要文档时，书面文档经常是默认选择，以至于**文档**一词经常被用来表示"书面文档"。但是，当我们说需要文档时，我们的意思是需要在人与人之间传递知识。糟糕的是，并非所有媒介传播知识的效率都相同。

Alistair Cockburn 在过去二十年里分析了三十六个项目。他在图书和文章中报告了他的发现，并绘制了一张著名的图来说明不同沟通模式的效率（见图 10-2）。

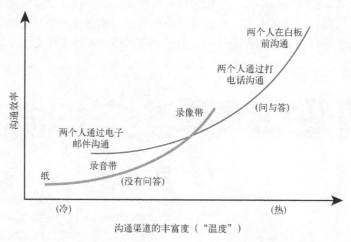

图 10-2　沟通渠道丰富度（"温度"）越高，沟通效率越高

尽管图 10-2 有些过时，但它概述了 Alistair 的观察，即人们在白板前一起工作和交谈是最有效的沟通方式，而纸上的交流则是最无效的沟通方式。

在大多数情况下，要实现有效的知识共享，最好是通过简单的交谈、提问和回答来完成，而不是通过书面文档。

因此，所有参与者之间的对话优于书面文档。与所有书面工件不同，对话是交互性且快速的，能传达情感，并且带宽很高。

对话具有以下几个重要特征。

❑ **高带宽**：与写作和阅读相比，对话提供了更高的带宽，因为在给定的时间段内，对话能有效传达的知识更多。

- ❑ **交互式**：对话双方都有机会要求澄清，并在他们愿意时就最有用的话题进行培训。
- ❑ **及时**：对话双方只谈论他们感兴趣的内容。

对话的这些关键属性使其成为共享知识最有效的沟通形式。

反过来，书面文档就是浪费时间，因为它需要花时间写作，还需要花时间来定位相关内容，而且内容不太可能符合预期。更糟糕的是，内容可能会被误解。

10.1.1　Wiio 沟通定律

Osmo Antero Wiio 教授发现了 Wiio 沟通定律，该定律是经过认真观察得出的，它以一种幽默的方式说明了人类沟通往往是失败的，成功只是意外。

- ❑ 沟通往往会失败，成功只是意外。
- ❑ 如果沟通有可能失败，那就会失败。
- ❑ 如果沟通可能不会失败，它通常仍会失败。
- ❑ 如果沟通看起来会按预期的方式成功，那是存在误解。
- ❑ 如果你对自己的消息感到满意，沟通肯定会失败。
- ❑ 如果消息有多种理解方式，那么别人就会以造成最大损害的方式来理解。

通过交互式对话，信息接收者有机会给出反应、表达不同意见、重组语言或要求更多解释，所以沟通最为有效。这种反馈机制对于破除 Wiio 教授强调的单向人类沟通的诅咒至关重要。

Alistair Cockburn 在《敏捷软件开发》一书中表达了类似的发现：

> 为了使沟通尽可能有效，最根本的是增大接收者跨越沟通鸿沟的可能性。发送者需要触及接收者共享体验的最高层次。在这一过程中，这两个人应该不断地向对方提供反馈，这样他们就能检测出对方在多大程度上误解了自己的原意。

要改变 Wiio 教授强调的误解命运，最好的方法是面对面的、交互式的和自发的文档形式。如果所有干系人都喜欢与团队成员讨论所有问题和反馈，那么什么也不需要改变。你不需要书面文档。

10

注意

敏捷文档的目标是通过多种方式"帮助人们互动"：
- ❑ 知道与谁联系
- ❑ 知道如何处理项目、规范、风格和灵感
- ❑ 共享同一个词汇表
- ❑ 共享相同的思维模式和隐喻
- ❑ 共享同一个目标

10.1.2   三个解释规则

Gerald Weinberg 还写到了针对收到的消息进行解释的问题，而且他提出了如何通过他所谓的"三个解释规则"来检查你的理解：

> 如果我对接收到的内容没有想出至少三种解释，那么我可能还没完全明白它的意思。

这条规则并不是说你其中的一个解释就是正确的解释，但是它可以帮助你避免一种错觉，即随机出现的第一个解释就是正确的解释。

10.1.3   对话的障碍

如果人们能在工作场所轻松进行对话，我们就不需要强调对话的重要性。不幸的是，这种情况并不常见。

多年来，我们一直通过手动传递文档来协作，这已经使许多人在会议以外不进行对话，而会议中的对话往往是谈判。办公室政治以及在公司里保留信息的意识，使同事们为了保住工作和权力（包括阻挠权力）而不愿意过早分享太多知识。

来自不同团队或部门的人，或者被分配到不同项目或在不同地点的人，他们之间的对话往往比在同一团队或同一项目中的人少得多。他们倾向于使用更冷的（非交互式）而且效果更差的沟通方式，例如电子邮件或电话，而不是面对面的沟通。请务必注意，层级距离（即由不同的人管辖）与地理距离在阻碍对话方面的效果几乎一样。

10.2   协同工作，实现持续的知识共享

活动所有权的想法是另一个对话杀手：

> 产品"经理"、产品"负责人"、敏捷"大师"，我不懂这些人为什么不协作！
>
> —— @lissijean

> 缺陷跟踪系统当然不会促进开发人员和测试人员之间的沟通。它们可以很容易地避免他们之间的直接交谈。
>
> ——Lisa Crispin 和 Janet Gregory，《敏捷软件测试》

按职能将人员划分成不同的团队（如开发、质量保证和业务分析团队等）有效地降低了对话发生的可能。一些陈词滥调也使人们甚至不去想象见面或交谈的可能性。

> "我是一名测试人员，我必须等开发完成才能开始测试。"
> "我是一名业务分析师，所以在交给开发人员实现之前，我必须先自己把问题解决。"
> "我是一名开发人员，我的工作是执行预先指定的内容，而且在完成后我不需要对其进行测试。"

我听说有些业务分析师为无法产出足够多的文档而犯难，因为担心其他人看不到他们所做的工作。他们似乎认为，仅仅通过对话推进项目可能不足以证明他们的作用。在这里，我们看到了这个体系变得多么不合理，即产出一堆垃圾（早期的大型文档）并不是为了实现文档本身的价值，而只是为了让管理层看到他们的工作。害怕失业或个人激励会滋生这种适得其反的行为。

但是，一起工作是实现持续知识共享的机会。确保所有人都知道交付价值是唯一的目标。确保所有人的工作环境都是安全的。即使文档少了很多，传统的业务分析和质量保证团队的成员仍然可以发挥作用，只是他们的作用需要转变为对集体冒险（我们称之为项目或产品）的持续贡献。

因此，请向所有人保证，经常进行对话以及花更少的时间写作是完全没问题的，大家不需要为此感到内疚。推动跨岗位的合作。接受紧密协作能实现持续知识共享的理念。但是，请确保将少量最关键的知识记录下来并长期保存在某处。

尽可能地让所有人（即使是不同团队的人）比邻而坐，如果可能，还可以围着同一张桌子坐，这样就可以无障碍地进行自发交流了。

对话很好。开发软件时，我们需要进行对话，还需要编写代码。与一位或多位同事一起连续不断地完成所有这些操作，一般都是个好主意。

要求一起工作有很多充分的理由，包括通过不断的审核和对设计的不断讨论，为软件用户和维护者提高软件质量。

但是，通过频繁的对话进行集体合作也是一种特别有效的文档形式。结对编程、交叉编程、Mob 编程和 Three Amigos 等方法完全改变了文档的游戏规则，因为人与人之间的知识传递是连续进行的，而且是在知识被创建或被应用到任务上时同时完成的。

10.2.1 结对编程

OH："Mob 编程。就像'结对编程碰到了 RAID6'。"

—— @pcalcado

结对编程是少写电子邮件、少参加会议和少写文档的最佳方法！

—— @sarahmei

结对编程是极限编程中的一项关键技术。如果代码审查很好，为什么不一直这样做呢？

结对编程时，写代码的人（称为**驾驶员**）为观察者讲述正在发生的事情，观察者反过来给予确认、备注、更正和任何其他类型的反馈。观察者（也称为**导航员**）与驾驶员交谈来指导正在进行的工作，建议可能的后续步骤，并提供解决任务的策略。

你可能不会立即适应并掌握结对工作这项技术，但是通过实践，在工作、编码训练或代码精修中，你可以学习这项技术。结对编程的形式有很多（例如乒乓配对），配对的两个人中，一个人编写一个失败的测试，然后将键盘递给另一个人让他使代码能通过并重构。

为了尽可能地共享知识以拥有真正的集体所有权，在结对编程中，通常会根据给定的任务定期变更结对中的伙伴。根据团队的不同，配对伙伴可能每小时或每天换一次，也可能每周换一次。有些团队没有固定的轮换频率，但是要求任务开始时的团队与结束时的团队不能相同。

10.2.2　交叉编程

交叉编程是结对编程的一种变体，其中观察者不是开发人员，而是业务专家。每当编程任务需要深入了解业务领域时，交叉编程就是一种高效且非常有效的协作形式，因为计算机前结对工作的两个人所做的所有决策都与业务更相关。这个名称是我同事 Houssam Fakih 创造的，他在一些会议上谈到了这种方法。

10.2.3　Mob 编程

Mob 编程是一种软件开发方法，即整个团队在同一时间、同一空间、同一台计算机上做同一件事情。它有点像结对编程，即两个人同时坐在同一台计算机前在同一段代码上进行协作。通过 Mob 编程，团队里所有人都参与了协作，同时使用一台计算机来编写代码并将其输入到代码库中。

——Mob Programming 网站

所有优秀的人在同一时间、同一空间、同一台计算机上做同一件事情。

——Woody Zuill

Mob 编程是集体编程家族的最新成员，并已迅速普及。如果极限编程里代码审核的程度是 10，那么在 Mob 编程更进一步，达到了 11。

在 Mob 编程中，没有成对轮换的问题，因为每个人都参与了所有任务，所以每个人都知道所有任务。这就是字面意义上的集体所有权——在同一时间同一地点。

在一个由五个全职做 Mob 编程的人组成的团队中，知识共享不是问题，因为它一直是持续进行的。每当有人必须外出参加会议时，团队的其他成员仍会继续工作，几乎不受影响。

10.2.4　三个（或更多）好朋友

产品负责人、开发人员和测试人员坐下来讨论正在开发的系统应该做的事情。产品负责人会描述用户故事。开发人员和测试人员会提出问题（并提出建议），直到他们认为自己可以回答这个基本问题："我怎么知道这个故事已经完成了？"

无论如何完成或何时完成，这"三个好朋友"（从我在 Nationwide 工作的朋友那里借来的一个词）都必须在这一基本准则上达成一致，否则就会出错。

——George Dinwiddie

在需求说明研讨会期间"三个好朋友"要一起合作是 BDD 方法的核心理念。与结对编程、交叉编程和 Mob 编程不同的是，这三个好朋友一起处理的不是代码，而是描述待构建的软件的预期业务行为的具体场景。尽管如此，每个参与者都会有场景，谁将它们写在纸上或写入测试自动化工具（例如 Cucumber）中都没有关系。尽管通用术语是 Three Amigos，但实际上，只要有另一种视角（例如 UX 或 Ops）能促使工作成功，好朋友可能就不止三个。

10.2.5　事件风暴即熟悉产品的过程

Alberto Brandolini 发明了事件风暴，这是一种在一大面墙上使用即时贴进行协作建模的活动。他说，一些团队发现，只要有新成员加入团队，就可以举办一个新的事件风暴会议，让新成员快速熟悉产品，这非常有用。我可以证明，将事件风暴用于这个目的非常有效。作为一名总是在新领域的新团队里只待几天的顾问，我需要在短时间内尽可能多地学习新领域的知识。最近，我又使用了简短的事件风暴会议，尽管团队之前已经做过几次了。通过这样的研讨会，你在短短两个小时内就可以学到这么多知识，确实令人印象深刻。

最近发生了这样一件事：在一次事件风暴会议中，一位业务领域专家表示，他已经为这个领域制作了精美的图表。当我们几乎将所有事件张贴在墙上并大体完成组织后，他已经在白板上画出了图表。有趣的是，他的图表在许多方面都比我们的事件墙更完整。尽管如此，交互式工作坊的形式仍然说明，与仅看着静态图表相比，我们的即时贴墙的参与度要高很多。后来，这个会议就变成了一个游戏：比较图表和事件墙的区别，以便更好地理解两者，而且在这个过程中还产生了很多新见解。

10.2.6　知识转移会议

知识转移（KT）会议在不想执行结对编程或 Mob 编程的公司中很常见。除了创建简短的文档之外，这些团队还会将 KT 作为计划工作的一部分，确保知识真正得到共享和充分理解。根据 Wiio 沟通定律，这是个好想法。KT 的一个典型示例是，当运维人员在组织的另一个孤岛中时，在发布之前交换有关部署的知识。在这种情况下，共享知识的一种方法是根据部署文档和所有自动部署清单试运行部署。这样，在这段时间内能快速发现任何问题、疑问或错误——所有这些都在正常工作时间内进行。

当然，另一种选择是开发人员直接和运维人员合作，完成整个部署过程的准备、配置和文档编写。对于传统公司而言，KT 可能是朝这个方向迈出的一步，就像代码审查是朝着结对编程迈出的一步一样。

10.2.7　持续文档

集体形式的工作是持续文档的最佳选择。面对面的对话是最有效的沟通形式，而结对编程、交叉编程、Three Amigos 和 Mob 编程则精确地组织了工作，从而最大限度地增加了有效对话的机会。在需要知识时，就要编写文档。每个必须知道这个知识的人都在场，而且能立即提出问题来澄清要点。

完成任务后，相关人员会记住知识的一些关键部分，并可能忘记其余部分。如果某人去度假了，那么这些知识在他同事的脑子里会很安全，因此某人是否在场并不会妨碍正在进行的工作。

10.2.8　卡车系数

集体工作对于提高项目的**卡车系数**非常有好处。卡车系数是指团队中至少多少人被卡车撞了后才会使项目陷入严重的麻烦。卡车系数衡量的是单个团队成员的信息集中程度。卡车系数为 1 意味着只有一个人知道系统的关键部分，如果这个人不在，知识将很难恢复。

如果项目的每个部分都有几个团队成员合作，那么自然就会有多个人拥有同样的知识。如果他们离开了、去休假了，或者只是去开会了，工作在没有他们的情况下仍能继续进行。

卡车系数小，通常意味着有人在项目里挑大梁，他们拥有许多未与其他队友共享的知识。对于项目的弹性而言，这绝对是一个问题，管理层应该意识到这一点。引入集体形式的编程方法是减轻这类风险的一个好方法。让这种英雄去附近的另一个团队里工作是另一种应对之道。

10.3　在咖啡机旁沟通

并非所有的知识交换都必须进行计划和管理。在轻松的环境中进行自发讨论效果通常会更好，因此必须予以鼓励。

在咖啡机或饮水机旁的随机讨论有不可估量的价值。有时候自发进行的知识交流才是最好的。你遇到一两位同事，并开始交谈。然后，你们就一个话题（例如内容协商）找到每个人都感兴趣的主题。你们可能会讨论一些非专业主题。在这种情况下，你正在搭建一条无价的纽带。当你们选了一个专业主题后，就找到了最佳的沟通方式：选择这个主题是因为你们所有人都对它感兴趣。你对当前的任务有疑问，其他人很乐意提供答案或讲述自己的故事。

我认为，这种沟通是交换知识的最佳途径。讨论的主题是根据共同的兴趣自由选择的。讨论是交互式的，有问有答，而且很多人会自发地讲述自己的故事。一般这种讨论需要持续很久。我有时候会因为在咖啡机旁的讨论而错过会议，因为这些讨论比我本来要参加的会议更重要。

用于聚会和非会议的开放空间技术只是为更大的群体复制了这种讨论想法的环境。双脚法则指出，每个人都可以走向最有趣的主题。其他重要原则还包括"在那里的人就是合适的人"，以及"无论什么时候开始，时间都是合适的。"

为了使这种沟通正常进行，咖啡机旁边不能有层级压力。每个人都必须能自由地与首席执行官聊天，而不必显得正式或害羞。

因此，不要低估在咖啡机或饮水机旁或休闲区里进行随机讨论的价值。创造机会，使每个人都能在轻松的环境中随意见面和交谈。要求在所有轻松的对话中不得考虑谈话者的级别。

　　Google 和其他初创网络公司为鼓励人们见面和交谈提供了很好的设施，只需问一下著名的 Google 员工 Jeff Dean 就可以了，他常被称为互联网界的 Chuck Norris[①]。作为第 20 位 Google 员工，Dean 取得了一系列令人瞩目的成就，其中包括率先设计和实现广告服务系统。Dean 在他不熟悉的深度学习领域取得了突破性进展，打破了这一领域的极限，但是，如果没有积极与同事们一起喝的那两万杯卡布奇诺，他不一定能做到这一点。"我以前对神经网络了解不多，但是很了解分布式系统，我只是去厨房或其他地方，找到人并开始与他们交谈。"Dean 告诉 Slate，"你会发现，通过与其他专家交谈和合作，你能真正快速地学习并解决很多大问题。"

　　La Gaité Lyrique（巴黎的一家数字艺术文化中心）有办公室和会议室，但是，在员工通常更喜欢在对公众开放的休息室开会（见图 10-3）。他们甚至在那里供应啤酒，但是我还没有见过员工白天在那里喝啤酒。

图 10-3　举行大多数会议的非正式休息室之一

　　我花了无数个小时在他们的休息室里写这本书。在这里，我体验到了很多好处，而这些可能是封闭式会议室的传统工作环境所缺失的。

---

① Chuck Norris 是空手道世界冠军、美国电影演员。他的粉丝为他建了一个名为"Chuck Norris Jokes and Facts"（Chuck Norris 的笑话和事实）的网站。2007 年愚人节，一些年轻的 Google 工程师认为需要为 Jeff Dean 制作一个名为"Jeff Dean 的事实"的网站，歌颂他传奇的编程成就。因此 Jeff Dean 被称为"互联网界的 Chuck Norris"。

——译者注

- ❏ **气氛**：这里有很多外部人员，很多人在工作，还有一些人在喝茶或喝啤酒，所以气氛很轻松。这种气氛是令人愉快的，而且有助于我们进行创造性思考。你可以选择坐在低矮的沙发和休闲椅上或者坐在餐桌旁。如果是要讨论一个令人紧张的话题，我每次都会去休息室！如果要绘制图表，我会选择餐桌。
- ❏ **即席讨论**：例如，La Gaité Lyrique 的总经理与两名员工开会。他们没有预订空间。谈话结束后，总经理环顾四周，看看谁在那儿，然后就与休息室里正在参加另一个会议的同事进行简短的讨论作为补充。

在安排与那些忙碌的客户在无聊的会议室里开会时，我会有挫败感。我很羡慕 La Gaité Lyrique 的员工能拥有如此出色的协作体验。

总经理与员工在一起也意味着我有机会即兴向会场的总经理本人提问——不需要预约，不需要经由秘书安排会见。哇！

这位总经理告诉我，他绝对鼓励非正式会议。将闲暇时间花在休息室里而不是工作上并不是问题，因为每个人都有自己的责任，无论他们如何、何时、在哪里或花多少时间工作。即兴会议完全可以在非正式的空间中进行或计划，例如在咖啡机旁。

当然，咖啡机旁的沟通并不适合所有情况。除非你安排了会议，否则不能保证你会在咖啡机周围找到想要交谈的人。咖啡机旁也没有活动挂图和白板，更没有电话会议系统，而且没有隐私可言。

> **注意**
>
> 对话、集体工作和用于自发知识共享的场所代表了大多数知识的理想文档形式。但是，这种方法并不适用于大的团队，而且对于那些长期来看是必需的知识而言，这是不够的，因为可能以后所有团队成员都会离开或忘记了遥远的过去的知识。对于许多人都感兴趣的知识来说，这也不够；对于那些至关重要而不能仅留下口头表达的知识来说也是不够的。有时你需要更多的东西，并且需要一种从非正式文档逐步发展到更正式文档的方法。

10.4　想法沉淀

> *"记忆是思想的残留。"——这个简单而深刻的认识，对我的工作很重要。我打算更充分地贯彻它。*
>
> —— @tottinge

确认某条知识是否重要可能要花费一些时间。很多知识仅在创建时才重要。你可能会讨论设计方案，尝试一种方案，发现不合适，再尝试另一种方案。一段时间后，可能很显然它是一个正确的选择，而且你也能在代码里看到它。它已经在那里了，不需要再做任何其他事情。

你在咖啡机旁讨论方案选项。你会在脑子里模拟它们将如何工作。所有人就最佳选项有了共识。然后，结对编程的两个人回到他们的计算机前实现它。在讨论中交流和创建的知识在**那个特定时间**是重要的。但是到了第二天，它只不过是一个细节而已。

有时，有些知识在一段时间后仍然很重要。它会不断地增强，一直到我们值得为它撰写文档与更多的受众或与未来的受众分享它。

因此，在小群体中，建议使用快速而廉价的交互式知识交换手段，例如对话、草图和即时贴。**仅对已被反复证明有用、至关重要或者每个人都应该知道的那部分知识（特别是大规模的知识），使用更重量型的文档形式进行推广。**

从即兴对话开始，然后将关键部分（无论是增强代码、常青内容还是任何持久性内容）转化成永久性内容。

通过使用智能手机拍摄的照片、手写笔记等，实时交流的知识能被捕获成为线索（见图 10-4）。但是，这些文档形式日后经常被忽略。

对话、讨论、决定　　　　　　　　照片和笔记

图 10-4　对话成为线索

这个沉淀的隐喻将流动的思想与溪流中流淌的沙子联系起来。沙粒快速移动，但其中一些变成了溪流底部的沉积物，并缓慢堆积。类似的过程发生在葡萄酒醒酒器里（见图 10-5）。

图 10-5　颗粒沉降到葡萄酒醒酒器底部

在餐巾纸上画一张草图，记录设计的某个方面，然后如果证明这是一个必需的设计，就将它转变为可维护的内容，例如纯文本图表、活图表或者可见测试。

使用项目符号来记录质量属性，如果以后没有太大变化，就将这些条目转变为可执行场景。

10.5　一次性文档

一些义档仅在有限的时间段内有用，然后就可以删除了。例如，在设计解决某个问题时你需要一个特定的图表。问题解决后，这个图表便立即失去了其大部分价值，因为没有人还会在乎这个图表关注的内容。为了解决下一个问题，你需要另一个完全不同的图表，而且它关注的内容也不同。

因此，对于那些用于解决特定问题的文档，直接扔掉，不要犹豫。

如果一个图表需要归档，就将其转变为博客文章，以图表为例讲述故事。

一组重要的临时文档是关于计划的所有内容，例如用户故事以及与估计、跟踪等相关的所有内容。用户故事仅在开发前有用，而燃尽图仅在迭代期间有用。（你可能希望保留统计信息，以便后续检查计划和估计的难度，但那是另外一件事。）在迭代后你可以丢弃记录了用户故事的即时贴。

10.6　按需文档

最好的文档是你真正需要的并且适合实际目的的文档。想要拥有这种文档，最好的方法是根据实际需求创建文档。

你现在的需求是由真实的人提出的已被证实的需求。这并不是关于**某人**在**将来**可能发现**某物**有用的推测。你现在的需求是精确的并且是有目的的，可以表达为一个问题。要创建的文档只需要回答这个问题。这是一种简单的算法：决定何时创建关于**什么**主题的文档。

因此，避免猜测应该记录什么。相反，注意所有提出的问题或者那些本应提出但实际并没有提出的问题，以表明有些知识需要记录。

10.6.1　即时文档

最好在需要时才引入文档。对文档的需求是一个宝贵的反馈，表示这里有一个"知识缺口"，应该请求制作一些文档。文档编写中最重要的一点可能是缺失的文档。听听那些因为知识而引发的挫败感，再决定何时填补这个缺口。

注意

即时文档的想法是受拉式系统 Lean 的启发。拉式系统是一种生产或服务流程，旨在根据客户的需要或生产过程中下一步的需要交付商品或服务。

你可能不会在每个问题的某些文档操作上花时间。这里需要一些门槛。

☐ 有些遵循"二次法则"：当你必须对同一个问题回答两次时，开始为它编写文档吧。
☐ 开源项目有时依赖社区投票来决定在什么事情上花时间，包括为了文档。
☐ 商业产品有时依赖网站分析来决定在什么事情上花时间，包括为了文档。
☐ Peter Hilton 在讨论避免文档话题的过程中有自己的看法，类似于"二次法则"。

(1) 不要编写文档。
(2) 虚张声势："它在 wiki 上。"
(3) 仍然不写文档。
(4) 如果又有需求，假装不知道。
(5) 然后写文档。
(6) 再然后，不经意地提及你"找到文档了"。

实际上，你可以将它保持在技术水平较低的状态：每次有人要求你提供信息，而你还没有可用的文档时，将这个请求写在即时贴上并贴到墙上。

每当有重复请求要求类似信息时，你可以在墙上使用固定投票机制，以小组名义决定是否花最少的精力创建这个文档。

一开始时先手动创建非正式文档。在团队会议中观察并讨论这些便签。如果团队决定编写文档，则扔掉那些非正式文档或者将它们升级为整洁的自动化文档任务。

然后，使用任何现有和临时找到的支持，以交互式方式进行解释：浏览源代码，在 IDE 中进行搜索和可视化，在纸上或白板上绘制草图，甚至将 PowerPoint 或 Keynote 用作快速绘图板。（有时，当你需要大量"复制、粘贴和修改"草图时，使用工具会更容易。）然后立即将说明的关键部分重构为文档的一小部分。通过与同事的互动，你会知道说明里的哪些内容至关重要。如果某件事情难以理解或令人惊讶，或者出现时会引发"啊哈！"这种惊奇的反应，那么可能值得将它保留给以后的人用。

Peter Hilton 还有另一个编写文档的绝妙技巧，他称之为"反向即时文档"：

你可以通过在聊天室中提问（然后将答案粘贴到文档中）来诱使其他人编写即时文档，而不是预先编写文档。

10

10.6.2　尽早激发即时学习

从代码到生产，修复 bug 或进行小小的改进是快速了解应用程序及其完整开发过程的好方法。这就是为什么许多公司在新人入职培训中都包括了 bug 修复和较小的改进任务。这产生了对知识的需求，而这种需求本身触发了寻找知识来源的需求：人、工件等。

某些初创公司会有一项规定，要求你必须在工作开始后的两天内，在指导下，自己将某个东西投入生产。这迫使你迅速看清整个过程以及它所涉及的所有同事（如果有）。这也是信任的标志：你得到了足够的信任，可以立即交付内容用于实际生产。这也是对流程、测试和部署自动化策略充满信心的标志。你不仅学习了代码，还知道了你可以信任这种交付方式，而且典型的变更时间表很短。这也是获取关于这个过程最新反馈的好方法。如果安装和必要的工作站设置需要两天或更长时间，那么你根本不可能在两天内交付任何东西。如果在本地开发人员安装的过程中经常需要人提供帮助，那么你至少需要提供更好的文档，或者最好是更好地实现流程自动化。完整的交付渠道和其他任何问题也是如此。

如果你有一些新人必须学习的奇怪的内部知识或专有知识，那么新人会告诉你可以使用标准替代方法。

10.6.3　惊讶报告

新人的超能力将带来全新的视角。惊讶报告是一种简单而有效的工具，可用于学习应记录的内容和可以改进的内容。

要求所有新人在上班的前几天报告所有令他们感到惊讶的内容。即使他们来自同一公司或有相似的背景，也可能带来新的视角。建议每个新人都带一个笔记本，看到令他们惊讶的事情立即记下来，以免忘记。保持坦诚是最重要的，所以观察期要短，比如两天或一周。即使是两天的时间也足够让你适应，让你觉得怪异的东西不再那么怪异了。根据评论做出改进。

10.6.4　包括一些前期文档

> 成为当你是孩子时希望身边能有的那种成年人。编写那些你开始项目时希望能有的文档。
>
> —— @willowbl00

有时按需编写文档的方法可以通过一些前期文档来补充。这样做的危险在于，你可能会创建一些永远不会有用的推测性文档。这样做的好处是，那些明显必需的知识可以帮到人们，而无须等 "二次法则" 来触发这些需求。

想象自己是一个项目的新成员，对项目一无所知。如果你还记得刚加入时项目的样子，那就更简单了。然后创建你当初希望找到的理想文档。

但是，知识的诅咒会使这种方法几乎无效。你可能根本无法想象如果你不知道现在已经知道的信息，会是什么样。

事先猜测哪些信息会对你不认识的其他人有用，并尝试执行你无法预测的任务是非常难的。尽管如此，仍有一些启发式方法可以帮助你决定何时应该将一个知识立即记录下来。

- 每个人都认为它应被记录在案。
- 这是一个热门话题（有争议）。
- 已经讨论了很长时间，例如在冲刺计划会议中。
- 参与其中的一些人对其有很深或令人震惊的误解。
- 这个知识很重要，并且无法从代码中猜测或推断出它。
- 知识应该重构以避免对文档的需求，但是现在这样做并不现实。关于每天改进文档，Andy Schneider 说了一句很有意义的话，重点在于同理心："让你添加的价值永远有效。"

标语"处理代码时写上注释，让下一个人不必经历同样的痛苦"并不能准确地告诉你何时应做或何时不应做与文档相关的事情。这仍然取决于你的判断。但是它让我们明白，这一切都是为他人保护价值。

用于激发按需文档的技术是在技能矩阵的帮助下或通过知识待办列表来定义文档的内容。

1. 知识待办列表

为了获得一份知识待办列表，让每个团队成员在即时贴上写下他们想要有的知识，然后贴到墙上，并让他们以协商一致或投票的方式决定应首先记录的内容。这可以会成为你的知识待办列表。每隔几周或每次迭代时，你都可以从中选出一两项，并决定如何解决它们，无论是通过结对编程（增强代码使结构在代码本身中可见），还是将这个领域相关的特定知识记录成 Wiki 上的常青文档。

知识待办列表创建会议可以在你的回顾中完成。

但是，要留意待办列表项的增多，并避免使用电子跟踪器。在白板底部贴即时贴就足够了，空间不足就表示待办列表太长了。

2. 技能矩阵

如果不创建知识待办列表，你可以选择创建具有预定义领域的技能矩阵，并要求每个团队成员声明他在每个领域的熟练程度。这种方法的一个限制是矩阵会反映出矩阵创建者的视角，而且会忽略矩阵创建者无意或故意忽略的技能领域。

正如 Jim Heidema 在博客文章中描述的那样，你可以使用技能矩阵作为一个包含许多象限的图表。这个图表可以贴在会议室中，用于识别项目所需的技能和团队中的成员。在左列中，列出所有团队成员。在图表顶部，列出团队需要的所有技能。然后，每个人查看自己所在的行，查看每种技能，再根据图表下方的范围，确定他可以填充的每个圆环的象限。范围是从无技能到能培训每列中的所有技能。

0：没有技能
1：基础知识
2：执行基本任务
3：执行所有任务（专家）
4：教所有任务

每当技能矩阵显示缺乏技能时，你就需要计划提供培训或以某种方式改进文档。

10.7 互动式文档

书面文档无法与人互动。正如 Jukka Korpela 对 Wiio 沟通定律的评论一样，如果一份书面文档"（例如书、网页或报纸上的文章）奇迹般地起了作用，那是因为作者参与了其他地方的对话"。

要使书面文档有用，仅键入文本是不够的。George Dinwiddie 在博客中建议"记录读者可能遇到的问题"，并"让多个人审核这些问题"。书面文档应该像一份有效的互动对话记录，这会使它更有可能再次发挥作用。

但是，借助所有能用的技术，你也可以打破书面文字的限制。你可以创建在具有一定交互性的文档。

例如，Gojko Adzic 将启发式测试检查清单转换为浏览器中的一个菜单，即被称为 BugMagnet 的小助手（参见图 10-6）。

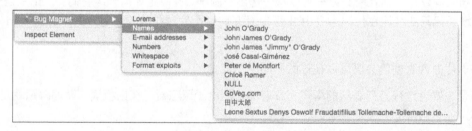

图 10-6   BugMagnet

点击 Names，然后点击菜单中的 NULL，会在浏览器的编辑字段中直接填充字符串 NULL。这本来只是一个需要手动输入表单的普通清单，但是 Gojko 加了一个步骤，让其更具交互性。请注意导航这个菜单的提示效果：它请求被使用，列出项至少比打印的清单要多。

因此，只要有可能，最好选择交互式文档而不是静态的书面文字。使用超媒体通过链接导航到内容。将文档转变为诸如检查器、任务助手或搜索引擎之类的工具。

你已经知道几个交互式文档示例，因为它们无处不在。

□ 带有可导航链接的超媒体文档，由 Javadoc 和其他语言的等效系统生成。

□ 像 Pickles 这样将 Cucumber 或 SpecFlow 报告转换成交互式网站的工具，或者像 FitNesse 这种从一开始就具交互性的工具。

□ Swagger 之类的工具，可以将 Web API 的信息形成文档并发布成一个交互式网站，而且具有直接发送请求和显示响应的内置功能。

□ 你的 IDE。它提供了许多文档功能，只需按键或点击鼠标即可：调用栈、搜索类型或引用、类型层次结构、查找出现的内容、在编程语言中找到抽象语法树，等等。

如下一节所述，将文档变成易于阅读的自动化形式，有助于进行交互式发现：你可以执行和修改自动化代码（脚本和测试），以便在修改主题和查看效果时能更深入地了解主题。

10.8　声明式自动化

每次自动化一个软件任务时，你应趁机让它成为一种文档形式。软件开发的各个方面都越来越自动化。在过去的几十年中，一些流行的工具改变了我们的工作方式，用自动化流程替代了一些重复性的手动任务。持续集成工具从源头上自动构建软件，而且即使在远程目标计算机上也可以自动执行测试。

像 Maven、NuGet 和 Gradle 这类工具会自动完成对所有必需依赖关系的检索。而像 Ansible、Chef 和 Puppet 这类工具会声明并自动化所有 IT 基础架构的配置。

这种趋势有一点很有趣：为了自动化你想要的过程，你必须先描述它。你声明这个过程后，工具会解释这个过程并执行它，这样你就不需要执行这个过程了。好消息是，当你声明这个过程时，你就是在记录它——不仅是为机器记录，也是为人记录，因为你必须维护它。

因此，每当你自动化一个过程时，趁机使其成为这个过程的主要文档形式。相较于依赖规定性脚本风格的工具，我更喜欢支持声明式配置风格的工具。确保声明式配置主要针对人类用户，而不仅仅是针对工具。

这么做的目的是使声明式配置成为过程的单一信息源。这是一个很好的文档示例，它是一个人类和机器都能用的文档。

在所有这些新的自动化工具出现之前，我们是怎么做的？在最坏的情况下，这个过程是由某个人手动完成的，他拥有操作方法的隐性知识。当他不在时，工作就无法完成。运气好一点的话，我们会有一个 Microsoft Word 文档，其中混合使用文本和命令行来描述这个过程。但是，试着用了几次这个文档后，你会发现如果不问作者你几乎不可能成功：某些内容缺失了，而另一些则已过时，并且还有错误指示。这是一个带有误导性文档的手动操作过程。如果很幸运，我们会有一个脚本可以自动执行这个过程。但是，当错误发生时，我们还是必须向作者寻求帮助进行修复，因为脚本代码非常晦涩。而且它会有一个单独的 Microsoft Word 文档，尽管里面的内容不完整而且已经过时，但是管理层会以为它已经描述了这个过程，所以很开心。这是一个自动化的过程，但是仍然没有有用的文档。

现在我们知道得更多了，解决所有先前提到的问题的关键词是**声明式**和**自动化**。

10.8.1　声明式风格

对于要被看作文档的工件，它必须有表现力而且容易被人们理解。它还应该解释意图和高层决策，而不仅仅是解释实现细节。

逐步规定要做什么的命令式脚本无法完成重要流程的自动化。它们只关注**怎么做**，而**为什么**这么做这种有趣的决策和思考过程（如果有），则只能通过注释来表达。

由于以下两个因素，声明式工具在支持优秀的文档方面更为成功。

❑ 它们已经知道如何执行许多典型的低级操作，这些操作已经由专门的开发人员用代码编写为可重用的现成模块。这是一个抽象层。

❑ 它们在顶部提供了一种声明式的领域特定语言（DSL），这种语言更加简洁且富有表现力。这种 DSL 是标准的，而且本身已有详细记录，因此它比内部脚本语言更易于理解。这种 DSL 通常以一种无状态和幂等方式描述所需的状态。在不考虑当前状态的情况下，解释会变得更加简单。

自动化

为了保证已声明知识的真实性，自动化必不可少。有了现代的自动化方法，你往往会非常频繁地运行这个过程，甚至是连续运行或每小时运行数十次。你需要保持它的可靠性并使其始终保持最新状态。你必须想办法减少维护的工作量。因此，你依赖的自动化会成为一种**一致性机制**，即当声明的过程出现错误时，该机制就会让你明显地看到这个错误。

这种转变是一场革命，或者说是一种进化。最后，你会拥有最新的知识，它们以你讨论信息的方式描述了你想要的信息。工具越来越能根据我们的思维方式提供服务，而这在很多方面都改变了游戏规则，尤其是在文档方面。

10.8.2　声明式依赖关系管理

在构建自动化环境中，**依赖关系管理器**（也称为**包管理器**）是在构建过程中起关键作用的工具。它们可靠地下载库（包括它们的传递依赖项），解决许多冲突，甚至可以跨多个模块支持你的依赖关系管理策略。

在自动化之前，人们需要手动管理依赖关系。你可以将某些版本的库手动下载到/lib 文件夹中，然后再存储到源代码控制系统中。如果依赖项有依赖关系，你还必须查看网站并下载所有这些内容。每当你必须切换到新版本的依赖项时，都必须重复所有这些操作，这一点也不好玩儿。

大多数编程语言支持流行的依赖关系管理器，包括 Apache Maven 和 Apache Ivy（Java）、Gradle（Groovy 和 JVM）、NuGet（.NET）、RubyGems（Ruby）、sbt（Scala）、npm（Node.js）、Leiningen（Clojure)、Bower（Web），等等。

为了完成自动化工作，这些工具需要你声明所需的所有直接依赖关系。你通常在一个简单的文本文件（通常称为清单文件，manifest）中执行这个操作。这种清单是一个物料清单，指示需要检索什么内容来构建你的应用程序。

使用 Maven 时，声明是在名为 pom.xml 的 XML 清单文件中完成的：

```
1  <dependency>
2  <groupId>com.google.guava</groupId>
3  <artifactId>guava</artifactId>
4  <version>18.0</version>
5  </dependency>
```

在 Leiningen 中，声明是在 Clojure 中完成的：

```
1  [com.google.guava/guava "19.0-rc1"]
```

无论采用哪种语法，你想要的依赖关系的声明始终在以下三个值的元组中进行：组 ID、工件 ID 和请求的版本。

在某些工具中，请求的版本不仅可以是版本号（例如 18.0），还可以是[15.0, 18.0)之类的范围（表示从 15.0 版到 18.0 版的所有版本，不含 18.0 版），也可以是特殊关键字（例如 LATEST、RELEASE、SNAPSHOT、ALPHA 或 BETA）。从范围和关键字的这些概念中你可以看出，这些工具已经能以与开发人员相同的抽象思维水平工作。表达必要依赖关系的语法是声明式的，这是一件好事。

使用声明式自动化，请求的依赖关系的声明也是依赖关系文档的单一信息源。在依赖项清单文件中，知识已经有了，因此无须在其他文档或 Wiki 中再次列出这些依赖项。如果你创建了这么一个清单，很可能忘记更新它。

但是，与往常一样，到目前为止，依赖关系的声明中还缺少一样东西：你不仅要声明你向工具请求的内容，而且还要声明相应的依据。你必须记录这些依据，以便将来新加入的人可以迅速了解包含每个依赖关系的原因。再添加一个依赖关系绝不能太容易，所以，如果能有一个令人信服的理由说明为什么要添加就好了。一种方法是在文件中的依赖项旁边添加注释：

```
1  <dependencies>
2    <!-- 依据：JDBC 的一个轻量型替代方案，没有魔法  -->
3    <dependency>
4       <groupId>org.jdbi</groupId>
5       <artifactId>jdbi</artifactId>
6       <version>2.63</version>
7    </dependency>
8  <dependencies/>
```

你可能想要添加描述，但这不是必需的，因为它已经包含在依赖项本身的 POM 中。在 Eclipse 之类的 IDE 中，按下 Ctrl 键（在 Mac 上按 Cmd 键）就可以很容易地导航到依赖项的 POM。当鼠标光标悬停在 POM 中的依赖项元素上时，它会变成一个链接，允许你直接跳转到依赖项的 POM，如图 10-7 所示。那是混合了声明式自动化的集成文档。太棒了！

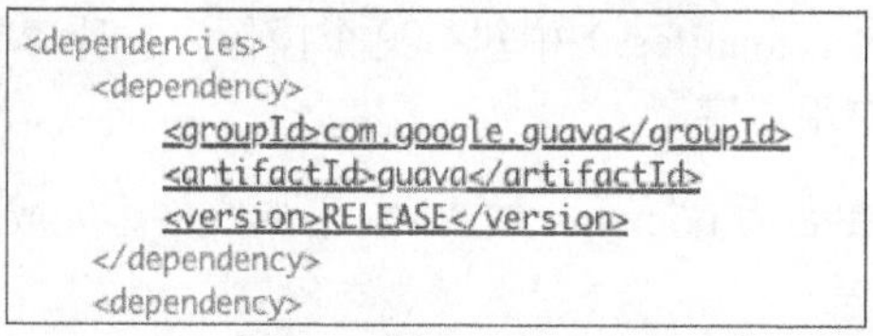

```
<dependencies
<dependency>
    <groupId>com.google.guava</groupId>
    <artifactId>guava</artifactId>
    <version>RELEASE</version>
</dependency>
<dependency>
```

图 10-7　在 Eclipse POM 编辑器中导航 Maven 依赖项

关于依赖关系及其版本的知识容易访问吗？这取决于受众。对于开发人员而言，最便捷的方法是查看清单文件并使用 IDE，因此无须执行任何其他操作。可能会有的一个问题是：当将范围或关键字用于版本时，仅通过查看清单文件你无法知道在给定的时间点正在检索的确切版本。但是，开发人员知道如何查询依赖关系管理器以按需获取此信息。例如，在 Maven 中，他们会运行以下命令：

```
mvn dependency:tree -Dverbose
```

对于非开发人员而言，你会希望将有趣的内容提取出来并发布到 Excel 文档或 wiki 中。但是，非开发人员对这种知识真的非常感兴趣吗？

10.8.3　声明式配置管理

抱歉，这个花了那么长时间。我的 bash 历史记录丢了，所以不知道我们上次是怎么解决这个问题的。

—— @honest

配置管理比依赖关系管理复杂得多。它涉及诸如应用程序、守护进程和文件之类的资源，每个资源都有很多属性及其所有的依赖关系。但是，有些工具采用了类似于依赖关系管理器及其清单文件的声明方法。使用这些工具时，你应该不需要过多地使用命令行（与图 10-7 中的情况相反）。

用于管理配置的工具中，最受欢迎的是 Ansible、Puppet、CfEngine、Chef 和 Salt。但是，其中一些是命令式的（如 Chef），而其他一些是声明式的（如 Puppet 和 Ansible）。

例如，Ansible 声称它"用了一种非常简单的语言……，允许你以接近简明英语的方式描述自动化工作"，这是典型的声明式方法，正如 Big Panda 博客中描述的那样：

Ansible 的理念是，任务剧本（无论是用于服务器配置、服务器编排还是应用程序部署）应该是声明式的。这说明编写任务剧本不需要了解服务器当前的状态，只需要了解它的期望状态即可。

Puppet 也有类似的理念。以下是用于管理 NTP 的 Puppet 清单文件的节选：

```
1   # 如有必要，添加注释
2   service { 'ntp':
3     name       => $service_name,
4     ensure     => running,
5     enable     => true,
6     subscribe  => File['ntp.conf'],
7   }
8
9   file { 'ntp.conf':
10    path      => '/etc/ntp.conf',
11    ensure    => file,
12    require   => Package['ntp'],
13    source    => "puppet:///modules/ntp/ntp.conf",
14  }
```

Puppet 强调它的清单文件是自记录的，甚至为许多监管机构提供了合规证明。

自记录文档

Puppet 的清单文件非常简单，任何人（包括 IT 和工程部门之外的人员）都可以阅读并理解它们。

审计能力

无论是外部审计还是内部审计，能拥有已通过审计的证明都是好事。而且，你可以轻松地向自己的主管证明已达到合规性要求。

声明式语言（就像这些工具中使用的这些一样）不仅能让你将期望的状态传达给工具，还可以传达给团队中的其他人员或外部审计人员。

同样，要使这些清单文件成为对人类来说完整且有用的文档，通常缺少的是每个决策的依据。如果你想让所有感兴趣的受众都能理解这么一份 Puppet 清单文件，那么可以（比如通过注释）在清单文件中记录依据和其他高层级信息。

因为关于配置的知识是以正式的形式在工具中声明的，所以，如果活图表有助于推理，也可以用这些知识生成一个活图表。例如，Puppet 包含一个图表选项，这个选项会生成一个能显示所有依赖关系的.dot 图表文件。当你遇到依赖关系问题时，或者当你想直观地查看清单文件中的内容时，这很有用。

图 10-8 显示了 Puppet 生成的一个图表示例。

这种图表可以很方便地重构清单文件，使其更整洁、更简单和更具模块化。正如 John Arundel 在博客中描述 Puppet 的这一功能时写道：

在开发 Puppet 清单文件时，你需要时不时地对其进行重构，使其更整洁、更简单、更小巧、更模块化，有一张图表作对照对于你完成这个过程可能非常有帮助。原因之一是，图表能让你看清楚你需要进行一些重构。

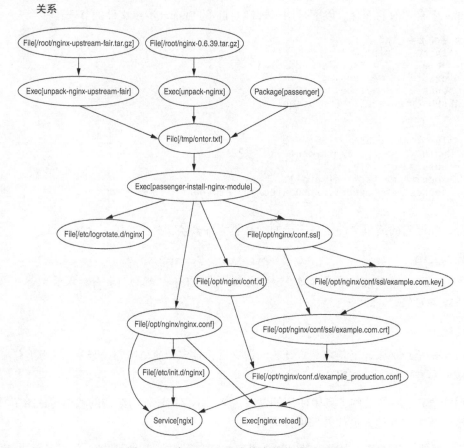

图 10-8　由 Puppet 生成的资源依赖关系图

10.8.4　声明式自动化部署

与配置管理一样，许多工具可以使你的部署自动化，包括必要的公司工作流程和回滚过程，并且能只部署那些需要变更的内容。这些工具包括带有自定义或标准插件的 Jenkins 和 Octopus Deploy（.NET）。

以下是 Octopus 网站上的一个部署工作流示例：

- □ 将负载均衡器重定向到"停机维护"站点
- □ 从负载均衡器中移除 Web 服务器
- □ 停止应用程序服务器
- □ 备份和升级数据库
- □ 启动应用程序服务器
- □ 将 Web 服务器重新添加到负载均衡器中

　　在这样一个工具中，通常通过在用户界面上点击来设置部署和发布工作流，并将设置保存在数据库中。尽管如此，工作流是以声明式方法描述的，而这种描述每个人在看到工具屏幕时都能理解。每当你想知道它是如何完成的，只需在工具中查找即可。

　　因为它是声明式的，而且工具了解部署的基础知识，所以就有可能用简洁的方式描述复杂的工作流，这种描述更接近我们的思考方式。例如，应用标准的持续交付模式是可能的，如金丝雀发布和蓝绿部署。Octopus Deploy 通过一个名为**生命周期**（lifecycle）的概念来管理这个问题。生命周期是一个抽象概念，对于轻松执行这类策略很有用。

　　工具不仅可以使工作本身自动化并降低出错的可能性，还可以为你可能或应该使用的标准模式提供现成的文档。因此，你不需要自己编写更多文档。

　　假设你决定为应用程序采用蓝绿部署。你可以配置工具来完成部署，以下就是你需要做的工作。

- ❑ 在一个稳定的文档（例如 README 文件）中声明你已经决定执行蓝绿部署。
- ❑ 链接到与该主题相关的权威性文献，例如 Martin Fowler 网站上的模式。
- ❑ 配置工具和生命周期以支持模式。
- ❑ 链接到工具网站上描述如何在工具中专门处理这个模式的页面。

　　以下是在工具的上下文中对这个模式的描述。

　　　　模拟：蓝色环境处于活动状态时，绿色环境成为下一次部署的模拟环境。
　　　　回滚：我们部署到蓝色环境中并将其激活。然后发现了一个问题。由于绿色环境仍在运行旧代码，我们可以轻松回滚。
　　　　灾难恢复：部署到蓝色环境并对它的稳定性感到满意之后，我们可以将新版本也部署到绿色环境中。这为我们提供了一个备灾的备用环境。

　　要使自动化成为提供文档的声明式自动化，无论是在文本中、屏幕上还是数据库中，工具的配置都必须是真正声明式的。它还必须尽量避免抽象地处理对每个参与人员都重要的事情。如果一个命令式步骤带有很多基于低层级的详细信息（例如，缺少文件或者操作系统进程的状态）的条件，它不可能会晦涩难懂。

10

搭建分步指南

　　每当你加入一个新团队或新项目时，都需要设置工作环境，并且需要为此编写一些文档，至少在很多公司里仍然是这样。wiki 上可能会有一个 Newcomers 页面，上面列出了一长串步骤，告诉你如何开始参与一个应用程序的工作。这种列表往往不是最新的，可能还有断链，或者缺少必要的信息，因为很明显它们还在作者的脑子里。尽管定期会有新成员加入，但这种问题仍然存在。

　　有些团队做得好一点，会为新成员提供一个安装程序。运行这个安装程序后，它会提示你回答一些特定的问题，然后工具环境就设置完成了！如果这种安装程序是自定义内部脚本，那么它可能并不能一直正常工作，但是你可以想一下：为什么要用文本形式记录那些可以被自动化和记录为工具的内容呢？

这种方法通常称为**脚手架**（scaffolding），不仅适用于新手，而且还允许用户快速启动一个应用程序。Ruby on Rails 可能是用于这种方法的最受欢迎的工具。

很多工具可以用来搭建脚手架，如自定义脚本、Maven 原型、Spring Roo、JHipster 等。有时也可以使用配置管理工具为新团队成员创建工作设置，或设置以后可以修改的应用程序模板。

如果最终的自动化过程非常可靠，那么关于操作过程的文档就不那么重要了，但总的来说，我更倾向于使用标准工具而不是内部脚本，而且我肯定会选择那些本身有良好的文档记录和维护，而且拥有可看作文档的声明式配置的工具。

脚手架必须是非常容易使用的，即使是在没有用户指南的情况下。它应该提出一些简单的问题，逐步指导用户，提供一些合理的默认值，并提供很好的答案示例。

有一个名为 JHipster 的开源脚手架工具。它与命令行向导一起使用，当从头开始创建一个新的应用程序时，它会提示如下一些问题。

- 你的应用程序的库名称是什么？
- 你要使用 Java 8 吗？
- 你要使用哪种身份验证？
- 你要使用哪种类型的数据库？
- 你要使用哪个生产数据库？
- 你要使用 Hibernate 二级缓存吗？
- 你要使用群集 HTTP 会话吗？
- 你要使用 WebSockets 吗？
- 你要使用 Maven 或 Gradle 吗？
- 你要使用 Grunt 或 Gulp.js 来构建前端吗？
- 你想使用 Compass CSS Authoring Framework 吗？
- 你要使用 Angular Translate 启用翻译支持吗？

对于每个问题，都要清晰地说明可能的答案和结果，以帮助做决策。这也是内联的、定制的帮助。生成的代码是所有决策的结果。如果选择了 MySQL 作为数据库，那么你会有一个 MySQL 数据库设置。

将对向导的所有问题的回答记录到一个文件中（它们仅作为日志或在控制台中保留），从而为应用程序提供一个高层级的技术概述，这会很有趣的。例如，它可能会包含在 README 文件中。

向导应该设计一些有用的异常，在问题发生时能准确地告诉你做什么、如何做、在哪里能解决这个问题。

10.8.5 机器文档

在开始使用云服务之前，我们必须了解每一台机器，一般会有一个 Excel 电子表格，上面列出了所有机器以及它们的主要属性。这个列表经常会过时。

既然机器上的服务正在迁移上云，那么我们也就不需要再维护这种电子表格了，因为信息变更过于频繁，有时一天会变更多次。但是，由于云服务本身是自动化的，因此现在可以通过云服务的 API 免费获得非常准确的文档。

云服务 API 类似于声明式自动化。你声明你需要的内容，例如"我想要一台部署了 Apache 的 Linux 服务器"，然后你可以查询当前可用的机器清单及其所有属性。其中许多属性是标签和元数据，它们可以为图片添加更高层级的信息，例如，它可能不是"2.6GHz Intel Xeon E5"，但它是一台"高 CPU 配置的机器"。

10.8.6 关于普遍自动化的评论

> 同一件事不要做两次。如果已经做了，那么是时候自动化了。
>
> ——引用自与 Woody Zuill 的某次对话

人类善于做一些创新性的工作，而机器善于做一些重复性的工作。自动化可以带来好处，但要付出代价。自动化本身并不是目的，而是在重复性任务上节省时间并增强可靠性的一种手段。但是总会出现成本超过收益的情况。只要成本比重复性收益低，你就应该在自动化上有所投入。

另外，如果某个任务每次执行时都是新的或有所不同，那么你应该先等等，看一下任务中是否有足够多的重复性工作，再考虑自动化，决定哪些工作需要保留手动操作。

10.9 强制性规范

最好的文档能在正确的时间用正确的知识提醒你，甚至不需要你阅读。

仅提供信息是不够的。没有人能提前阅读并记住所有可能的知识。而且，你需要很多知识，但是无法确定你是否需要它。

注意

你甚至不知道你不知道很多你应该知道的东西。

看看编码规范吧。很多公司和团队花时间编写规范，但是生成文档后，人们几乎不会阅读或者经常无视这些规范。

你如何记录所有已做出的决策以及每个人在工作时应遵守的决策？这些决策的例子包括主要的架构决策、编码规范以及与风格和团队偏好相关的其他决策。

一种常见的方法是花时间将这些决策编入规范或风格指南。问题在于，这些决策的页数很快就会超出你的预期，而一份充斥着"你应该这么做"和"你不应该那么做"的 12 页文档，真不能算是一个令人兴奋的读物。结果，这些文档中的大多数就像法律文件一样，非常无聊，以至于大多数团队成员从来没有读过它们。他们假装在入职时就已经读过它们了，但事实是，他们几乎都是看完两三页之后就再也不看了。

即使他们真的读过这些规则，以列表形式描述的规则也不太好记，而且，除非你喜欢这些规则，否则是记不住大多数规则的。实际上，这些指南在你有疑问时可用作参考，仅此而已。

但是，如果没有规范，每个人就会只按自己的风格、喜好和技能编写代码。对于集体协作来说，一套要求一致的共享规范是必要的。

那么人们如何学习他们必须遵循的所有决策和风格呢？他们可以通过阅读其他人的代码、代码审查以及捕获违规的静态分析工具的反馈来学习所有这些内容。

如果代码是规范的，阅读代码效果会很好，但实际情况并非总是如此。当然，代码审查和静态分析有助于改进这一点。只要代码审查人员牢记所有决策和风格偏好，并且认同它们，代码审查的效果就会很好。静态分析非常适合那些不需要细微差别或上下文解释的规则或决策。而且，由于静态分析工具的配置必须有用，因此一旦配置完成，它们自然而然地就成了所有规范的参考文档。

因此，使用一种机制来执行已成为规范的决策。使用工具检测违规行为并在违规时以可视化的警报形式提供即时反馈。不要浪费时间写没有人阅读的规范文档，而应该使强制执行的机制具有足够的自我描述性，以便可以将其用作规范的参考文档。

代码分析工具有助于保持代码中任意一个内容的高质量，这反过来又有助于使代码成为典范。当程序员在代码审查或结对编程期间对某条规则犹豫不决时，它也可以作为参考。

强制性规范的意义在于接受这种观点：文档甚至不需要被阅读也能发挥作用。最好的文档会在正确的时间（你需要时）为你提供正确的知识。通过工具（或代码审查）强制执行规则、属性和决策，会准确地在团队成员忽略必需的知识时教会他们这些知识。

> **注意**
>
> 强制性规范提供了持久性知识，使知识再次互动。

10.9.1　规则的一些例子

外观规则有助于实现代码一致性，在合并代码时也能提供帮助。示例如下：

□ 不能省略花括号；
□ 字段名称不得使用匈牙利表示法。

关于指标的规则有助于避免过于复杂的代码。以下是一些示例：

❏ 避免使用深度继承树（最大深度为 5）
❏ 避免使用复杂的方法（最多 13 步）
❏ 避免代码行太长（最多 120 个字符）

规则提供了一种鼓励或强制编写更好代码的方法。以下是一些示例：

❏ 不要破坏栈跟踪
❏ 异常应该是公开的

有些规则可以直接避免 bug 的产生：

❏ ImplementEqualsAndGetHashCodeInPairRule
❏ 正确测试 NaN

甚至可以将某些架构决策作为规则来制定。看一下以下示例：

❏ DomainModelElementsMustNotDependOnInfrastructure
❏ ValueObjectMustNotDependOnServices

然后，你可以在这些规则之上添加一些游戏元素，如图 10-9 所示。

图 10-9　规范执行力

10.9.2　不断发展规范

规范是有目的的，例如，帮助团队合作、减少合并代码时的 bug 或错误等问题、保留性能和可维护性之类的质量属性。不存在一套理想而且明确的规范。相反，你应该从一些规范开始，使用并发展它们，从而使规范尽可能合适。

最好的规范并不是上级强加的。最好的规范是一个或多个团队在合作过程中，互相讨论，就一些有用的共享规范达成一致而产生的。如有必要，请随时变更规范。当然，你可能不想每天变更代码行的长度。

以下是一个全新项目的示例规范列表：

❑ 单元测试覆盖率 > 80%
❑ 根据方法计算的复杂度 < 5
❑ 根据方法计算的 LOC < 25
❑ 继承深度 < 5
❑ 参数数量 < 5
❑ 成员数据字段数量 < 5
❑ 所有都基于 Checkstyle 规则

10.9.3   强制或鼓励

在一个全新的项目中，你通常会严格地从许多强制性规范开始，违反这些规范的每行新代码都会被拒绝提交。而在一个遗留项目中，你通常无法这么做，因为现有的代码（即使是一个很小的模块）可能已经有数千个违规。在这种情况下，你可以选择只强制执行最重要的规范，而将其他所有规范作为**警告**。另一种方法是仅对新代码行使用更严格的规则。

有些团队开始会使用一些规范，适应了以后，他们会添加更多规则，并使现有规范变得更加严格，从而不断进步。

当公司要求每个应用程序都遵循最低限度的规范时，每个团队或应用程序都可以决定使规范更严格而不是更弱。像 Sonar 这种工具会提供不同规范集之间的继承（称为**质量配置文件**），以帮助实现这一目标。你可以定义一个配置文件，扩展公司的配置文件并添加更多的规则，或者使现有规则更严格以适应你自己的风格。

10.9.4   声明式规范

因为规范集（或质量配置文件）可以被命名，所以它们的名称也就成了规范文档的一部分。你可以让新人去查构建配置，他们会在其中找到规范集的名称。他们可以在工具里查找，并发现它扩展了公司的规范集。他们可以按类别或严重性浏览规则，并根据需要以交互方式检查参数。构建配置甚至还有一个搜索引擎。

每个给定的规则都有一个键、一个标题以及关于它是什么和为什么有这条规则的简短描述。使用键或标题，你可以在这个工具里或直接在网络上查找更完整的文档。

例如，如果你在网上查找 ImplementEqualsAndGetHashCodeInPairRule，会立即从.Net 的 Gendarme 插件中找到它的参考文档：

> 这条规则检查这些类型：它们要么覆盖 Equals(object) 方法而不覆盖 GetHashCode()，要么覆盖 GetHashCode 而不覆盖 Equals。为了正常工作，类型应始终一起覆盖这些。

这种参考文档通常包括几个代码示例：一个糟糕的示例，以及一个能说明规则要点的良好示例。这就很好了，因为文档已经有了。如果已经有人将这个事做好了，为什么还要再写一次呢？

10.9.5　工具的问题

实践中用于设置强制规范的常见工具有编译器、代码覆盖率、静态代码分析工具、bug 检测器、重复检测器和依赖关系检查器。

Sonar 是一个很受欢迎的工具，它本身依赖于许多插件来完成工作。当工具的配置不是带有冗长的 XML 和规则标识符的文档时，像 Sonar 这样的工具会使编码规则的配置在便捷的 UI 中更容易理解，甚至可以成为关于规范的参考。

即使插件实际上是通过 XML 文件配置的，Sonar 也会在屏幕上很友好地显示编码规则列表，你可以在那里修改它们以及内容中的参考描述。这些信息也可以以电子表格的格式导出。如果你真的想花时间手动记录编码规范，只需给出总体意图、优先级和偏好，然后让工具提供详细信息即可。

其他规范可以通过访问控制来强制执行。假设你已决定从现在开始冻结一个遗留组件，而且没有人有权提交关于它的修改，你可以只是撤销所有人的写授权。但这本身并不能解释你为什么做出这个决定。因此，你应该希望有人提出问题，而这种知识转移会通过对话完成。

大多数自动化手段在任何时候都不会百分之百合适，因此有时会违反强制执行的规范。只要强制执行仍然能持续地遵守规范，这种违规就不一定是灾难。

如果规范的一个元素不能强制执行，那么它可能并不真的是这个规范的元素。你可能想将它添加到简短的检查表中，供人工审查代码或在结对编程期间检查代码。但这已不再是强制性规范了。

但是，如果你有新规则，可以考虑使用新规则或新插件来扩展现有工具。编译器通常有扩展点，你可以利用钩子在这些扩展点上添加其他规则。诸如 Sonar 之类的工具可以通过自定义插件进行扩展，而检查器则可以通过新规则进行扩展，有时是使用 XML 进行扩展，而有时仅使用代码。

10.9.6　规范还是设计文档呢

想象一下，你的领域模型的规范集如下：

❏ 功能优先（默认情况下不可变且无副作用）
❏ 无空值
❏ 无框架污染
❏ 不使用 SQL
❏ 不直接使用日志记录框架

❑ 不导入任何基础架构技术

在撰写本文时，现有的静态分析工具和插件尚不支持所有这些规范，因此除非你创建自己的工具，否则无法执行这个强制性规范。但是，这些规范是可以通过使用注解记录在代码本身中的设计决策，如第 4 章所述。

实际上，表达为注解的这种设计声明使你可以使用分析工具来强制执行编码标准和其他规范。一旦你声明代码在给定的包中应该都是不可变的，就可以使用解析器检查主要的违规情况。

不可变和无空值的期望是可以通过编程来强制实现的。这么做当然不完美，但是，对于任何新加入的成员来说，在提交几次后他们就能学会这种风格了。

10.9.7   如果被篡改，保证标签无效

Hamcrest 是一个受欢迎的开源项目，它提供匹配器来编写漂亮的单元测试。它提供了许多开箱即用的匹配器，你还可以使用自己的自定义匹配器来对其进行扩展。通常，当这么做时，应该阅读开发人员指南，但不是每个人都会这么做。因此，Hamcrest 采用了一种创造性的命名方式，从而不太可能因为不知道而破坏了设计决策：

```
1   /**
2    * 这个方法只是一个友善的提醒\
3    * 不要直接实现 Matcher，而要扩展 BaseMatcher
4    * 忽略 JavaDoc 很容易，但是忽略编译错误有点难
5    *
6    *
7    *
8    * @see Matcher for reasons why.
9    * @see BaseMatcher
10   * @deprecated to make
11   */
12    @Deprecated
13 _ void _dont_implement_Matcher___instead_extend BaseMatcher_();
```

Hamcrest 的 Matcher 方法没有实现匹配器，而是扩展了 Base Matcher，这是一个不可能错过否则就无用的文档编写方法。你仍然可以故意破坏它，但重点是你知道你在这么做。这是一种"如果被篡改则保证无效"的标签。如果文档不可避免，那这是编写这类文档的一种独创性的方法。

有趣的是，在这个强制性规范的示例中，强制执行是由潜在的违规者本人完成的。

以下是一些更类似的示例。

❑ **根据异常编写文档**：假设你决定将一个遗留组件从可读可写变为只读，你可以使用文本或注解来对此进行记录，但是你如何确保没有人会增加写行为呢？一种方法是将写方法保留在所有数据访问对象上，但让它们抛出异常，方法是使用 IllegalAccessException ("The component is now READ-ONLY")。

❏ **许可证机制**：你可以创建一个模块，没有人可以将它导入某个特定项目以外的项目，而你也无法在包管理器中进行这个操作。你可以设计一个非常简单的许可证机制：导入模块时，它会引发异常，提示它缺少许可证文本文件或许可证 ENV 变量。这个许可证可以是诸如"我不应该导入这个模块"之类的免责声明。你可以修改它，但是如果你这么做了，就表示你接受了免责声明。

10.9.8　信任至上的文化

将规范作为自动化规则或者通过访问限制来强制执行规范可能表示对团队缺乏信任，但是这在很大程度上取决于公司的文化。如果公司的文化确实是推崇人与人之间的信任、自治和责任，那么强制性规范应在所有参与人员完成讨论并达成共识后才能引入。最糟糕的是，引入强制性规范可能会发出错误的信号并破坏信任，由此带来的损失远大于你所追求的收益。

10.10　受限行为

除了文档，你还可以影响或约束行为。强制执行规范并不是在适当的时间将正确的知识带给开发人员的唯一方法。另一个方法比较有趣，就是在一开始就影响或约束他们去做正确的事，而不必让他们意识到这一点。

10.10.1　轻松地做正确的事

例如，你可以决定"从现在开始，开发人员**必须**编写更多模块化的代码，因为**必须**分别部署新的小型服务"。你甚至可以将该决策打印到规范文档里，并希望每个人都可以阅读并遵循这个决策。

你也可以在改变环境上进行投资。

❏ **提供良好的自助服务 CI/CD 工具**：使设置新的构建和部署渠道变得很容易，这样开发人员就更有可能创建新的独立模块，而不是将所有新代码放入同一个大泥潭中，尽管他们知道如何构建和部署后者。
❏ **提供一个良好的微服务框架**：使引导新的微服务变得很容易，而不需要花时间将所有必要的库和框架连接在一起，这样你就可以鼓励模块化。

Sam Newman 在《微服务设计》一书中写道，使用他所谓的"定制服务代码模板"可以轻松地做正确的事：

> 如果能够让所有的开发人员很容易地遵守大部分的指导原则，那就太棒了。一种可能的方式是，当开发人员想要实现一个新服务时，所有实现核心属性的代码都是现成的。
> ……
> 举个例子，如果你想要规范化断路器的使用，那么可以将 Hystrix 这样的库集成进

来。或者，如果你想把所有的指标数据都发送到中心 Graphite 服务器，那么就可以使用像 Dropwizard's Metrics 这样的开源库，只需要在此基础上做一些配置，响应时间和错误率等信息就会自动被推送到某个已知的服务器上。

最著名的科技公司都采纳了这种方法，它带有你也可以使用的开源库。用 Sam Newman 的话说：

> 例如，Netflix 非常在意服务的容错性，因为它不希望因为一个服务停止工作而造成整个系统无法正常运转。Netflix 提供了一个基于 JVM 的库来处理这个问题。

环境也在传递信息。这种传递是隐性和被动的，我们很少注意到这一点。通过将环境中阻力最小的路径设计成你喜欢的路径，你可以仔细考虑并决定要传递哪种消息。

更普遍的是，你不仅想使行为**更容易**，而且还希望它能带来更多**回报**。通过用精美的像素图显示提交历史记录，GitHub 让经常提交成为一件有意义的事情。开发人员的自豪感是强有力的！

总体上讲，本书倡导活文档的一个主要目的是提供简单的记录方法，从而鼓励人们完成更多的文档。

10.10.2　不可能出错：防错 API

设计 API 时要防止误用。由于没有什么可警告用户的，文档需求就减少了。

Michael L. Perry 在博客文章中列出了许多常见的 API 陷阱。

- 你必须先设置某个属性，才能调用这个方法。
- 你必须先检查条件，才能调用这个方法。
- 设置属性后，你必须调用这个方法。
- 调用方法后你不能更改这个属性。
- 这个步骤必须在那个步骤前执行。

这些陷阱不应该出现在文档里，相反，应该将它们重构并删除。**否则，文档就成了丢脸的注释的好例子。**

防止 API 被误用的方法有很多，包括以下几种。

- 仅使用类型以任何顺序公开你实际可以调用的方法。
- 使用枚举来列举所有有效的选择。
- 在无效属性真正被使用之前，尽早检测到它们（例如，在构造函数中直接捕获无效输入），然后在可能的情况下进行修复，例如在构造函数或 setter 函数中用空对象替换空值。
- 这不仅与错误有关，还与任何有害的朴素用法有关。例如，如果某个类很可能被用作哈希图中的键，那么它不应使这个哈希图变慢或不一致。你可以使用内部缓存来记住 `hashcode()` 和 `toString()` 任何缓慢计算的结果。

一个普遍的反对意见是，经验丰富的开发人员不会犯这些简单的错误，因此无须如此提防它们。但是，即使是优秀的开发人员也有比注意防范 API 陷阱更重要的工作。

10.11 避免编写文档的设计原则

在 2015 年的 QCon 大会上，Dan North 讨论了一种模型。该模式中的代码要么很老旧但搭建得很好，以至于所有人都知道怎么处理它；要么很年轻，写代码的人都还在，而且对它了如指掌。当你处于这两个极端之间的灰色地带时，问题就来了。

Dan 强调了知识共享和知识保存作为成功团队的关键要素的核心作用。他进一步提出了解决这个问题的其他方法。

10.11.1 可替换性优先

针对可替换性的设计减少了了解事物工作方式的需要。你无须太多文档即可轻松更换组件。当然，你需要知道组件是**做什么的**，但是不需要知道它们是**如何工作的**。

在这种心态下，你可以放弃维护。如果必须修改某些东西，你可以重新构建所有内容。要使这种方法有效，每个部件都必须相当小，而且尽可能独立于其他组件。这会将注意力转移到组件之间的协议上。

因此，选择那种很容易更换组件的设计。确保每个人都确切地知道组件的作用。否则，你就需要关于这个行为的文档。例如，可以轻松使用的工作软件、输入和输出的自记录协议，或者自动化且可读的测试。

当团队不太重视设计时，组件就会变大而且吓人。它们迅速与其他组件耦合。结果就是，你永远无法真正完全替换它们。使代码易于替换也是一种设计行为。只靠运气、没有技巧、不重视，是无法实现这一点的。一种显而易见的方法是限制组件的大小，例如，屏幕上最多只显示一页。另一种方法是对哪些组件可以互相调用做出严格的限制，并防止它们共享数据存储。

即使采用支持可替换性的方法，设计技能仍是必要的。例如，打开/关闭原则的确是使实现易于替换的一个例子。另一个例子是 Liskov 替代原则。其他可靠的原则也有帮助。它们通常在类和接口级别被讨论，但它们也适用于组件或服务级别。然而，要想真正低成本地实现可替换，组件必须很小。因此，才会有微服务的概念。

10.11.2 一致性优先

> 代码库中的一致性是指你从未见过的代码看起来很熟悉，而且你可以轻松地处理它。
> ——Dan North，2015 年伦敦 QCon 大会

保持一致会减少文档需求。在实践中，在边界区域之外保持一致性是很难的。在一个组件内，

在一种编程语言里，甚至在一层内，保持一致性更合乎常理。对于 GUI 逻辑，你通常不会遵循与服务器端领域逻辑相同的编程风格。

对于一个代码风格一致的代码库，一旦你知道了风格，其中某个指定区域里的所有元素都不需要赘述了。一致性使所有内容都成了标准。一旦你知道了这个标准，就不需要再说什么了。

一致性的水平取决于公司文化。例如，在拥有大量 JEE 的公司中，你决定使用 EJB 是不需要说明原因的，但是如果你决定不使用它就需要说明原因了。在另一家品位更好的公司中，情况恰恰相反。

如果你们团队决定领域模型中的任何方法都不得返回空值，那么你只需要将这个决定记录在某个地方，例如领域模型源代码控制系统的根文件夹中。然后，你就不需要针对每个方法重复这个信息了。

因此，作为团队，要就具体规范达成一致意见，以适用于选定的边界区域内。在某个地方对其进行简短的记录。

这个规则一定会有例外。并非所有类都能保持一致。但是，只要例外的数量少，那么明确记录这些例外的成本还是比记录每个类的所有内容要低。

以下是一个团队为领域模型创建的规范示例：

- 公共签名的命名中不能用缩写
- 所有公共接口及其方法的名称必须是业务人员可读的
- 无空值——不允许将空值用作返回类型或方法参数
- 所有类默认都是不可变的
- 所有方法默认无副作用
- 不使用 SQL
- 完全不导入框架，包括 javax
- 不导入基础架构（例如中间件）

强制性规范提供了一种为规范编写文档的方式，这样编写的规范即使没有人阅读仍是有效的。

10.12　示例：零文档游戏

我听说有一个团队决定禁止编写文档。他们因为做到了零文档而自豪。这种做法乍看很疯狂，实则不然：零文档是一种方法，它强制采用更好的命名方式和更好的实践来共享知识，而无须额外的说明。

大多数时候，如果工作产品本身能很好地表达知识，而以文本或图表形式撰写的书面文档一开始就不能很好地替代这些知识，你就能理解这种尽量减少文档的做法了。因为争取零文档的做法听起来有些激进而且有些疯狂，所以这种做法就很令人振奋，还成了一个游戏。希望这么做会使团队成员更可能记住零文档的理念，驱使他们的行为，使工作变得更好。

我自己还没有尝试过，但是同事告诉我，零文档的做法通常会在实践中推动良性行为。

因为我们每个人对**文档**一词的定义不同，因此零文档的游戏必须阐明它的规则。前面提到的团队拒绝在代码和方法、所有形式的书面文本、外部文档和传统的 Office 文档中添加注释。他们乐于接受测试和 Gherkin 场景（Cucumber/SpecFlow），喜欢简单的代码，而且喜欢将集体协作作为共享知识的主要手段。这个团队对这一切很满意。

我认为使用注解增强代码、保留简单的 README 文件以及生成活文档仍然符合这个游戏的规则，但是要由你来决定采用哪些规则。

持续培训

随着常识的普及，你需要记录的内容也更少了。因此，进行持续培训是减少文档需求的一种方法。

学习标准技能还可以更轻松地使用现成的知识，而不是新颖的解决方案。这有利于提高解决方案的质量，并且会减少对特定文档的需求。

技能和共享文化的一致程度越高，制定决策的速度就越快。这并不是要消除团队中的多样性，因为多样性是团队中必不可少的要素。但是，我们并不需要在每个细节上都具备多样性，而且我们可以在很多方面保持一致性而又不会损失太多多样性。

投资持续培训可能涉及以下方面：

- ❑ 在 CodeKata 上编码训练（例如，每个星期五的午餐时间）
- ❑ 在白天进行短期培训
- ❑ 进行互动式微型培训（例如，午餐后半小时，每周两次）
- ❑ 用于刻意练习的时间（例如，在辅助项目上投入 20%的时间政策）

10.13　小结

最好的文档看起来并不像文档。对于共享知识来说，互动式对话和集体协作非常重要。此外，在咖啡机旁偶遇后自发地展开讨论是必不可少的补充。

另外，通过规程或更好的工具使过程自动化更具声明性，也会使其成为这个过程的权威性知识。让工具在你出错时发出提示信息是文档的另一种形式，而且它是其中一种最有效的文档形式，因为它可以在正确的时间向没有意识到的人提供正确的知识。

在本章列出的所有示例中，关键点是我们需要提高开发团队已经执行的所有活动的文档价值，从而减少专门处理文档任务的工作。有些东西看起来不像是典型的文档，并不意味着它就不是共享和保存知识的有效形式。开发人员和管理层对此了解得越多，他们的协作就会越高效。

第 11 章

超越文档：活设计

11

到目前为止，本书的重点一直是如何记录并传递软件项目中已完成工作的相关知识。但是，当你开始关注这些知识时，会获得额外的好处：你开始发现有些设计可以改进。在创建活文档的过程中，你通常还会发现有些设计需要改进，这个好处很快就会比文档本身重要得多。你编写活文档一开始是为了能跟踪设计的变更，而现在活文档开始建议对设计进行更多变更。本章探讨了大量模式，有助于你最大程度地利用这种意外收获。

另一种意外收获是，当所有干系人都更清楚软件系统内部后，软件将有可能设计得更好。

11.1 倾听文档

现在你已经了解了一些活文档的知识，而且想尝试一下。如果你试着创建一个活图表，但是发现很难根据当前的源代码生成一个活图表，这就是一个信号。如果你试着生成一个活词汇表，但是发现几乎不可能完成，这也是一个信号。如图 11-1 所示，你应该听听这些信号。

图 11-1　倾听你的文档

Nat Pryce 和 Steve Freeman 写道："如果代码难以测试，最有可能的原因是设计需要改进。"同样，如果你发现很难根据你的代码生成活文档，就说明你的代码存在设计问题。

11.1.1 领域语言怎么了

如果你对 DDD 感兴趣，发现很难生成业务领域语言的活词汇表，可能是因为这种领域语言在代码中表达得不够清楚。以下任何一种情况都有可能发生。

- □ 这种语言可能是用其他词来表达的，例如技术术语、同义词，最坏的情况是用了遗留数据库名称。
- □ 这种语言可能与技术问题混在一起了，而且无法恢复。例如，业务逻辑可能与数据持久性逻辑或表现问题混在了一起。
- □ 这种语言可能完全丢失了，而且代码可能正在处理业务，但是又没有引用相应的任何业务语言。

无论是什么问题，只要你发现很难创建活文档，就应该意识到这是一个信号，表明你执行 DDD（一般还有领域建模）的方式是错误的。设计应尽可能与业务领域及其语言逐字对齐。

因此，你要做的是趁机重新设计代码使其更好地表达领域语言，而不是试图用复杂的工具来生成一个活词汇表。当然，这么做是否合理、什么时候做以及如何做，都取决于你。

11.1.2 通过巧合设计编程

> 我们不知道自己在做什么，也不知道自己做了什么。
>
> ——Fred Brooks

> 如果没有选择的余地，那就不是在设计。
>
> ——Carlo Pescio

要生成一个设计图，首先必须知道你期望这个图能解释什么设计决策。但是你能说出你的设计是什么样的吗？尝试生成活图表时，最常见的困难是，你并不十分清楚自己的设计是什么样的，或者为什么是这样的。这表明你可能是靠巧合编程。你可能知道如何使设计生效，但实际上并不知道为什么要这么设计，也没有真正考虑过是否能换一种设计。这样的设计是随机的而不是刻意的。

11

> **注意**
>
> 我喜欢 Carlo Pescio 的文章。实际上，我不太喜欢他的写作风格，但是他写了对软件开发的深层问题的思考，我喜欢他的写作方式。他有一些疯狂的想法和隐喻，但是也有很多见解激发了我对这个领域未来突破的想象。

开发软件需要不断地做决策。重大决策通常会引起很多人的关注，并且有专门的会议和书面文档，而那些不那么重要的决策往往会被忽略。问题在于，许多被忽略的决策是随意做出的，没有经过深思熟虑，但是它们的累积影响（甚至是复合影响）可能会使源代码很难处理。

"为什么这个函数返回空值而不是一个空列表？""为什么有些函数返回空值而另一些函数却返回空列表呢？""为什么这个包里只有大部分 DAO 而不是全部的 DAO 呢？""为什么我们在五个不同的类中用了同一个方法签名，却没有公共接口来统一它们呢？"这种被忽视的决策有时更接近更好的解决方案，但是因为没有正确考虑眼前的问题，所以错失了这个机会。这些例子都说明你已经失去了完成更好设计的机会。

提示

每当你在代码或代码设计中发现一些出乎意料的东西时，试着考虑一下这个问题："怎样才能回到标准情况？"

我鼓励大家审慎思考。在决策过程中记录决策是一种鼓励深入思考的方法，因为试着解释决策时通常会暴露决策的弱点。

注意

如果你无法简单地解释某些内容，就说明你对它了解得还不够。

有时，与客户现场的团队合作时，发现决策是在大家不清楚推理过程的情况下做出的，这会使你感到沮丧。大家似乎都信奉"先让它工作起来"。在某次事件中，我记下了这种情况：

> 关于遗留应用程序与基于事件溯源的新应用程序之间的消息语义，我们已经讨论一小时了。这是事件还是命令？像往常一样，讨论并没有得出一个明确的结论，但是不明确的选择仍然有效。如果我们决定清楚地记录所有集成交互的语义，就必须做出决定并将其转换为一个标签或书面可见的东西。然后，我们就必须遵循这个决定，或者当它不再相关时明确提出质疑。
>
> 相反，我们将与这种持续的混乱共存。每个贡献者会按自己的理解进行解释，这会让我们很难受。

一年后，我看到这个团队已经成熟了，现在这样的讨论都会有一个合理的推理。

11.2　谨慎决策

要想实现更好的设计和文档，必须谨慎地做出更多决策。为一些随机做出的决策编写文档是很困难的。这就像试图描述噪声一样：有太多的低层级细节，同时又几乎没有什么高层级的内容可说。相反，如果决策是经过深思熟虑做出的，那么决策的依据是清晰而刻意的，编写文档只是简单地将这些信息用文字表达出来。

如果一个决策相当标准，那么它是现成的知识，已经在书中以标准名称（例如模式）做了讨论。在这种情况下编写文档，只需在代码中做个标记引用标准名称，并简短描述一下做出这个决策的原因、动机、背景和主要干系人。

提示

如果一项决策是经过深思熟虑做出的，那么它的文档已经完成了一半。

在敏捷圈子里，工作时要深思熟虑是反复提及的重要主题。软件工艺鼓励通过刻意的实践来提高工艺水平。为了提升技能，我们花时间进行各种编码训练。在 BDD 群体中，Dan North 解释说应该将项目看作学习计划，他称这种想法为**刻意发现**。他声称我们应该尽一切努力尽快、尽早地学习。刻意学习是指要付出更多的努力，有意识地将工作做得更好。

刻意设计包括弄清楚每个设计决策。它们的目标是什么？有哪些选择？什么是我们已经确定的，哪些是我们怀疑的？文献是怎么描述这种情况的？

此外，设计越好，需要记录的内容就越少。设计越好越简单，而"越简单"实际上意味着可以用更少但更有效的决策解决更多问题。

- ❑ **对称**：相同的代码或接口可以处理所有对称情况。
- ❑ **更高层级的概念**：相同的代码可以同时处理许多特殊情况。
- ❑ **一致性**：有些决策在各处重复，无一例外。
- ❑ **可替换性和封装**：边界内的局部决策无关紧要，因为即使关于这些决策的知识已经丢失了，稍后也可以重新考虑或重做。

一个软件需要记录的特殊知识的量是设计成熟度的一个指标。一个软件如果只需要 10 个句子就能描述清楚，那么它的设计就好于那些需要 100 个句子才能描述清楚的软件。

工程是一种刻意实践

在法国的工程学院和其他大学里，从机械工程到电子工程乃至工业设计，对学生来说，证明他们所做的所有决策均已得到证实是至关重要的。随意的决策是不可接受的。

在期末考试时，最重要的一个评估项是精确地设计工作。然后在设计解决方案的每个步骤中，必须针对每个决策提出合理而足够的选择，并根据明确的标准进行选择：预算、权重、可行性或其他限制。

在软件开发中，我们很少在每个细节上都这么深思熟虑，但是应该这么做。无论决策是否会以书面形式记录下来，有意识的决策通常会改进决策。

如果你知道自己在做什么、这件事在文献中的名称，以及为什么做了这个特定的决策，那么完成一个完整的文档所要做的就是在代码中用一行内容将这些信息添加进去：文献的链接以及一些说明依据的文字。如果你考虑问题的方式是对的，那么写作就是水到渠成的事。

11

当然，你必须意识到思考需要时间。它看起来很慢，可能会被人误以为是散漫。在很多公司里，人们常常会想："我们没有时间这样做！"但是，不思考、直接做只会给人速度变快的错觉，却牺牲了准确性。正如 Wyatt Earp 所言："快当然好，但准确压倒一切。"只有经过严格的思考才能实现准确。就像在结对编程或 Mob 编程一样，多人一起思考也可以提高准确性，并帮助你创建更多刻意的设计。人多了，就更可能有人知道某个情况在文献中的标准解决方案。

你可能听过这样一句话："如果不能向别人解释清楚一件事，你就没有真正理解它。"为了编写文档而不得不澄清自己的想法是很有意义的，因为你必须明确自己的想法。必须用一种持久的形式来证明决策的正确性，这是促使人们进行更严谨地思考的另一个动机。

> **注意**
>
> 实施 TDD 时，刻意的设计效果会特别好。TDD 是一种有规则的刻意实践。一开始只是一些能运行的朴素代码，然后通过不断重构有了设计，但是推动重构的是开发人员，他们在每一次重构之前都必须思考。"我们真的需要把它变得更复杂吗？""现在添加一个接口值得吗？""我们应该引入一种模式来替换这两个 IF 语句吗？"这些都是权衡取舍，需要清晰的思考。

活文档鼓励人们关注有意义的实践，尤其是设计。活文档会使糟糕的设计无所遁形。它最大的好处之一就是促使你改进设计，而且结果是你几乎自然而然地就有了设计文档。

> **作者的自白**
>
> 刻意设计是我写作本书的潜在动机。人们不太重视设计，对此我感到非常难过。活文档是一匹特洛伊木马，或者说是一个可以让更多人迷上更好设计的入口。

11.2.1   "谨慎决策"并不意味着"预先决策"

对于新兴的设计，通过倾听工作代码及其缺陷就可以自然而然地做出决策。例如，发现重复可能会触发重构，从而得到更好的内容。如果你能做到这一点，你必须有意识而且谨慎地做出一个决策：你要重构的"更好的代码"是什么样的？**谨慎**意味着你知道所有问题，能想象到你正在寻找的好处，并且找到了不止一种改进方法。**决策**意味着从所有可能的方法中选出一种。这才是谨慎决策。

11.2.2   文档是一种代码审查方式

文档使产品和开发过程更加透明。因此，文档也是一个有用的反馈工具，可以帮你在应用程序的整个生命周期中进行调整和更正。没有依据的决策无处可藏。借助活图表和活文档的其他理念，被忽略的设计区域变得非常明显，难以忽视。这促使大家更加关注代码质量的方方面面。

根据源代码生成的活文档（尤其是图表）还可以用作调试工具来检测错误，例如依赖关系中的意外循环或过度耦合（在图表上表现为箭头太多）。你可能一直希望在代码中使用某些设计结构，但是试图将它呈现为图表时，可能不得不承认这些代码并没有表现出太多结构。你可能一直希望代码能够描述业务领域，但是试图用它生成词汇表时，可能会发现业务在处理过程中被打乱了，想将其摘出来并没有那么容易。

将你在构建代码之前可能已经完成的自上而下的文档与根据实际源代码生成的自下而上的文档进行比较是很有趣的。这些差异可以帮助你发现不一致的内容，甚至取得更好的效果：让你再次意识到很难在实际开发代码之前推测出代码的样子。

确实，在制作活图表之前，即使只是试着在纸上手工记录也可以发现一些设计问题。Maxime Sanglan 是我一家客户的首席开发人员，他在阅读本书的某个早期版本时表示：“当我开始让团队围绕遗留系统的 Simon Brown C4 模型召开设计研讨会时，这种情况真的发生过。”

11.3　丢脸的文档

> 并不会因为有文档就能显得没那么愚蠢。
>
> —— @dalijap

如果文档是最新且准确的，我们通常会认为它是一个好东西。但是，在很多时候情况恰恰相反：文档本身的存在证明了某个问题的存在。名声很差的故障排除指南是这类文档中最好的例子。有人决定花时间记录那些已知的问题、使用时存在的陷阱和其他行为异常，而且这种努力表明这些问题已经重要到需要写成文档了。但是，这么做也说明这些问题尚未解决，甚至可能根本没有人打算解决。

这种文档就是我所说的**丢脸的文档**，你应该为这种文档而感到丢脸。这种文档的存在本身就承认了有问题需要纠正。创建这种文档的时间本应该用于解决它们所描述的问题。

因此，要认识到在哪些情况下与其写文档不如真正地解决问题。尽可能避免创建更多文档，而是将时间用于解决问题。

当然，团队决定添加文档而不是解决问题的原因有很多。

- **预算**：文档可能是有预算的，但是处理代码却没有更多预算了。
- **懒惰**：添加一些关于故障排除的快速文档似乎比真正解决根本问题要容易一些。
- **缺乏时间**：记录问题可能比解决问题更快。
- **成本**：解决某些问题可能真的很困难。例如，有些问题修复后可能需要给数十个客户发布新版本的应用程序，这个费用可能高得吓人。
- **知识缺失**：有时候团队知道有问题，但是缺少解决问题所需的知识和技能。

如果现在没有时间解决问题，那么记录问题的正确位置是缺陷跟踪器。但是，就丢脸的文档而言，缺陷跟踪器本身也反映了更深层的问题：缺陷不应该累积，而应该尽早预防或尽快解决。那些长期存在而未被修复的缺陷真的是缺陷吗？

如果某项功能实现得很差，以至于需要厚厚一本写满警告和解决方案的手册，或者需要支持团队的大量帮助，那么大可以考虑将这个功能删除，直到它能被正确实现为止。不然，要么几乎没有人会设法使用它，要么因为成本过高而让用户觉得不值得使用它。

11.3.1　示例：丢脸的文档

有一次在客户那里执行任务时，我发现了一份长达 16 页的文档，它介绍了如何运行和测试应用程序。这本指南的目标受众是所有用户，包括最终用户。我将这个应用程序称为 Icare，以免殃及无辜。这不是一个新项目，它每天要被公司里几十个人使用几次。因为操作步骤并不直观，所以这个文档里使用了大量屏幕截图，图上用红色气泡突出显示如何操作这个应用程序。但是，这 16 页中的大部分内容是在描述"需要注意"的地方："注意……［这可能无法正常工作］。请注意……［这里有 bug］。""请注意，Icare 是从另一个目录启动的！""请务必当心在任何时候不要启动这些任务，因为它会删除相应环境中的所有内容！"它也许还应该说："注意：我们不是专业的。"

文档中的一半内容有关用户要警惕的陷阱。"注意触发器的名称。它的名称不一定正确，请在触发器中查看。"请记住，这是面向最终用户的文档。还有更过分的："导出 XML 文件后，你应该将它重新导入进行测试，以确保文件能正常使用。"你可以看到，开发人员有时间编写这么一份文档，却没有时间修复代码。

这个文档还写道："请注意：UAT 和 PROD 之间的分区 Icare_env1 和 Icare_env2 反了！"啊，这么说，所有人都知道这个问题，并且已经知道很多年了，但是没有人打算修复它吗？还是说修改这个问题的工作量很大，要先找个赞助商来支付这笔修复费用？

11.3.2　故障排除指南

最后，在这个文档末尾是臭名昭著的"已知问题"部分，如下所示：

```
1   1 已知问题
2
3   1.1 Icare Job 无法启动
4
5   这种情况经常发生。
6   首先，试着直接从 Icare 启动，
7   即从正确的目录中手动启动这个应用程序，UAT 目录是 c:/icare/uat1/bin，PROD 目录是
    c:/icare/prod/bin。
8
9
10  如果你不能手动启动它，可能是因为工作配置不正确，
11  例如参数日期或计算日期缺失或不正确等。
12  如果运行良好，但是用命令行启动 Icare 时出现了一个问题，
13  那么你需要检查日志（在 icarius_mngt.exe.log4net 中查看日志）
```

```
14
15
16 过去，第一次运行时也会出现问题。
17 它要求用 IcariusId 成功登录来手动连接应用程序和环境。
18
19 第一次连接建立后，batch 模式就能正常工作了。
20
```

请注意，这个应用程序的名称没有保持一致，有 Icarius 和 Icare。

丢脸的文档并不总意味着有 bug。相反，它可能会提示一些能使操作更为友好的机会，如以下示例所示：

```
1 "你必须确认缓存已经用尽，
2 否则它们将攻击数据库并使性能结果降级。"
3
4 [...]
5
6 "非常重要：
7 因为不能保证两个环境能在工作期间保持同步，
8 所以不能启动不同类型的工作。"
```

当你仔细倾听这个文档时，会发现它提供了各种各样的建议。用一种方法来自动监控缓存，或者用一种更好的机制来确保缓存在操作之前就能完成预加载，怎么样？添加一个安全机制，以便在犯错时你会收到警告，从而避免这个问题，怎么样？

11.3.3 丢脸的代码文档

你不需要忍受记录下的这些麻烦。一定要拒绝。编写这样的文档是在浪费时间，而阅读这种文档也是在浪费时间，而且它甚至无法完全阻止用户掉入陷阱，而一旦掉入又将浪费更多的时间—— 一次又一次。

Icare 的故障排除指南只是丢脸的文档的一个例子。任何一个文档，只要变得很大，就会成为丢脸的文档。一份 100 页的开发者指南会暴露代码的质量问题，厚厚的用户手册对用户也并不友好。对于一个不能直观使用的应用程序，你可能需要一份很厚的用户指南，但是如果你关心用户，解决实际问题会是一项更好的投资。

同样，对于软件设计，如果需要大量页面和图表来说明应用程序的架构，那么这个软件很有可能会很糟糕。（关于记录架构的更多信息，请参见第 12 章。）

最后，丢脸的文档也适用于代码。每当开发人员觉得有必要添加这样的注释时，他们都应该反应过来，正确的做法是删除注释并立即修复可疑的代码：

```
1 // 注意这个棘手的情况
2 ...
3 // 绝不应该发生
4 ...
5 // FIXME: 删除这个入侵程序！
```

11.3.4 记录错误还是避免错误

代码中的注释不是表示需要改进代码的唯一信号。如果你学会了使用更好的设计和编码实践来完全避免错误，那么专门处理错误以及传统上应拥有特定文档的那些代码就会变得多余。

考虑一个计算逆函数的例子。如果除数为零，则没有结果。这通常是错误管理的一种情况，但是你也可以选择将其改成**全函数**，这种函数适用于所有参数的值。在这种情况下，要使一个函数成为全函数，需要使用特殊值 NotANumber 来扩展数字类型。然后，这个函数就可以在被零除时返回 NotANumber，而不是提示错误。

11.4 文档驱动开发

> 告诉你一个关于文档的秘密。不仅读文档有用，写文档也能像测试一样提高质量。
>
> —— @giorgiosironi

在任何项目中，一般最好从一开始就关注目标的最终结果。通过关注最终结果，你首先要关注价值在哪里，以确保确实有价值。然后，你可以得出实现这个目标的真正必要条件（不多也不少），并且避免一些不必要的工作。通过说明你的目标或最终结果（例如用户会怎样使用系统），来推动构建并帮助你尽早发现潜在的不一致内容。

Chris Matts 在 2011 年伦敦 BDD eXchange 大会上发表了题为 "Driving Requirements from Business Value"（从业务价值中获取需求）的演讲。他举了一个很好的例子来说明最典型的英式目标：**喝一杯茶**。从这个目标出发，你可以得出对热水、干净的杯子、茶包等的需求。

一些开发人员发现从一份文档开始有助于做到从目标开始开发。Dave Balmer 在博客文章中这样写道：

> 只有那些重要的东西，我才会编写文档。这就是编写文档所谓的"好记性不如烂笔头"的说法，而且记录下来以后我就会记得在草稿中进行改进。

测试驱动开发和它的"近亲"BDD 通过先关注所需的行为（例如在开始编码之前编写的测试、场景或示例）来利用这种效果。如果你正在练习 TDD 或 BDD，那么就是在进行某种形式的文档驱动开发了。

如果项目有很多不确定的信息，在刚开始构想时，**就像项目已经完成一样**编写一份 README 文件，这会帮助你明确目的并充实期望。这些想法一旦以书面形式实现，就会被更深入地审查。它们可能会被批评、审查并尽早与其他人分享。

如果只有你一个人，几天后再回来看看这些笔记：多亏之前的你为将来的你留下了文档，当再次以崭新的眼光看它们时，就可以更加客观地审核自己的工作了。

11.4.1　文档让你诚实

持续改进始于我们对已完成工作的诚实回顾。项目结束时，我们很可能已经忘了过去的假设，不是在失败时责怪环境，就是在成功时祝贺自己。如果回顾一下一开始的假设，我们就有机会从中学习并改进。你可能会想"下一次我不会再做这种假设了"或者"我会先检查假设，再投入更多时间"。

因此，尽早记录你的假设以及你尝试过的实验，这样，在回顾时，你就会得到可靠而诚实的数据。

这种方法看起来更像是数据驱动的，而且有专用工具！例如，growth.founders.as 提供了 Founders Growth Toolbox，可以用其中的模板来声明你的假设并描述你的实验。

11.4.2　文档驱动和"避免文档"之间的明显矛盾

读到这里，你可能会因为**文档驱动**和第 10 章所提倡的"试图避免文档"之间的明显矛盾而感到困惑。这个矛盾实际上只是一个用词模糊的问题。在讨论文档驱动开发时，即使我们使用了**文档**一词，指的并不是在人们之间共享知识的一种方式。相反，它只是在项目开始时探索需求的一种廉价方法，是在使用测试和源代码等更昂贵方式进行研究之前完成的。

我们的基本思想是希望针对不同的不确定程度使用不同的方法：在项目开始之初，对话通常是最好的方法；在早期阶段，对话、纸上的笔记和草图、低保真模型、描述意图和场景的 README 文件、在 REPL 中完成的代码探索、在没有测试的情况下迅速编写的代码以及使用脚本或动态语言，这些可能都是学习和探索的理想方法；稍后，当项目开始稳定下来，带有测试甚至是 TDD 的另一种编程语言可能成为了首选方法。鉴于此，尽早编写文档基本上是开始项目的一种方法。

但是，除了这种情况之外，文档不应该驱动开发，而是必须捕获并帮助呈现想法和系统及其代码自身无法解释的开发内容（参见图 11-2）。目标是使代码尽可能自记录。每当我们无法使代码自记录时，就必须编写一些文档，但是要将文档编写的工作量降到最低。

探索　　　　　　　　　　捕获　　　　　　　　　　呈现

图 11-2　探索与捕获和呈现

文档驱动和避免文档之间没有矛盾，它们只是包含了**文档**一词的不同含义。

11.5   滥用活文档（反模式）

那么，现在你已经是一个活文档爱好者了，而且每次构建时都要生成图表。你非常喜欢这个理念，因此花费大量时间来确定能生成哪些新类型的图表。你想生成一切！

你假装采用了 DDD，但实际上你的时间都花在了一些生成图表（如果不是代码或字节码的话）的工具上，这些图表工具令你兴奋。我们都知道 DDD 主要是关于工具的，对吗？哦，是的，你还记得一些人曾经认真地做过这些，他们称之为 MDA。哎哟！

你更喜欢使用图表生成器，而不是修复生产代码中的 bug。当然，生成图表要比无聊的生产问题有趣多了！这真是一件好事吗？

活文档很容易被滥用，而且滥用可能适得其反。如果你花费了大量时间使用工具来生成词汇表、报告和图表，而不是去完成需要完成的工作，那就是不专业的，并且管理层可能会决定停止并禁止任何文档改进计划。你不会希望这种事发生。

因此，与实际交付工作相比，努力使活文档自动化更为合理。请记住，活文档只是达到目的的一种手段，而不是目的本身。活文档的目标是帮助交付更多、更高质量的工作，而不仅仅是制作文档或从中获得乐趣。理想情况下，你在改进活文档上的所有努力最后应该都会在交付、质量或用户满意度方面产生短期可证明的好处。

作为这本关于活文档的书的作者，我不希望这个方法因为人们的滥用而引发负面报道。请不要说本书要求你将这里描述的每个示例套在自己的项目中，因为这不是事实。好吧，所有示例都只是例子，而不是要求。

确实，本书的目的是激发你内心的极客精神，去尝试活文档。但是，如果你没有充分的理由来执行本书列出的任何一个方法，我绝不建议你进行活文档操作。

并不是说有了活文档，你就能自由地对 20 世纪 90 年代的旧理念改头换面。特别要提防以下这些**不是**活文档的失效模式。

- **在为最终用户制作文档时使用活文档**：请记住，本书根本不是关于最终用户文档的。某些模式可能适用，但是你仍然需要熟练的技术写作能力才能为最终用户提供高质量的文档。
- **MDA 和通过代码生成一切**：并不是所有东西都能由代码替换或生成；只要有可能，就将代码用作参考和首选介质。你应该扩展语言或者选择一种更好的编程语言，而不是从图表中生成代码。
- **记录所有内容，甚至是自动记录**：记录是有成本的，必须权衡利弊。理想的情况是代码能自我描述，不需要其他任何内容，但这也不是绝对的。完美和对纯粹的追求通常会拖延时间，应该避免。

- □ **沉迷 UML**：一些基础的 UML 很好，但它本身并不是目的。选择那些目标受众通过尽可能少的解释就能理解的最简单的符号。不要沉迷于通用符号，特定于问题或特定于领域的符号通常更具表现力。

- □ **到处使用设计模式**：了解模式会有所帮助，而且它们带来的词汇量有助于记录设计。但是不要滥用模式。保持简单应该是你的首要任务。有时，两个 IF 语句可能比一个策略模式更好。

- □ **分析瘫痪**：在做每个重要的设计决策前，让整个团队在白板前一起讨论 15 分钟是值得的。但是花上几个小时甚至几天来讨论就是浪费时间了。我建议你以团队为单位开始新功能的设计，先在白板前花一点点时间讨论，然后快速转向 IDE。而且，除非你们执行的是 Mob 编程（这会使整个团队一直一起工作），否则，面临重大决策时，还是可以再次邀请整个团队进行讨论。

- □ **活文档杰作**：追求完美的确是拖延症的一种形式。请记住，活文档是帮助交付生产代码的一种方法，而不是交付文档的方法。

- □ **在构建之前编写文档**：文档应该反映实际构建的内容，而不是规定要构建的内容。如果一个项目很有趣，那么没有什么能阻止你开始编码。列出详细的设计需求很浪费时间。除了本章前面所述的简短声明或文档驱动的 README 文件之外，你的团队还应该以适当、及时的方式共同编写代码并进行反思。

11.6 活文档拖延症

很多东西本不需要很复杂，但是作为开发人员，我们经常想将它们变得更复杂。生产代码如此，活文档工具也是如此。

当每天的工作看起来很无聊时，通过技术让它变得更复杂是使工作变得有趣的一种好方法。但是，这不是专业人士应该做的。如果你认为自己是软件技术人员，就不应该这么做。但是，我们所有人都会时不时地这么做，通常还意识不到。

因此，如果你确实需要一个地方找点乐子并让事情不必要得复杂，那么务必在活文档工具的代码而不是在生产代码里做这些事情。你和你同事的生活才会因此变得更美好。

我并不是说你应该对活文档工具镀金。我只是说，如果你足够幸运有一些闲暇时间而且想玩，那应该去玩你的文档而不是代码。

11.7 可降解的文档

你现在应该已经知道了，活文档本身并不是目的，它只是一种达到目的的手段。尝试创建活文档可能会让你发现有关设计或代码其他方面的问题。这为你提供了一个从根本上改进的机会，这不仅对项目和产品是好事，还有助于改进你的活文档。反复进行这种改进会导致一系列的简化和标准化。最终，一切都会变得简单和标准，以至于你不再需要文档——这才完美。

因此，考虑一下有哪些内容是不必写成文档的。这才是你应该努力的方向。

实际是否已经达到这一点并不重要，但是它必须成为目标：活文档计划的目标是使代码达到几乎不需要文档的质量水平。这个过程从建立文档工作（请参见图 11-3）开始，它会暴露出一些问题，解决这些问题之后就不需要更多的文档了，然后可以根据需要重复这个过程。活文档的目标并不是最终生成许多漂亮的图表和文档。相反，这些文档和图表应该只能被视作暂时的解决方法，或者是找到需要更少文档的更好解决方案之前的过渡步骤。

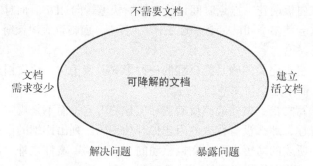

图 11-3　活文档的长期目标是不需要文档

Arolla 的一位前同事跟我说过他在一家银行的经历：

> 在那家银行里，我加入了一个以遵守所有标准为荣的团队。我指的是市场标准，而不是他们的内部标准。结果，我从第一天开始工作效率就很高！因为我懂这些技术和它们的标准用法，所以很快就熟悉了所有项目范围。不需要文档，没有意外，也不需要任何特殊的定制。

> 没错，这确实需要真实而持续的努力。找到标准，找到在仍然符合标准的情况下解决特定问题的方法。这是一个经过深思熟虑的方法，对所有人（尤其是对于新人）而言，收益是实实在在的！

在《软件开发者路线图：从学徒到高手》一书中，Dave Hoover 和 Adewale Oshineye 倡导建立馈路。带有生成的图表、词汇表、文字云或任何其他媒介的活文档是一个馈路，它可以帮你评估正在做的事情并对照你自己的思维模式进行检查。当你的思维模式与生成的文档内容不匹配时，这种馈路特别有用。

11.8　干净透明

内部质量是指代码和设计的质量，更广泛地说，是指从模糊的需求到令人愉悦的工作软件的整个过程的质量。内部质量并不需要满足自我或成为自豪感的来源。顾名思义，它短期内应该是经济的。我们希望的是每周或每年都能持续地节省金钱和时间。

内部质量的问题在于它是内部的，这意味着你无法从外部看到它。这就是为什么在开发人员看来，许多软件系统内部简直糟透了。像管理层和客户这样的非开发人员几乎无法理解系统内部的代码有多糟糕。他们能得到的唯一提示是出现缺陷的频率以及新功能交付的速度越来越慢。

所有可以提高软件开发透明度的做法都有助于提高软件的内部质量。当人们能看到软件内部有多"丑"时，他们就有了修正的压力。

因此，尽可能使开发人员和非开发人员都能看到软件的内部质量。活文档、活图表、代码度量标准和其他方法可以使那些即使没有任何特殊技能的人也能看到软件的内部质量。

使用这些方法来发起对话，将它们作为理由来说明事物当前的状态以及处于这种状态的原因，并提出改进建议。确保当代码变好时，活文档和其他技术也看起来更好。

请记住，有助于提高软件透明度的技术无法证明软件内部质量是好的，但是当质量不好时它会有提示，而且很有用。

勒·柯布西耶和瑞普林的法则

1925 年，勒·柯布西耶在《今日的装饰艺术》一书中解释了他为什么对瑞普林（Ripolin，一种以白色油漆闻名的油漆品牌）着迷。在"一件白色涂料的外装：瑞普林的法则"一章中，他设想每个公民都应该用瑞普林白漆换个装（见图 11-4）："家里干净了，就不再有肮脏而黑暗的角落，一切就显现了原本的模样。这样就能得到内在的净化……一旦将瑞普林白漆涂到墙上，你就成了自己房子的主人。"

图 11-4　如果一间房子里的所有东西都漆成了白色，那么一有污垢就能看见

好的文档应该对代码的内部清洁度产生类似的影响，使代码的设计和其他方面都变得清晰可见，以便人们可以看到它"肮脏"的一面。

11.8.1　诊断工具

典型的文档传播工具（例如图表和词汇表）与诊断工具（例如指标和文字云）之间的界线不是很明显。

1. 代码语言的文字云

文字云是一个非常简单的图，其中出现频率较高的词会以更大的字体显示，而频率较低的词字体较小。快速断言一个应用程序描述什么内容的一种方法就是根据源代码生成文字云。

文字云真正能告诉你的代码信息有哪些？如果技术性的词汇占主导地位，你就会知道代码并没有真正讨论业务领域（请参见图 11-5）。相反，如果领域语言占主导地位（请参见图 11-6），就说明你做得更好了。

图 11-5　如果生成这样的文字云，说明你的业务领域是关于字符串操作的，或者在源代码中不可见

图 11-6　在这个文字云中，你可以清楚地看到 Flottio 加油卡和车队管理的语言

利用源代码生成一个文字云并不难，甚至不必解析源代码，只需将源代码看作纯文本并过滤编程语言的关键字和标点符号即可，如下所示：

```
1  // 从源代码的根文件夹开始
2  递归遍历所有*.java 文件（或者 C#的所有*.cs 文件）
3
4  //对于以字符串形式读取的每个文件，
5  使用语言分隔符进行拆分（你也可以考虑使用 CamelCase 进行拆分）：
6
7
8  SEPARATORS = ";:.,?!<><=+-^&|*/\" \r\n {}[]()"
9
10 // 忽略以 @ 开头的数字和标记，
11 或者以编程语言的关键字和停止词开头的数字或标记：
12 KEYWORDS = { "abstract", "continue", "for", "new",
13 "switch", "assert", "default", "if", "package", "boolean",
14 "do", "goto", "private", "this", " break", "double",
15 "implements", "protected", "throw", "byte", "else",
16 "import", "public", "throws", "case", "enum",
17 "instanceof", "return", "transient", "catch", "extends",
18 "int", "", "short", "try", "char", "final", "interface",
19 "static", "void", "class", "finally", "long", "strictfp",
20 "volatile", "const", "float", "native", "super", "while" }
21
22
23 STOPWORDS = { "the", "it", "is", "to", "with", "what's",
24 "by", "or", "and", "both", "be", "of", "in", "obj",
25 "string", "hashcode", "equals", "other", "tostring",
26 "false", "true", "object", "annotations" }
```

在这里，你可以只打印所有未过滤的标记，然后将控制台的内容复制并粘贴到在线文字云生成器中。

还可以通过使用 bag 命令（即 Guava 的多集）自己计算标记的出现次数：

```
1 bag.add(token)
```

你可以使用 d3.layout.cloud.js 库在 HTML 页面中渲染文字云，将单词数据转储到页面中。

2. 代码结构的签名调查

根据源代码可视化代码设计的另一个低技术含量做法是 Ward Cunningham 提出的签名调查。这个方法是过滤掉语言标点符号（分号、引号和花括号）之外的所有内容，作为对源代码文件的纯字符串操作。

例如，看一下这个签名调查，它有三个大类：

```
BillMain.java ;;;;;;;;;;;;;;{;;{""";;"";;{""";"";}
{;;{;;}};;;;{{;;;{;;}{;;};;;}}{;}"";}{;}{;;"";"
";;;"";"";;;;"";";";;"";;"";"";;"";"";;;;};;;{;{
""{;}""{;}""{;}""{;}""{;;;;;}""{;}""{;}""{;};"
"{;;;;;}""{;;;;;}};}{;;;;""{"";"";;}""{"";"";"
""{;}""{"";"";;"{;}};{;}""{;}{;};;;;;}{;;;;;
}{;;;;;;}{;""{;{;}{;};;}{;}{;}{;};;}}{{""";}{"""
";}{"";};;{;}{"";};}{{;};";";;;{""{{"";};}}{{;;
```

```
;}}{;};}{;{;}}";;;;{""{{"";};}}}{;;{""{{"";}""{;
}{;}}}};{;;;}{"";;;;;;;;;}{;{;}{;};}{;""{;}{;};
}{;{{"";};}{{"";};};}{;;;;;;;;;;{{"";};;;}{{"";};
;;};}{;;;;;;;;;;{;;;{"";}{{"";};}{{"";};;};}\;}{
;;""{;}{;};}{;;{""{"";}{""";}{;}{;{{;}{;}}};}}
CallsImporter.java ;;;;;;;{;;{{"";};{;;"";;;{;}
{;;{;};};{;"";{;;};;{;;{;}}{;}{;}};}}{;}{{{;}{;
}}}}{""{;}""{;}""{;}""{;}""{;}""{;}""{;}""{;}""
{;}""{;}""{;}""{;}""{;}""{;}""{;}""{;}""{;}""{;
}""{;}""{;}""{;}""{;}""{;}""{;}""{;}""{;}""{;}"
"{;}""{;}""{;}""{;}""{;};}}
UserContract.java ;;{;;;;;{;}{;}{;}{;}{;}{;}{;}
{;}{;}{;}{;}}}{{""
```

现在将上面的签名调查与这个签名调查进行比较，两者的功能完全相同，但后者有更多较小的类：

```
AllContracts.java ;;;;;{;{;}{{;}}{"""";}}
BillingService.java ;;;;;;;{;{"";};{;;;;}{""
;;}{;;"";}{;}{;}{""";;;;}{"";;}{;;{{;;};}{;}}
BillPlusMain.java ;;;;;;{{;"";"";"";"";"";}}
Config.java ;;;;;;;{;{;{"";}{;}{{;}{;}}}}{;}{
;;}{"";}{"";}{"";}{"";}{"";;}{;";"{;};}}
Contract.java ;;;;{;;;;{;;;}{;}{;}{;}{;}{;}{""""""""";}}
ContractCode.java ;{""""""""""""""""""""";;{;}{;}}
ImportUserConsumption.java ;;;;;{;;{;;}{{;}{;}}{;{;;}}
{;"";;;;{;};}{{;}{;}}{""";;;{;{;}};}}
OptionCode.java ;{"""""""";;{;}{;}}
Payment.java ;;;{;;;{;;;{"";}}{;}{;}{;}{{;}""";}{;}
{;;;;}{;}{"""""";}}
PaymentScheduling.java ;;;;{{{;;;}}{{;;;}}{{;;;}};{;;;;}
{;;{;};;;}{;;;;;;;;}{;}}
PaymentSequence.java ;;;;;;{;;{;}{;;}{;}{;}{;;;}{"";}}
UserConsumption.java ;{;;{;;}{;}{;}}
UserConsumptionTracking.java ;{{;}{;}}
```

你更喜欢用哪一个？

你可能会想到一些类似的技术含量低但有用的纯文本可视化方法。如果你想到了一些方法，一定要告诉我。

11.8.2　使用正压清洁内部

软件开发领域有一个很大的问题，就是管理预算并做出最大决策的人员（例如可以同意或拒绝开发人员要求的人，或者能决定与另一家公司签约或外包的人）根本看不到软件的内部质量。这种对内部质量意识的缺失会阻碍这些人做出明智的决定。反过来，这也使那些在争论中更有说服力、更有诱惑力的人能争取到他们需要的决策。

如果开发人员能够让非技术人员感性地理解代码的内部质量，他们会变得更有说服力。即使是非开发人员，也可以很容易地理解完全混乱的文字云或依赖关系图。一旦他们自己能看懂这些直观显示的问题，谈论补救措施就容易多了。

管理层常常会质疑开发人员的意见。相比之下，管理层更能接受工具的输出，因为工具是中立且客观的（或者至少他们认为是这样）。工具绝对不是客观的，但是它们的确提供了实际事实，即使表现形式总是带有一些偏见。

活文档背后的理念不仅是为团队编写文档，而且还要成为用来说服他人的工具之一。当所有人都看到那些令人不安的现实时（例如，混乱、循环依赖、难以忍受的耦合、晦涩难懂的代码），就更难以容忍这一切了。

哈哈哈

遵守非循环依赖原则：只要一个包！

活文档会使每个人都看到代码的内部问题，从而产生正压，促进清理内部质量。

11.9　无处不在的设计技巧

即使你以解决文档问题为目标开始了活文档之旅，也会很快发现实际的问题是设计不好或随意设计，这可能是"靠巧合设计"的结果。为了解决文档问题，你必须先解决设计问题。这真是个好消息！

通过关注文档，你最终有了具体可见的标准，以便每个人都可以根据这些标准看出设计的当前状态真是一团糟。随之而来的是团队内部要改进设计的正压力，其好处远远超过了文档显而易见的好处。但是，如前所述，还有更多好消息：**好的设计技能也会成为好的活文档技能。**专注于活文档，并专注于软件设计技能。一起练习，一切都会变得更好！

软件设计包括在所有可能的方法中谨慎决定采用哪种方法为某个行为编写代码。用 Jeremie Chassaing 的话说："在千千万万种可能性中选择一种，并且需要充分的理由。"在设计讨论中经常听到的反对意见是："但最终是同一回事！"是的，确实是同一回事。如果你只是想让代码能工作，那么设计是无关紧要的。设计意味着你关心的不仅仅是让代码工作。

设计技能包括：在其他事物中考虑耦合和内聚、隐藏实现细节、考虑约定和数据治理、为以后保留选项、尽量减少依赖关系以及处理它们的相对稳定性等。

11.10　记者 Porter 采访 Living Doc Doc 先生

以下是记者 Porter（图 11-7 右侧）对 Living Doc Doc 先生（图 11-7 左侧）的采访。Doc 先生是一位活文档专家。

图 11-7   记者 Porter 采访 Living Doc Doc 先生怎么定义好文档

什么是好文档？

最好的文档是代码。这里的代码是指能使所有内容一目了然而且命名清晰可见的代码。好的文档已经集成到了工作流和日常工具中，你甚至不认为它是文档。一个很明显的例子是，当你需要某个工具时，它会提醒你一些忘记了或者不知道的事情。我们通常不把它称为文档，但是在适当的时间提供正确的知识的最终目的实际上是一种文档形式。

为什么活文档不受欢迎？

我认为许多做法很受欢迎，只是没有人注意到。还记得 21 世纪初大家都关注的 UML 吗？现在，项目越来越大，我们已经不怎么用 UML 了。取而代之的是，每个 IDE 都提供即时的、集成的和高度上下文相关的类型层次树、框架、类之间的平滑超媒体导航……所有这些都比数百个静态 UML 图更有用。尽管如此，我们都认为这些是理所当然的，并且仍然不满于"缺少合适的文档"。新技术也是如此。

新技术如何改变这种局面？

在传递知识方面，大多数人仍未意识到新工具和方法的全部潜力。

Consul 和 Zipkin 提供了实际内容的实时摘要，甚至是以活图表的形式提供的。它们使用标签机制来定制和传达意图。

使用阈值监视关键的 SLA 指标让我们更像是为 SLA 编写文档。

Puppet、Ansible 和 Docker 文件允许使用声明式风格来描述你期望的内容。想象一下它们可以方便地替换掉所有 Word 文档！

所以你现在没什么特别的事需要做吗？

差不多，但也不是完全不需要。所有新技术和做法都非常适合用来编写关于**是什么和怎么**

做的文档，但是它们的大多数弱点几乎都是常常忘记记录**为什么**（依据）。因此，你仍然需要找到一种方法来记录每个主要决策的依据。一个不可变的只进行追加操作的日志文件、带有标签的代码增强以及传统文档中用于描述整体愿景的常青内容，对于完成完整的情况是无价的。

那代码呢？

代码应尽可能自记录。测试和业务可读的场景是记录知识的重要组成部分。但是有时候你必须添加额外的代码，只是为了在相应的代码内记录你的设计决策和意图。文档的自定义注解和命名约定是你选择的工具。

好吧，但是现在这些系统是由数十种服务组成的。我怎么在这种零散的系统中工作呢？

你可以在不用的层级使用同样的技术。例如，注解成为服务注册表和分布式跟踪系统中的标签。包和模块的命名约定成为服务及其端点的命名约定。它涉及的思维和设计技巧是相似的，只是实现方式不同。

我们真的需要文档吗？多年来，我们只有一点文档，甚至没有文档，不也活过来了吗？

当然，没有明确的文档我们也能活。任何人都可以上手一个未知的系统并让它正常运行，至少在某种**工作**定义下是这样。但是只是"让它工作"是一个很低的门槛，而"让它工作"可能需要很长时间。文档可以加快交付速度，因为它可以缩短你重建系统思维模型的时间。但是文档的另一个作用是，尝试记录系统相关的知识是了解系统不正确之处的好方法。关注文档显然是对以后的一项投资，而且对现在也有回报，尽管不太明显！

非常感谢你！

不，是我要感谢你！

11.11　小结

总体来说，本书的主要论点是，如果你从文档开始，那么最后会得到更好的设计。

大多数团队是出于非回归测试的目的而接受 BDD 的，最后却意识到它带来了其他更大的好处，即使用具体的示例进行早期对话，以及最后产生的活文档。同样地，通过重新考虑文档，采用鼓励速度、深思熟虑、干净透明和人与人之间互动的做法，以及倾听整个过程中发出的各种信号，好事就会发生。

第 12 章

活架构文档 *12*

架构可以有多种定义方式，比如"架构是项目中每个人都应该知道的东西"或者"架构是重要的东西，无论它到底是什么"或者"架构是一旦决定就很难再改变的决策"。这些定义都暗示了架构关系到多个人长时间进行某些决策相关的知识交换。这些决策不是孤立事件，而是根据当时的背景所做的决策。

因此，文档是架构的重要组成部分。可以考虑使用的文档编写方法有很多，而且关于该主题的书也有很多。本章重点讨论活文档如何帮助搭建架构，尤其是在实践演化式架构的团队背景里——架构在这样的背景里随时可能发生变化。

从这种观点来看，架构不是一个阶段而是一个连续的活动。此外，它不一定是只能由架构师执行的活动，任何拥有架构技能的软件开发人员都能做这件事。这就需要更多的人来共享架构决策。

通常，软件架构最终会在多个地方具体化为代码。这种代码是以前的架构决策的结果。只需查看代码库，你就会识别出很多过去的决策。有了适当的技能，只要注意到代码库里那些幸运的巧合，你可能就会识别甚至**逆向工程**出很多过去的决策：你可能会意识到，这么好的结构不可能是靠巧合得到的，所以这一定是被设计出来的。即使决策是隐含的，也仍能看出决策。

有了这些正确的技能（通常是从经验中学到的），你就可以从设计中了解到它是什么以及期望如何扩展它。这类似于图 12-1 中的接线板，从外表就能看出，只要插入其他电源线显然可随时对它进行扩展。

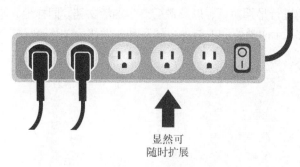

显然可
随时扩展

图 12-1　显然可随时扩展

但是，由于代码中的决策是隐含的，仅查看代码可能会遗漏许多架构意图，而是否会遗漏以及遗漏多少取决于你对所使用风格的熟悉程度。帮助你和其他人发现更多架构意图是架构文档的一个主要目标：你想使这些隐式内容变成显式内容！

架构的活文档恰恰是关于找到有助于准确、明确解释更多决策的一种做法，它不会减慢预期和鼓励的持续变更流程。

到目前为止，各章都提到了很多架构方面的示例，例如活图表和六边形架构、系统上下文图、导览、代码即文档以及一些强制性规范示例。本章将对这些内容进行扩展，并致力于将活文档应用于软件架构中。

12.1 记录问题

往往只有在真正理解了待解决问题的所有目标和约束后才能开始架构。对于一个拥有 50 个热狗路边摊的品牌和一个在全球拥有 1500 家高端三明治和沙拉店的品牌，即使它们都有同样的高端定位，你也不会为前者建立相同的销售点系统。

高层级目标和主要约束是"每个人都应该知道的事情"（参见图 12-2），因此它们始终是架构的一部分。

图 12-2　架构是指那些每个人都应该知道的事情

因此，无论如何定义"架构"，都要确保将其看作与技术挑战一样的文档挑战。将讨论和书面记录的重点放在要解决的问题上，而不仅仅是解决方案。确保问题相关的必要知识已经以一种永久性的方式得到了很好地描述，并确保每个人都已经知道了这些知识。

你可能会不时地问一些随机问题，以确认是否每个参与人员都已经知道了基本的业务知识。我通常喜欢这么做，以确保我们在每次讨论中都不会浪费很多时间。

请记住，书面形式的文档是永远不够的，并不是每个人都会读这些文档。你需要将随机讨论和路演作为书面文档的补充，以便在工作时间向每个团队介绍这些知识。

问题摘要的示例

以下是一个示例，其灵感来自于我一位客户的遗留系统的真实项目。这个摘要不在 wiki 中，而是在新组件源代码存储库根目录中的某个单独的 Markdown 文本文件中。它甚至可能在 README 文件中。

愿景声明

日期：2015 年 1 月 6 日

为提高用户满意度，提供优秀的 UI 设计，并经常提供新功能

描述

INSURANCE 2020 项目旨在改进支持保险索赔管理流程的遗留软件，有以下两个主要目标。

(1) 提升用户体验（UX）并提供用户友好的 UI

(2) 持续交付：缩短上市时间并降低变更成本

干系人

主要干系人是保险理算师。其他干系人包括：

☐ 精算师
☐ 管理人员

与 IT 相关的干系人包括：

☐ 开发团队
☐ 中心架构小组
☐ 支持和运营团队

业务领域

这个业务领域侧重于索赔管理部分，尤其是理赔阶段。整个流程从早期提出索赔开始，到开始进行所有必要的调查，从而完成计划、见证损害赔偿、联系警方和律师、提出要支付给投保人的金额。

主要业务功能的例子如下。

☐ 在没有太多信息的情况下记下索赔
☐ 添加索赔相关的更多信息，包括参与方、检查项、证据、照片……

❏ 准备具有一项或多项和解要约的索赔（每项都由一个或多个索赔金额信息构成）

❏ 管理索赔团队和相关的工作流程

❏ 报告一项或所有未决索赔当前的状态

❏ 帮助用户随时查看他们的任务

12.2 明确的质量属性

在软件中，质量属性决定了解决方案。对于一个拥有数百万并发用户的业务问题和一个只有 100 个并发用户的业务问题来说，它们的技术解决方案是完全不同的；一个实时解决方案也会与日常使用的解决方案或者停机一分钟就会造成公司 50 万美元损失的解决方案非常不同。

由于其中包含挑战，团队中的每个人都应该知道最具挑战性的质量属性。他们还应该理解，其他不那么有挑战性的质量属性提供了保持架构简单的机会。假装你的设计应该支持数百万个并发用户，而实际上只有几千个并发用户，这是对发起人的金钱和时间的滥用。

因此，在项目开始时以及每次背景变更后，以书面形式阐明主要质量属性，可以只是一个简单的项目符号列表。明确说明如何解释质量属性，例如以标语作为指导。

以下是描述主要质量属性的一个示例：“对于 98% 的交易，系统应在 1 秒内响应用户的请求。该系统应支持 3000 个并发用户。”

《SRE：Google 运维解密》一书（尤其是“服务质量目标”一章）对质量属性进行了深入的讨论，介绍了服务质量指标（SLI）、服务质量目标（SLO）和服务质量协议（SLA）的概念。

质量属性可能对如何解释它们有一些内部标准，如下所示。

❏ 质量过高不是优质。

❏ 设计目标是能处理 10 倍的增长，但计划是在需要处理 100 倍增长时才重写代码。

然后，这些质量属性就能被转换为针对系统的可执行场景，而且你可以用简单的句子来描述它们（请参阅 12.9 节）。

12.2.1 利害驱动的架构文档

关于架构有很多视角。一些开发人员认为架构与大型系统有关，它具有基础架构、昂贵的中间件、分布式组件和数据库复制。对于为不同系统工作的不同人员来说，专注于软件的不同方面并将其称为**架构**是很正常的：他们可能会使用**架构**这个术语来描述所在环境中软件最重要的方面。

在进行架构 kata 练习时，这种视角的多样性变得显而易见。在 Ted Neward 提出的这种研讨会形式里，几组人的任务是为一个给定的业务问题创建架构。每个小组有 30 分钟的时间、一大张纸和马克笔来准备并展示提案。规则明确强调，小组成员应能够证明所做的任何决策。当每个小组都向其他所有人介绍了自己的架构（就像在客户面前捍卫自己的提案一样）时，研讨会才结束。其他与会者可以对提案提出质疑，就像对提案持怀疑态度的客户一样。

这样的研讨会为思考架构提供了一种非常有趣的方式。它本身就是一种沟通练习，不仅关于所做的决策，而且关于如何以令人信服的方式表达决策。无一例外，通过架构 kata 练习，你总是能看到人们对同一个问题的看法有多么不同。

> **警告**
>
> 你可能很想在实际业务案例中使用这种 kata 方法，将其作为一种竞争机制：让不同小组提出不同的观点，再进行比较。但是，这样做的风险在于，在实际情况下，最后会产生"优胜者"和"失败者"。你应该先单纯地练习 kata 这种方法，不掺杂任何真正的利害关系。你会收获很多价值并加以思考，还会学到如何避免"优胜者与失败者"效应。

我从 kata 中学到的是，不同的业务问题需要关注不同的领域。供街边热狗摊贩使用的销售点系统，主要需要考虑的是重量轻、成本低（以防万一被盗），并且在有点拥挤的人群中匆忙制作热狗时方便使用。相比之下，一个为了在应用商店上自我营销的移动应用首先必须能吸引眼球。另一个示例是，打算每秒处理数百万个事务的企业系统应将性能作为主要利害。此外，对于某些系统，主要利害是对业务领域有更深入的理解。

系统的关键利害是需要记录所有人都要知道的主要信息。例如，当整个项目的主要利害在用户体验上时，你不希望花费太长时间来记录服务器技术栈。

因此，尽早识别项目的主要利害，例如业务领域挑战、技术问题、用户体验质量或者与其他系统的集成。你可能要回答这个问题："什么最容易造成项目失败？"确保你的文档编写工作包含所有主要利害。

12.2.2   显式假设

当知识不完整时（有趣的项目刚开始时通常会这样），我们都会做出假设。有了假设项目才能继续进行，但代价就是后来可能会发现假设是错的。如果有文档，重新考虑假设时"倒带"的成本会更低。创建这类文档的一种简单方法是用决策所依赖的假设明确地标记决策。这样，当重新考虑一个假设时，你就可能找到它的所有后果，以便依次重新考虑。为了使这种方法有效，应将所有这些假设做成固有文档，并放在决策中（通常在源代码本身）。

12.2.3   架构简洁说明架构质量高

好的架构很简单，而且看起来很容易理解，仅用几句话就能描述清楚。一个好的架构是一些关键的决策，这些决策是明智的、有见地的，并且可以指导其他所有决策。

如果说架构是"每个人都应该知道的事情"，这就给架构的复杂性设置了上限。任何解释起来很复杂的东西都不能被大多数人理解。

> **提示**
>
> 在 Øredev 2013 大会上，我从 Fred George 关于微服务架构的演讲里看到了良好架构的一个好例子。Fred 设法在几分钟内解释了这个架构的关键思想。听起来像是这个架构被简化了，可能是被刻意简化的。一个能被所有人快速理解的简化架构里有很多价值。如果对每一个细节进行优化可能无法快速对整体做出解释，那么这种优化是有害的。

因此，尝试在两分钟内开口描述一个架构，以此来测试它的质量。如果你成功了，请立即将它写下来。如果要花费更长时间并使用过多句子来解释这个架构，那么你可能需要对它做很多改进。当然，架构可能过于复杂而无法在两分钟内详细解释。但是这个测试会让你质疑是否有高层级结构。一个架构不应该只是对细节的罗列。

12.2.4　持续演进：易于更改的文档

最好的架构是会持续演进的，因为你很难在第一次尝试中就正确实现它，而且它还必须适应不断变化的环境。

好的架构很容易简洁地说明，而且会使难以变更的决策数量降到最少。任何难以变更或每个人都应该知道的事情都必须记录在案。从定义上讲，它必须能长时间保持，并且能被所有人理解。

这意味着任何会使架构或其文档难以变更或变更代价高昂的事情都必须避免。你的团队应该学会如何做出可逆的决策或推迟不可逆的决策。如果你害怕变更架构是因为需要重新编写很多关于这个架构的静态文档，那么你的文档正在损害你的利益，你应该重新考虑如何编写这些文档。

注意一下需要多少单词和图表来解释架构，一般是越少越好。让架构持续演进，并删除任何会阻碍架构持续变更的过程或工件。

12.3　决策日志

为什么这个项目会使用这种特殊的重量级技术？希望是因为对一些需求进行评估后才选择了它。有谁记得吗？既然现在工作已经改变了，你可以将它换成更简单的技术吗？

在与干系人开会时你们会谈论什么？从开工会议到冲刺计划会议和其他即兴会议，讨论的内容涵盖了许多概念、想法和决策。所有这些知识怎么样了？有时它们只存在于与会者的大脑中，有时它们很快会被记录为会议纪要并通过电子邮件发送出去，有时记录这些知识的白板会被拍照并分享，而有些人会将所有内容都放到跟踪工具或他们的 wiki 中。一个普遍的问题是，这种知识通常缺乏能显示组织方式的结构。

因此，要针对最重要的架构决策维护一份决策日志。它可以像代码存储库根目录文件夹中的结构化文本文件一样简单。使决策日志的版本与代码库保持一致。对于每个重要的决策，记录决策及其依据（为什么做出这个决策）、考虑的主要替代方案以及主要结果（如果有的话）。切勿更新决策日志中的条目，而是添加一个新条目来代替前一个条目，并提供对它的引用。

Michael Nygard 将这种决策日志称为**架构决策记录**，简称 ADR。Nat Pryce 开发了 adr-tools，使用命令行支持 ADR。

构成解决方案的结构化假设是决策日志的一部分，也是重要决策依据的一部分。例如，如果假设过去 24 小时内发表文章的访问量占你网站访问量的 80%以上，那么这就是决定将**最新新闻**和**存档新闻**划分为两个不同的子系统（每个子系统都有不同的本地架构）的理由。

在实际生活中，记录主要架构决策的依据并不总是那么容易，尤其是在决策是出于错误的原因做出时（见图 12-3）。例如，管理层可能坚持要包含这项技术，或者开发人员可能出于恢复驱动开发的原因而坚持尝试使用这种新库。很难以书面形式清楚地阐明这些依据以供所有人查看！

图 12-3　决策日志，记录了一个不太经得起推敲的依据

你可以在 ADR 的 Arachne-framework 存储库中在线找到 ADR 的良好示例。

12.3.1　结构化决策日志的示例

以下示例中，决策日志作为一个单独的 Markdown 文件进行维护，它位于新的 Claim Management 存储库的根目录中。在文件中，决策日志的内容位于愿景声明、业务领域和主要干系人描述之后。

主要决策

为了改善整体用户体验，已做出如下决定。

采用一种用户体验的方法：重点是美观和用户友好的屏幕，支持跨移动设备响应，无论背后实际的应用程序是什么，界面都保持一致，并且感知响应时间快。重点还在于确保只需点击几下以及跳转几个页面就能高效地完成常见任务。

现有遗留软件的上下文语境很难实现上述愿景，所以这个项目的很大一部分工作是通过尽量停用遗留系统来修改遗留系统。为了减轻这种停用带来的风险，做出以下决定。

❑ 采用一种渐进的方法，需要频繁交付：没有轰动性的大交付。新模块和旧模块将共存，并逐步迁移到新代码。
❑ 采用一种领域驱动设计的方法，以一种在业务领域级别上有意义的方式对遗留系统进行分解，以更好地理解领域机制，并在业务规则更改时更容易演进。

另一个挑战是，许多业务规则在高级理赔员那里是心照不宣的，需要加以规范。最重要的是，由于索赔要几个月才能完成，因此这些规则可能会在未决索赔期间发生变化。因此，做出以下决定。

❑ 采用一种业务流程建模方法，在一个地方规范默认的领域业务规则，可以轻松对它们进行审核和更改。

结果

风险

风险之一是所选方法缺乏专业知识。为了减轻这种风险，已经增加了以下外部专家：

❑ 用户体验专家（来自内部用户体验中心）
❑ DDD 专家（来自 Arolla）

另一个风险来自遗留环境，尤其是：

❑ **测试成本**　各种自动化测试的缺失使得每次发布的成本都很高昂（手动测试）和/或危险（测试不足）
❑ **用户感知的性能**　遗留系统运行缓慢，因此无法满足最终用户感知的预期响应时间。

为了降低测试成本，而且为了在遗留系统所有变更过程中不影响用户的使用，测试（单元测试、集成测试、非回归测试）自动化将是关键，以保护系统免受回归或缺陷的影响。

关于用户感知的性能问题：即使背后的遗留代码可能仍然很慢，设计也必须找到解决方法来提高感知的性能。

技术决策

在客户接受理赔之前，将新的 Claim Management 里的信息作为单一信息源

于 2015 年 1 月 12 日接受

背景

我们想要避免因数据权威性不明确而引起的混乱，因为这会让开发人员浪费时间修复那些不一致的数据。这就要求对于给定的领域数据，在任何时间点都只有唯一信息源（又名黄金来源）。

决策

我们决定，Claim Management 是索赔开始时索赔的唯一信息源（又名黄金来源），直到客户接受索赔为止，此时索赔会被推送到遗留索赔主机（LCM）上。从推送的那一刻起，唯一信息源就是 LCM。

结果

考虑到遗留系统的背景，整个索赔期间有时候必须有不同的黄金来源。尽管如此，在索赔有效期内的任何时间，权威性数据显然都来自单一信息源。只要有可能，应该重新考虑只使用一个不变的单一信息源。

由于存在这种差异，在推送之前：创建或更新索赔的命令会被发送到 Claim Management，同时发送事件，尤其是发送到 LCM 以同步 LCM 数据（LCM 为读取模型）。推送之后：将对 LCM 的远程调用用于更新 LCM 中的索赔，并将事件发送回 Claim Management 进行同步（Claim Management 为读取模型）。

请参阅 InfoQ 的"CQRS，读取模型和持久性"。

CQRS 和事件溯源

于 2015 年 1 月 6 日接受

背景

在理赔调整领域，审计至关重要：我们必须能准确地说明发生了什么。

我们希望利用对 Claim Management 模型的写入和读取操作之间的不对称性，特别是加快读取的速度。

我们还希望通过更加面向任务的方式来跟踪用户意图。

决策

我们采用结合了事件溯源的 CQRS 方法。

结果

我们选择了 AxonFramework，用它现成的接口、注解和已经编写好的样板代码来构建开发。

价值第一

于 2015 年 1 月 6 日接受

背景

我们希望避免由可变性引发的 bug。

我们还希望减少 Java 创建值对象所需的样板代码量。

决策

只要有可能，我们都倾向于使用值对象。它们是不可变的，并且带有一个赋值的构造函数。在需要时他们可能会与构建器一起提供。

结果

我们选择了 Lombok 框架为 Java 中的值对象及其构建器生成样板代码。

12.3.2　用期刊或博客作为脑转储

如果不使用正式的决策日志，也可以通过完整描述发生的事情、你学到的东西以及团队如何做出决策、权衡取舍或特定的实现细节实现脑转储。

在《软件开发者路线图：从学徒到高手》一书中，Dave Hoover 和 Adewale Oshineye 提倡记录并分享你所学到的东西。一个由团队成员撰写的博客是对所有其他类型文档的一个很好的补充。它更个性化，而且描述的内容比大多数文档更有吸引力。它讲述了冒险经历的重要内容以及参与其中的人们的感受。

Dan North（@tastapod）似乎也同意这一点。在与 Liz Kheogh（@lunivore）和 Jeff Sussna（@jeffsussna）讨论时，他在 Twitter 上写下了以下内容：

> 我喜欢有一个产品和/或团队博客。它会记录一些决策和对话，就像你在文档历史里记录它们一样。它还会告诉你决策是如何做出的，通过它，你能看到长期以来风格或学习的变化。

12.4　分形架构文档[①]

在处理大型系统时，你应该放弃在所有地方使用统一架构的想法。一个系统由几个子系统组

[①] 原文是 fractal architecture documentation，主要思想是根据子系统或"模块"的要求提供不同形式的架构文档。

——编者注

成，每个子系统都应该有自己的架构，并且要有一个总体架构来实现它们之间的相互联系。

因此，将你的系统看作几个较小的子系统或"模块"。它们可能是物理单元，例如组件或服务，或者只是在编译时的逻辑模块。独立记录每个模块的架构，并将模块之间的总体架构描述为一个系统级架构。

通常，你可以结合使用包命名约定、源代码中的注解和少量纯文本，并使用固有文档来记录每个模块的架构。你会用纯文本和一些特定的 DSL（如果有的话）编写更多的常青文档，以记录整体架构。但是，通过合并从每个模块中提取的知识来构建生成的文档，也可以用作整体架构的文档。

12.5   架构全景图

你的架构不仅需要一堆随机的图表和其他文档编写机制，而且需要更多工作。所有这些工作都可以组成一个整体，我们可以称之为**架构全景图**。这个词的灵感来自 Andreas Rüping 在 *Agile Documentation: A Pattern Guide to Producing Lightweight Documents for Software Projects* 一书中所用的**文档全景图**一词。在这本书中，Andreas 建议将文档组织成一个"团队成员在检索或添加信息时用作思维导图的全景图"。这个想法认为文档组织结构有助于用户找到需要的文档，也可以在组织结构自身中添加知识。对于活文档，问题在于要想象一个链接文档和图表的总体结构（无论是否已生成）。

因此，当你的文档增长到包括大量文档机制时，将其组织成一个一致的整体，以便人们可以学习如何高效地找到所需内容。记录你的文档编写方法或遵循相关标准编写文档。

如果你碰巧喜欢现成的架构文档模板，它们可能会给你一些启发：

❑ Arc42
❑ IBM /Rational RUP
❑ 公司特定的模板

一些模板想要针对架构文档每一个可能的需求进行规划。我讨厌往模板里填写很多内容，这很费力。

哈哈哈

我用了一周的时间编写软件架构文档（Software Architecture Document），可以亲切地称它为 SAD（悲伤的）。没有什么简称比这个更合适了。

—— @weppos

模板作为检查清单是最有用的。例如，ARC42 的"概念"部分是一个不错的检查清单，可以帮助你找到你可能忘了考虑的内容。以下是原始模板的精简列表：

- ❑ 人体工程学
- ❑ 事务处理
- ❑ 会话处理
- ❑ 安全性
- ❑ 安全
- ❑ 通信与集成
- ❑ 合理性和有效性检查
- ❑ 异常/错误处理
- ❑ 系统管理与行政管理
- ❑ 记录、追踪
- ❑ 可配置性
- ❑ 并行化和线程化
- ❑ 国际化
- ❑ 迁移
- ❑ 缩放、集群
- ❑ 高可用性

在当前项目中，你忽略了哪些内容？哪几项是你没有记录的？

你可以从所有这些已建立的形式中汲取灵感，以**逐个模块**的方式得到自己的文档全景图。如先前在 12.2.1 节中所述，每个文档全景图都将重点放在对于子系统风险来说最重要的内容上。

在具有丰富业务领域的模块上，你将主要关注领域模型及其作为关键场景的行为。在一个更CRUD 化的模块上，几乎没有什么可说的，因为所有内容都是标准且显而易见的。对于一个遗留系统，可测试性和迁移可能是最有挑战性的事情，值得编写文档。

你的文档全景图可能是带有预定义列表和表格的纯文本文件，也可能是一个小型注解库的形式，直接用源代码元素对架构的贡献和依据来标记这些元素。它可能是一种特定的 DSL。在实践中，你会根据最有效的方法混合所有这些想法。你甚至可能使用 wiki 或者可以立即解决所有问题的专有工具。

系统的典型文档全景图必须至少描述以下几点：

- ❑ 系统的总体目的、背景、用户和干系人
- ❑ 总体要求的质量属性
- ❑ 关键的业务行为、业务规则和业务词汇
- ❑ 总体原则、架构、技术风格以及任何固执的决策

这并不是说你创建的文档里需要包括所有这些内容。活文档旨在减少对手动编写文档的需求，并使用更便宜而且能始终保持最新的替代方法。

12

例如，对于第一点，你可以使用纯文本的常青文档；对于第二点，可以使用系统级验收测试；对于第三点，可以使用具有自动化功能的 BDD 方法；对于最后一点，可以在源代码中混用 README、规范和自定义注解。

架构图和符号

长久以来，很多作者提出将软件架构的描述形式化。有很多标准可以使用，例如 IEEE 1471 的 "软件密集型系统的架构描述的推荐实践"，以及 ISO/IEC/IEEE 42010 的 "系统和软件工程架构描述"。Kruchten 的 "4+1 模型" 在企业界获得了认可。但是，所有这些方法并不是完全轻量级的，理解它们需要一定的学习曲线。每个方法都提供了一组视图来描述软件系统的不同方面，包括逻辑视图、物理视图等。总体而言，这些方法在开发人员中并不是特别受欢迎。

Simon Brown 也认为需要一种轻量级替代方案，因此提出了 C4 Model，这是一种用于绘制架构图的轻量级方法，在开发人员中越来越受欢迎。这种方法特别借鉴了 Nick Rozanski 和 Eoin Woods 的工作（在他们的《软件系统架构》一书中做了介绍），而且它具有无须事先培训即可使用的优点。它提出了四种描述软件架构的简单图表类型。

- ❑ **系统上下文图**：是绘制和记录软件系统的起点，它使你能往后退一步，查看全局。
- ❑ **容器图**：用于说明高层级技术选择，显示 Web 应用程序、桌面应用程序、移动应用程序、数据库和文件系统。
- ❑ **组件图**：以一种对你有意义的方式（服务、子系统、层、工作流等）进行分解来放大容器的方式。
- ❑ **类图**：（可选）使用一个或多个 UML 类图来说明任何特定的实现细节。

我最喜欢的是系统上下文图，它既简单又明显，但经常被忽略。

我认为这些通用符号永远都是不够用的。有说服力的架构风格应使用自己的特定视觉符号来表达。因此，虽然学习标准符号显然是一件好事，但你不应该只局限于它们，而应该尽情探索你自己的符号或更特殊的替代方法（如果它们更具表现力的话）。

12.6　架构规范

在向人们描述一个解决方案时，最重要的部分是分享得出该解决方案的思考和推理过程。

Rebecca Wirfs-Brock 参加了 2012 年在布加勒斯特举行的 ITAKE 非会议，在她的演讲以及后来我们就该话题的对话中，她举了一个 ECMAScript 的例子，这个项目中清楚地记录了思考过程。她提到以下内容是 ECMAScript 中决策的一些依据。

- ❑ 引用与其他已有传闻相似的事例。
- ❑ 我们通常希望，为了做这个工作，尽可能少的学习和理解知识。

❑ 进行变更的方法：弄清楚之前是如何做类似变更的。

后来，我在一家银行要处理一个部门级的架构工作，并引入这种原则规范的理念用于指导所有容易受架构影响的决策（见图 12-4）。这套规范是根据大量具体的决策案例而建立的，其目的是试图正式阐明决策背后的推理过程。通常，原则已经在其他资深架构师的脑子里了，但是他们都心照不宣，没有其他人知道。

图 12-4　万能的规范

一些原则如下。

❑ 了解你的黄金来源（即单一信息源）。
❑ 不要投喂怪物：改进遗留系统只会让它持续地更久。
❑ 提高直通式处理的自动化比例。
❑ 率先保证客户便利。
❑ API 应该优先!
❑ 手动处理过程只是电子处理过程的一种特例。

事实证明，这套规范对参与架构的每个人都很有用。其目标是将规范发布给每个人，即使它还不完整而且并不总是那么容易理解。至少它有助于引发问与答。这个规范从未正式发布过，但是它的内容在许多场合被泄露了，并且多次被用于做出更一致的决策。

在最近的一次咨询工作中，我发现它可以帮我将团队的价值参考表达为一个偏好列表，包括以下内容。

❑ 代码优于 XML。
❑ 模板化引擎还可以，但是不要加入逻辑。

当然，采用已经在文献中记录的标准原则也是一个好主意，因为它们提供了现成的文档。例如：

"尽量让中间件保持简单，把业务逻辑放在自己的服务中。"

你需要将架构推理相关的知识传播给更多的人，而不仅仅是在架构团队内部传播——这是你应该关注的问题，而这个规范满足了你的这种需求。

因此，开始关注决策是如何制定的，并将隐含的原则、规则和启发式规则显式化为一套规范。它甚至可以是由单句组成的简单项目符号列表。请确保对大多数人来说它是简短易懂的。例如，在每个条目旁边加上一个简短的具体示例。只要有机会，就与人们共享这套规范。你无须获得正式批准即可使用。对它进行持续地改进，使其保持简短而实用。

让规范成为一个一直保持更新的有效文档是非常重要的。只要你发现原则里有矛盾，就要想办法修改或发展规范。我们不应该觉得这是规范的失败，而应将它看作使集体决策制定更合适的机会。架构里包括了共识，不是吗？

架构规范可以是源代码管理系统中的一份文本文件、一组幻灯片，甚至可以用代码表示。以下是使用简单枚举实现规范原则的示例：

```
1   /**
2    * 整个团队都认同的所有原则列表。
3    */
4   public enum Codex {
5
6       /** 我们不知道怎么解释这个决策 */
7       NO_CLUE("Nobody"),
8
9       /** 每条数据必须有一个权威性来源 */
10      SINGLE_GOLDEN_SOURCE("Team"),
11
12      /** 尽量让中间件保持简单，而把业务逻辑放在自己的服务中。*/
13      DUMP_MIDDLEWARE("Sam Newman");
14
15      private final String author;
16
17      private Codex(String author) {
18          this.author = author;
19      }
20  }
```

Sam Newman 在《微服务设计》一书中写到，他的同事 Evan Bottcher 在墙上贴了一张大海报，很清楚地展示了关键原理，从左到右分为三列：

□ 战略目标（例如，保证业务可伸缩性、支持进入新市场）
□ 架构原则（例如，一致的接口和数据流、没有灵丹妙药）
□ 设计和交付实践（例如，标准 REST/HTTP、封装遗留系统、对 COTS/SAAS 进行最小化定制）

这是在同一个地方总结系统愿景、原理和做法的好方法！

12.7　透明的架构

当架构文档嵌入到每个源代码存储库中的软件工件中时，会自动从中生成活图表和活文档，每个人都可以访问所有的架构知识。相反，在一些公司中，架构知识仍然保存在工具和幻灯片中，而这些信息只有正式的架构师才知道，也没有及时更新。

将架构文档嵌入到软件工件中的一个结果是，它可以实现架构的去中心化以及依赖于架构知识的决策，我称之为**透明的架构**：如果每个人都能亲自看到架构的质量，那么每个人都可以自己做出相应的决策，而不必问那些担任架构师角色的人（见图 12-5）。

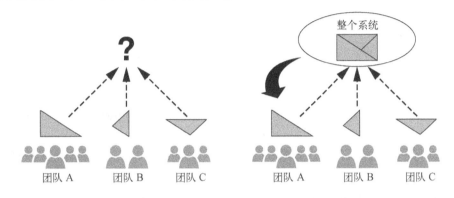

图 12-5　因为能访问整个系统，每个团队都可以直接做出与整个系统保持一致的决策

例如，在微服务架构中，一个透明的架构可以利用运行时在工作系统之外生成的活系统图表。分布式跟踪基础架构（例如 Zipkin）中已经有这个知识了。你可能需要在工具中添加自定义注解和二进制注解，对这个知识进行一些增强。

你可能还需要依靠服务注册表（例如 Consul 和 Eureka）及其标签来生成活文档。如果采用这种做法，服务之间的依赖关系也可以从消费者驱动的约定中获得。如果你关心物理基础架构，那么可以通过 Graphviz 生成的自定义活图表使它可见，这个活图表是根据你通过云服务的编程 API 从云中获取的数据绘制的[①]。请注意，更"良性"的做法也会使活文档编写更容易！

通过增强代码、架构文档中的注解、决策日志和架构强制性规范，你可以实现透明的架构，如本章后面所述，它们一起可以解锁架构实现检查的优势。

12.7.1　架构注解

任何可以使代码更加明确的设计信息都值得添加。如果遵循分层模式，你可以使用每一层根部的 com.example.infrastructure/package-info.java 包上的自定义注解@Layer 来记录代码：

```
1  @Layer(LayerType.INFRASTRUCTURE)
2  package com.example.infrastructure;
```

[①] James Lewis 在一些演讲中展示了一个由 cron、Python、Boto、pydot 和 Graphviz 生成的云基础架构的活图表示例。

类似于构造型的模式表示限定语言元素（如方法）的固有角色或属性。看一下下面这个示例：

```
1  @Idempotent
2  void store(Customer customer);
```

再看下这个示例：

```
1  @SideEffect(SideEffect.WRITE, "Database")
2  void save(Event e){...}
```

特定风险或关注点也可以直接在相应的类、方法或字段上表示，如下所示：

```
1  @Sensitive("Risk of Fraud")
2  public final class CreditCard {...
```

通常，设计注解可以用来声明设计模式。你可以将注解加在积极参与模式的元素上。通过考虑删除模式后是否应该保留这个元素，你可以检查设计注解。如果不保留，你可以放心地在元素上声明模式，而类或方法仅用于实现模式。通常，该元素会使用模式本身的名称，例如适配器或命令。

有时，你需要在注解中添加值。例如，如果想声明一个操作特定聚合的 DDD 存储库模式，可以这样操作：

```
1  @Repository(aggregateRoot = Customer.class)
2  public interface AllCustomers {...
```

你可以使用最常用的模式创建自己的模式目录。它包括的模式可能来自"四人组"、DDD、Martin Fowler（分析模式和 PoEAA①）、EIP、一些 PLoP 和 POSA 模式，以及一些众所周知和/或琐碎的基本模式和习惯用语，再加上所有自定义的内部模式。

另外，你可能会创建自定义注解来对一些重要的知识来源进行分类，例如业务规则、政策等，如下所示：

```
1  @BusinessRule
2  Public Date shiftDate(Date date, BusinessCalendar calendar)
   {...}
```

以下是更多示例：

❑ @Policy 强调软件中表达的主要公司政策

❑ @BusinessConvention 表示较低层级的政策，这些政策只是业务领域中的约定

❑ @KeyConcept 或@Core 强调重要的内容

❑ @Adapter 或@Composite 表示使用了一种模式

❑ @Command 或@Query 阐明模块上写或读的语义

❑ 字段上的@CorrelationID 或 AggregateID

12.7.2　强制性设计决策

由于有了设计知识，代码得以增强（使用注解、命名约定、服务注册表中的标记或任何其他机制），因此你可以让工具来完成一致性检查。你可以根据声明的模式和构造型知识检查依赖关系。如果注解为值对象的类与注解为实体或服务的类有字段级的依赖关系，我会提起一个异常。这就是我的风格，我经常让工具为我检查这些内容：

```
1  if (type.isInvolvedIn(VALUE_OBJECT)) {
2    if (dependency.isInvolvedIn(ENTITY) ||
3      dependency.isInvolvedIn(SERVICE)) {
4        ... raise an anomaly
5  }
```

你也可以在静态分析工具中创建自定义规则。例如，使用 SonarQube 内置架构约束模板或专门的架构声明库（例如 ArchUnit），可以创建以下规则。

- "持久层不能依赖于 Web 代码"：禁止从 ** &.dao 中的类访问 .web.。
- "六边形架构"：禁止从 .domain. 访问 infra。
- "值对象不应将服务作为成员字段注入"：由 ValueObjects 注解的类里不应有由 DomainService 注解的类型字段。

例如，以下内容强制执行第 8 章中提到的命名规范：

```
1 @Test
2 public void domain_classes_must_not_be_named_with_prefix() {
3   noClasses().that().resideInAPackage("..domain..")
4     .should().haveSimpleNameEndingWith("Service")
5     .check(importedClasses);
6   noClasses().that().resideInAPackage("..domain..")
7     .should(new DomainClassNamingCondition())
8     .check(importedClasses);}
```

在本示例中，DomainClassNamingCondition 是自定义代码，用于检查名称是否不使用以下列表的前缀结尾：Service、Repository、Value-Object、VO、Entity、Interface、Manager、Helper、DAO、DTO、Intf、Controler 或 Controller。以下规则强制执行六边形架构的约束（"禁止从领域代码访问基础架构代码"）：

```
1 @Test
2 public void domain_must_not_depend_on_anything() {
3   noClasses().that().resideInAPackage("..domain..")
4     .should().accessClassesThat()
5          .resideOutsideOfPackage("..domain..")
6     .check(importedClasses);
7 }
```

规则的名称及其声明式描述清楚地记录并保护了设计决策——以清晰的源代码形式。

12.8　架构实现检查

> 架构不应是被定义的，而是被发现、完善、演进和解释的。#关于架构的第一个误解
>
> —— @mittie

关于架构，老式想法是指在实施**之前**执行的事情，这不太符合现代项目的情况。在现代项目里，变化随时随地可能发生，可能在代码里，也可能在架构里（无论你怎么定义架构）。

你想要确保整个系统的主要质量属性（例如，概念完整性、性能、可维护性、安全性和容错性）都得到了满足，而且将最重要的决策传达给所有相关人员。但是你不希望使用老式架构实践来拖慢项目的进度。你需要快速的文档编写方法来帮助你将知识传达给所有人，还可以帮助你推理并确保质量属性得以实现。

但是还有另一个问题：架构的具体实现可能与它的意图不符。随着时间的推移，编码决策可能会发生变化，每次一个小错误就会导致系统与原本打算实现的架构不一样。这个问题被称为**架构侵蚀**。

请注意，质量属性需求通常不会经常变更，但是代码中的决策会经常变更。

因此，随着软件的变化，需要定期将架构可视化。对比已经实现的架构与预期的架构。如果有差异，你可能需要调整其中一个。在活图表或其他活文档的自动化支持下，这种比较在每次构建时就能频繁完成。

所有这些假设的前提都是你应该对预期架构有一定的了解。但是如果没有，你可以按照实现的架构逐步对它进行逆向工程。

你可以找到工具帮你实现架构可视化和检查，还可以创建完全专用于自己所在特定环境的活图表生成器。

12.9　测试驱动架构

测试驱动开发的心态不仅仅在于"小规模"地编写代码。它是一项训练：首先要在实现之前描述所需的内容，然后将内容整理干净用于长期改进工作。

你可以尝试在架构规模上遵循相同的过程。你所面临的挑战是**所有事情**的规模都变得更大，馈路也变得更长，这意味着当你最终获得反馈时，可能已经忘了你之前想要的是什么。

理想情况下，你可能想以测试定义需要的质量属性来开始。这些测试可能在数周或数月内都无法成功，最终成功时，它们就会成为当前质量属性的唯一真正真实的文档。例如，看一下这个性能质量属性：

10k 请求超过 500 万，错误率小于 0.1%，99.5%可以在 100 毫秒内响应

首先以项目符号列表的形式记录质量属性，例如记录在 Markdown 文件中。然后，在现实环境（甚至在生产环境）里，尽可能像 Gatlin 或 JMeter 测试一样，按文件中描述的信息实现测试。它不太可能马上就能成功。现在，团队可以开始测试，同时可以处理其他工作，先后顺序由优先级决定。它可能需要几次冲刺才能成功。

如果你创建了用于概念证明的测试脚本，可能已经做了类似的事情。与事后丢弃这些脚本不同，你可以将正在进行的一次性完成的实验转变为可维护资产，这么做不需要花费更多精力，而且这些资产可以断言你仍然满足要求，同时可以记录它们。

12.9.1 质量属性即场景

测试应尽可能声明式地描述质量属性。一种实现方法是将标准处理成一个特殊的 Cucumber 场景：

```
@QualityAttribute @SlowTest @ProductionLikeEnv @Pending
Scenario：高峰时间的请求数
Given 系统已部署在类似生产的环境中
When 它收到超过 500 万次的 10k 请求负载，错误率低于 0.1%，99.5%可以在 100
```
毫秒内响应

请注意以下这些自定义标签：

❑ @QualityAttribute，将这项内容归类为质量属性要求
❑ @SlowTest，仅在夜间慢速测试运行的一部分中启动这项测试
❑ @ProductionLikeEnv，标记这个测试仅在类似生产的环境中才是合适的，指标才有意义
❑ @Pending，表示这个场景尚未通过

使用这种方法，场景一旦写下，就可能成为相应质量属性的单一信息源。此外，场景测试报告也成为这些"非功能性需求"的目录。

请注意，即使质量属性场景从未以测试的形式真正实现，它们也很有用。

你可以按以下方式描述质量属性。

❑ **持久性**："假设已经写入了一次购买记录，当我们关闭并重新启动服务，然后再购买，我们可以读取所有购买数据。"记录如此显而易见的内容是不是太多了？
❑ **安全性**："当我们运行**标准**渗透测试套件时，检测到零缺陷。"请注意，这里用的技巧是**标准**一词，它指的是场景之外更完整的描述。这个外部链接也是文档的一部分，即使它并不是你自己编写的内容。

如果质量属性可以在编译时检查，它会成为质量仪表板（例如，在 Sonar 中）的一部分。在这种情况下，你可以将这个工具转换为这些质量属性的目录。在发生过多违规时，你可能会使用

12

诸如 Build Breaker 插件之类的工具使构建失败。这是实施强制性规范的另一种方法。

12.9.2   生产环境中运行时的质量属性

一些质量属性脱离了它们本应适用的环境后很难测试。这些情况需要一种更注重监控的方法。Netflix 引入了 Chaos Monkey 来断言服务级别上的容错能力。后来，它又在数据中心级别引入了 Chaos Gorilla：

> Chaos Gorilla 与 Chaos Monkey 类似，但是前者模拟整个 Amazon 可用区域服务停止。我们想验证我们的服务能否在未被用户注意到或者没有人工干预的情况下重新自动回到功能性可用区域。

关于这两个 Chaos 引擎的描述，以及针对故障频率的配置参数，本身就是容错要求的文档。

如果某些指标在部署后降级，某些云服务供应商或容器编排工具支持自动回滚。实际上，这个配置记录了所谓的"正常"指标（例如，CPU/内存使用率、转换率）。

12.9.3   其他质量属性

> 在对产品进行实验之前，要跟踪你的期望，无论是成功还是失败。
>
> —— @fchabanois

某些质量属性无法自动测试（例如，财务期望、用户满意度）。这些属性通常保存在共享驱动的电子表格里。在将声明的目标与真实的成就进行比较之前，线上能找到替代方案要求你真实地声明目标。这类工具鼓励以 TDD 的方式工作来实现初始目标。

12.9.4   从零散的知识到可用的文档

本节描述的方法最终可能会产生许多关于所有质量属性的信息源，它们零散且不一致，需要被整理并合并为一两个活目录。

因此，将你的质量属性测试加工成 Cucumber 场景，并将它们放在单独的"质量属性"文件夹中（并因此放到相应活文档的单独章节中）。使用标签对它们进行更精确地分类。确定一个现有的工具来承载主目录，将其作为所有质量属性文档的唯一入口，并引用任何其他工具。

例如，你可能决定将 Cucumber 作为主目录。然后，你可以添加伪场景链接到 Sonar 配置以及每个静态分析工具配置的永久链接。你可能还会提到将 Chaos Monkey 作为一个场景，并将其作为一个链接指向它在某个 Git 存储库中的配置。

你还可能决定将构建工具作为主目录。通过在构建渠道（例如，Jenkins、Visual Studio）中添加自定义步骤，你可以精确定位到 Cucumber 报告、Sonar 报告和 Chaos Monkey 配置。

这些工具可以同时作为目录，并且当其中一个质量属性不再满足后，构建失败。这有助于保持文档的真实性。如果仅将 wiki 用作主目录，那么你不需要再执行这个规则。

12.10　小规模模拟即活架构文档

大型、复杂的软件应用程序或应用程序系统很难编写文档。从源代码和配置大小来看，描述它们所需的知识非常多、毫无用处。同时，关键的高层级设计决策和构建系统的所有思考过程通常都是隐含的。

如果系统小一点，可能更容易理解。只需读取少量的类、运行一些测试、探索在 REPL 中使用代码时发生的情况，并观察运行时的动态行为，你便可以快速了解系统的目的和工作方式。即使确认某个设计的思考过程缺失了，你也可以通过观察实际运行的小型系统来恢复它。这些知识可能是心照不宣的，但总比没有好。

因此，为你的软件系统创建一个小规模的副本，例如仅仅为了编写文档，通过一些测试对代码的关键部分进行了简化实现。通过积极的管理，选择一小部分功能和代码，这些功能和代码仅专注于一两个重要的方面，在你的理解里它们可以代表整个系统或软件。简化所有会干扰你的问题，即使这样做会使速度变慢而且只能提供有限的功能。确保这个小规模的副本能够切实可行地工作，能产生准确（即使不完美）的结果，尽管不是在所有情况下都需要这样做。

小规模模拟的优势在于它符合人的能力，是你的大脑能处理的规模。请注意，我在这里说到的小规模主要是降低复杂性，而不仅仅是减小尺寸。

我已经尝试过几次小规模模拟了。

- ❏ 在为金融产品开发交换系统时，由于各种优化，匹配引擎的核心变得越来越大，越来越复杂，而其他问题（如计时、调度和权限管理）也使整个系统变得模糊不清。我们开发了一个小规模版本的匹配引擎核心，仅包含最少的一组基本而朴素的类，这些类可以确保在你最关注的方面匹配操作能发挥作用。在这种情况下，较小规模的系统不是一个复制品，它主要是由与实际系统相同的元素构建的，因为它的设计灵活到足以适应这种情况。
- ❏ 在一个非常大的遗留系统中，如果一些应用程序和许多批处理在后台每天运行几次，这个系统的整体行为是非常混乱的。我们为最重要的批处理创建了一个小规模的、简化的 Java 仿真，这样就可以更好地理解这个系统并确认它与新代码的交互。
- ❏ 在两家拥有丰富领域知识的初创公司中，我们实施了几天结对编程，创建了一个仅适用于极为简化情况的小规模模型。这使我们有机会快速探索和映射领域，发现主要问题和风险，增加词汇量，并就整个系统的愿景达成共识。有了这个小规模系统后，后来的讨论都有了一个具体的参考代码来奠定讨论的基础。我们发现这确实是我们在对话中可以依靠的一种交流工具。

12

在所有事务都有多年积累的大公司中，以"概念证明"的名义创建一个小规模模型能很好地代替只会输出幻灯片和假象的永无止境的研究。对工作代码的关注有助于达成一致，而且使我们更难绕开棘手的问题。你可能在一开始就已经构建了概念证明，但是后来会一直用它们进行解释吗？

12.10.1　小规模模拟的理想特征

小规模模拟必须具有以下特征。

- 它必须小到能被普通人或开发人员理解：这是最重要的属性，它暗示了模拟不会涵盖原始系统的所有内容。
- 你必须能修改它，而它必须能吸引人进行交互式探索：在不重构完整的模拟的情况下，仅仅通过用某个类或函数执行某些操作，代码应该能轻易地部分运行。
- 它必须是可执行的，以便在运行时显示出动态行为：模拟必须通过执行预测结果，而且即使在计算过程中（如果可能的话），你也必须能轻松地观察这个运行过程，甚至可以在调试模式下使用跟踪或仅通过单独运行它的阶段来进行观察。

一个可执行并按实际情况工作的小规模软件项目对于系统推理很有用。你可以通过在代码中观察它来推理其静态结构。你还可以通过创建另一个测试用例或在 REPL 中与它交互来修改它。

对于不符合实际情况的遗留系统或外部系统，这个方法可以作为它们的替代品，成本不高，而且有用。你不必运行依赖于数据库状态并且产生大量副作用的复杂批处理，而是运行它的模拟程序来了解它与你当前所做工作之间的关系。

12.10.2　简化系统的技术

为了实现小规模的模拟，你希望大幅度简化整个系统，只关注重要的一两个方面。就像其他文档一样，系统的文档应该将一件事解释清楚，而不是糟糕地解释十件事情（这个文档已经有对应的真正系统了）。请注意，你仍然可以决定构建多个小规模模拟，例如为每个要解释的要点构建一个模拟。

简化的小规模系统会丢失很多细节，而且**不会**显示很多有价值的其他知识。这种简化比看起来要难很多，因为当你被指派去处理某个你已构建好的系统时，会想描述系统里所有你认为有趣的内容，但是你不能这么做，要学会专注。

有趣的是，用于构建小规模模拟的技术就是那些你已经用来开发便捷测试的技术。

具体而言，通过决定忽略一个或多个分散你注意力的问题，你可以用多种方法简化系统。

- **知识管理**：放弃功能必须完整的想法。不再关注与当前关注点无关的所有成员数据。忽略其他故事和次要内容，如与当前焦点无关的特殊情况。

- ❏ **仿真**：放弃执行所有计算。取而代之的是，使用常规的测试伙伴来完全摆脱所有与中心无关的相关子部分。不使用中间件而使用内存中的集合，并模拟第三方。
- ❏ **近似值**：放弃严格的准确性，而仅选择看起来足够好的实际准确度，例如没有小数位的正确值或 1% 正确的值。
- ❏ **更方便的单位**：放弃使用实际数据真正进行模拟生产的能力。例如，如果日期仅用于确定在给定数据之前或之后发生了什么，你可以用纯整数替换那些难以手动操作的日期。
- ❏ **蛮力计算**：放弃那些与你当前关注重点无关的优化。相反，请使用最容易掌握或最能解释问题的算法来进行模拟。
- ❏ **批处理与事件驱动**：将原来的事件驱动方法转换为批处理模式，或者反过来（如果这样更易于编码和理解），前提是这个方法并不是当前关注的重点。

12.10.3　构建小规模模拟就有了一半的乐趣

通过创建小规模模拟，你会学到很多东西。你必须厘清自己的想法，而要做到这一点，迫切需要简单有效的代码。

从设计的角度来看，切入细节以专注于基本要素，你会对原来的系统有更深入的了解，从而帮你改进原来系统的设计。例如，如果你可以在模拟中用整数替换日期，那么原来的函数实际上并不需要对日期进行操作，但是可以操作任何类似的内容。

在没有所有这些分散你注意力的问题后，如果模拟还能工作，就意味着原来的设计应该遵循单一职责原则，从而分散了所有你关心的问题。如果你能通过重用原来系统中的相同代码创建你的小规模模拟，而这种重用仅仅是通过集合系统元素的一个朴素子集来完成的，就知道自己已经达到了那种状态。

在启动项目的环境中用到的这个理念在文献中有不同的名称：Alistair Cockburn 谈到了**行走的骨架**。

这个想法在许多方面与 Dave Hoover 和 Adewale Oshineye 在《软件开发者路线图：从学徒到高手》一书中描述的**质脆玩具**模式相似。在小规模模拟中进行尝试要比在真正的系统里尝试快得多。通过这种方法，你可以快速地尝试两三种竞争方法，并根据实际事实而非观点来决定最佳方法，这非常有用。

这种可修改的系统非常有价值，因为团队的新成员可以针对系统建立自己的思维模式。正如 Peter Naur 所言，如果使用诸如文本之类的编纂规则来表达一种理论很难，那么能够仅通过没有风险地上手操作一个系统就能形成你自己的理论很有帮助。这是孩子们学习所有物理定律的方式。

12

12.11 系统隐喻

如果你开展培训，就会知道向你不了解的受众解释某件事有多么难。你需要确定他们已经知道的内容，然后才能以此进行培训。

隐喻是利用大多数人已经熟悉的事物来发挥作用，因此用它解释新事物更有效。

12.11.1 通过谈论另一个系统来解释这个系统

一个描述系统工作方式的简单、共有的故事，一个隐喻。

——C2 wiki

当我解释幺半群及其组成方式时，通常会用有形世界的东西来做比喻。例如，堆叠的真正的啤酒杯、椅子或任何其他可堆叠的东西。这有助于阐明幺半群式可组合性的概念，这样做很有趣，对学习也非常有用。

我们都熟悉的暗示性隐喻包括组装线、水管、乐高积木、铁轨上的火车和物料清单。

极限编程（XP）中使用了系统隐喻来统一架构并提供命名约定。

著名的极限编程项目 C3 "是作为一条生产线构建的"，另一个著名的 XP 项目 VCAPS "是像一个物料清单一样架构的"。每一个选定的隐喻都充当一个系统，其中的名称、关系和角色都共同努力实现一个共同的目的。使用隐喻时，你会调用受众所有的先验知识，以便在所考虑的系统环境中重新使用这些知识。你知道组装线通常是线性的，多台机器在一条传送带旁排成一列，传送带将零件从一台机器移动到另一台机器。你还知道上游的任何缺陷都会导致下游的缺陷。

12.11.2 即使没有先验知识也很有用

我上一次所在的团队构建了一个丰富的现金流量计算引擎，它能够从任何复杂的金融工具中重新创造现金。那时，该团队使用了模块化合成器的隐喻。现在，我不得不承认，并不是每个人都熟悉模块化合成器，但是在那个团队中有几个人知道。有趣的是，这个隐喻甚至对那些不了解它们的人也有帮助。

有趣的是，对于那些即使不了解隐喻的人来说，它在某种程度上仍然有用，就像冗余机制一样。想象一下，你正在尝试将现金流引擎想象为一种解释器模式，而你不完全确定你想的是正确的。现在，如果我解释什么是模块化合成器（"一组都是按钮和旋钮的电子模块，通过它们之间插入的跳线以任意方式连接在一起"），应该会有所帮助。与金融引擎的情况一样，每个连接器之间的跳线组合几乎是无限的，可以产生各种各样的声音。

12.11.3 隐喻套隐喻

好的隐喻是一个具有一定生成能力的模型：如果我知道停止一条生产线非常昂贵，那么可能想知道它是否会以及如何转化为一个软件系统。确实如此，就像在生产线上一样，我们应该对输入的原材料进行严格检验，以保护生产线。但是这个隐喻可能做不到这一点，仅此而已。

已有的文化越多，可用作隐喻的想法就越多。当你知道什么是销售漏斗时（请参见图 12-6），你可以用它来解释电子商务系统的关键方面，从访客到查询、到提案、到新客户的连续业务阶段。之所以称之为漏斗，是因为每个阶段的体量都会大大减小。

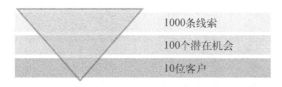

1000条线索

100个潜在机会

10位客户

图 12-6　销售漏斗

在进行架构设计时，这些知识会派上用场，因为它会告诉你可伸缩性推理：上游阶段（如目录）比下游阶段（如付款）需要更大的可伸缩性。

12.12　小结

不必使用专用建模工具中的幻灯片或模型来制作软件架构文档。最好以活文档的形式在系统本身中完成，并组织成人们熟悉的架构全景图。

这种方法的最终形式是一个透明且实时更新的架构，它也是受测试驱动的。在这种情况下，重要的架构知识是可以理解的，能让任何人随时快速做出有意义的更改，并且由于自动化断言，它是可供机器访问的，能用在持续的实现检查和反馈中。

12

第 13 章

在新环境中引入活文档

13

当有人愿意改进当前文档或软件的完成方式时,活文档就可以开始了。既然你正在阅读本书,说明你就是那个人。你想要开始编写活文档,可能是因为担心知识丢失,或者是因为你想让相关知识更容易获得,从而使你的项目进展得更快。你可能还想以此为借口,让大家看到团队当前开发软件方法中的缺陷,例如缺乏刻意的设计,而且你希望文档能使这些缺陷对所有人都清晰可见。

比较难的一步是找到令人信服的知识缺失案例。一旦有了论证的案例,而且能用其中一种活文档方法解决这个问题,你就已经走上正轨了。

13.1　秘密实验

如果你觉得只有自己一个人对活文档感兴趣,可能希望悄悄地、渐渐地开始制作活文档,不会让很多人知道。最重要的是,这样不需要获得授权。这是因为无论采取什么方法,编写文档都是专业开发人员日常工作的一部分。

因此,自然而然地将活文档一点点引入日常工作,成为工作的一部分。在确定设计决策、意图和依据时就开始对它们做注解。如果有一些闲暇时间或真正需要文档,请将分配的时间用于创建简单的文档自动化,例如简单的活图表或基本词汇表。尽量使文档保持简单,使其在几个小时或更短的时间内就能发挥作用。不要把它说成一场革命,而是只把它当作一种高效做事的天然方式。强调这种方法能带来的收益,而不只是本书提供的理论。

当然,当其他人对这种方法产生兴趣后,你可以将活文档作为一个主题进行讨论,并向他们推荐本书。

获得正式授权的雄心壮志

另一种引入活文档的方法是获得正式授权在整个团队推行,尽管我不建议通过这个方式开始。

要获得正式授权,一般需要从管理层开始,至少需要管理层发起。对于管理层来说,文档通常是沮丧和焦虑的来源。因此,与开发团队相比,管理层通常会更多地提起文档这个话题。

有发起人是件好事:你会有专门的时间,甚至可能有一个团队来实施这个方法。与之相对的是，作为一个获得正式授权的项目，它会受到高度关注和密切监视，而且会被要求迅速交付看得见的成果。这种压力会迫使项目成功，从而产生危害。但是活文档是一个发现之旅，本身具有实验性的一面，将它引入你的环境里并不能保证一定会成功。你必须做一些尝试，确定哪些操作不适用，然后根据自己的情况做一些调整。这个过程最好不要经受高层人员的过多审查。

因此，我建议先进行秘密实验，当你找到了活文档与你的环境能契合的点后，再要求获得正式授权在整个团队实施这个方法。

13.2　新事物必须能用而且必须被接受

我建议的典型过程是，先在团队中引发大家对活文档的兴趣，再找到机会快速展示这种方法的好处，最后在被认可后开始推广这个方法。

(1) 首先在更大的受众群体中建立意识。要做到这一点，一个好办法是做一次针对全部受众的演讲，演讲内容要有用而有趣。演讲的重点不是说明如何做事，而是说明与当前的事务状态相比，生活可以如何变得更好。Nancy Duarte 在著作《沟通：用故事产生共鸣》里对如何做好这一点有很多建议。在演讲结束时以及几天后，听取受众的反馈，确定他们是否有更进一步的兴趣。如果没有，你可能要在几周或几个月后再试一次，或者决定先进行秘密实验。

(2) 花点时间与你的团队或一个有影响力的团队成员一起，确定那些最值得被写成文档的知识。完成确定后，提出速赢方案，将其作为任务清单中能快速完成的任务进行尝试，或者将专门用于改进工作的时间分一点出来进行尝试。项目回顾也是考虑活文档问题并提出行动的好时机。重要的是将重点放在很多人认为重要的真实需求上。

(3) 在短时间内构建一些有用的东西，并像执行其他任务一样进行演示。收集反馈，进行改进，并根据需要共同决定是现在还是以后再继续。

13.2.1　渐渐地开始

作为一名顾问，我经常与各种规模的公司团队合作。当他们要求创建更多文档时，我都会建议以下几个操作。

首先，我提醒他们，面对面的交互式知识传递必须是文档的首要手段，高于其他一切。

接下来，我告诉他们，可以考虑使用一些技术来记录那些关键知识点，即那些每个人都必须知道的、每个新人都必须学习的以及从长远来看很重要的知识。

此时，也许有人会说："我们在 wiki 中写这些东西吧。"也行，但是我们要知道 wiki 是存放那些不经常变更的知识（即常青内容）的好地方。对于其他知识，我们可以做得更好。

从哪里开始呢？我喜欢非常快速地提出各种方法，借此发现团队成员的兴趣点。例如，我会简要提到以下各种方法。

13

❑ 我们可以添加一个简单的 README 文件来描述项目的内容。

❑ 我们可以在项目的库目录中添加一个以 Markdown 语法编写的简单的决策日志，日志中包含对项目开始以来三到五个主要的架构和设计决策的概述。

❑ 我们可以使用自定义注解或属性来标记代码，突出显示关键里程碑或核心概念。结合 IDE 中根据引用进行搜索的功能，使用这种方法会简单而有效地提供代码库观光图。

❑ 类似地，我们可以使用导览注解或属性标记代码，以提供一种简单的方法以线性方式跨代码片段、跨层或跨模块跟踪端到端的请求或处理。同样，这也依赖于 IDE 中根据引用进行搜索的功能。

❑ 我们可以将最重要的餐巾纸草图转换为决策日志文件中的 ASCII 图表。

这个列表刻意仅包含了那些能在短时间内完成和提交的内容。例如，我合作过的一个团队已经能在两小时内添加并提交包括五个历史关键决策的决策日志，其中标记了三个关键里程碑以及一个有五个步骤的导览。这需要分别为关键里程碑和导览创建两个自定义属性，确保在 IDE 中的搜索效果良好，并确保 Markdown 在 TFS 中渲染效果良好。

这个阶段的目标是快速得到有吸引力的结果，来提高团队成员的意识和兴趣。目的是为了能听到："哇，我真喜欢这种方法。它太令我着迷了！"

这个阶段的另一个目标是让团队成员在经过这些简单操作之后就能体验到"超越文档的效果"："哎呀，我现在才意识到我们的结构真是太草率了，根本就是个半成品。"对于两个小时来说，能有这些效果就很好了！

如果团队成员真的感兴趣而且有时间，你还可以进一步尝试文字云、活词汇表或活图表。

13.2.2　扩大活文档项目的范围并让人看到

渐渐开始活文档项目后，你可能会有更大的雄心壮志。我并不是说雄心壮志一定是不好的，但是基于以下几个原因，它可能是危险的。

❑ 大家都能看到的雄心壮志往往需要通过大量成果甚至是 KPI 来展示象征性的进展。但这是否意味着任何内容的"40%要成为活文档"？仅为了编写活文档而编写最终会使这种方法受到质疑。

❑ 收益可能要几个月以后才能看到。如果按三个月来算，可能很难看到投资回报。

❑ 如前所述，在你的特定环境中应用本书中提到的技术时，可能需要做出各种调整。这些调整可能同时被看作尝试失败。

❑ 对开发团队有用的方法可能并不是管理层所期望的。如果真是这样，请站在管理层的角度想一下：什么会使你对文档感到满意？如果你可以让非开发人员都能理解以前隐藏的知识，那么对每个人来说这都是一件好事。管理层将能根据从代码库中提取的一些客观事实自行判断某些事情。而且，当你开始使用活图表或其他机制时，你就有机会通过推广你的目的（例如，鼓励一些好的做法或警告一些糟糕的做法）进行知识管理和演示。

无论如何，请记住，文档（无论是否为活文档）本身并不是目的，只是一种加速交付的手段。由于活文档方法提供了现成可用的知识，我们可以更快地做出决策，从而直接促成交付加速。当创建文档让团队成员意识到系统中、思考过程中以及干系人沟通中的所有草率之处时，它也会间接地加速交付。通过解决根本原因，你可以改进整个系统，反过来又会加快交付速度。

13.3 案例研究：向团队成员介绍活文档的故事

我遇到过一位有兴趣深入了解活文档的团队成员。她只是对活文档好奇，并没有被说服，但是她的好奇心是一个好的开始。

13.3.1 对话优先

我喜欢以问答对话的方式开始解释活文档。我并没有解释什么是活文档，而是让自己站在一个想要了解这个项目的团队成员的角度开始解释。我请这位团队成员为我说明一下项目当前的情况，并告诉她我会在活动挂图上做一些笔记并画出我们所说的内容。然后我开始问以下这类问题。

项目的名称是什么？它的目的是什么？项目的受众是谁？

项目所处的生态系统（包括外部系统和外部参与者）是什么样的？整个生态系统的输入和输出是什么？

执行风格是什么样的？是交互式的、夜间批量执行还是用了 GitHub 钩子？项目主要使用什么语言：Ruby、Java、Tomcat 还是其他语言？

目前为止，这些都是标准问题。回答得都很顺利。但是我又问道：

在你看来，这个项目的核心领域是什么？

令人惊讶的是，这位团队成员需要一些时间来思考这个问题。她已经在该项目工作了几个月的时间，但是对这个问题的答案竟然无法脱口而出。

"哦，既然你提到了，"她说，"我认为我们的核心领域可能是在向外部合作伙伴提供的 Feed 中插入指向我们系统的深层链接的方式，以便他们为我们带来合格的入站网络流量。我以前从来没有这样思考过这个问题，而且不确定团队中是不是所有人都知道这一点。"

我问："这个深层链接是整个项目的根源吗？"

"是的，"她说，"绝对是。"

我又进一步施压："你认为每个人都应该知道这一点吗？"

"显然是的。"她说。

"所以我们应该找个地方把它记下来？"我问。

她回答道："当然！"

13

13.3.2　第一次汇报

通过对话了解到我感兴趣的内容之后，我可能会做一次汇报，介绍活文档的基本概念。

活文档主要是关于**通过对话分享知识**。到目前为止，我对话的目标是快速学习很多对我来说很重要的东西，而不浪费时间在其他事情上。互动式对话和高带宽的谈话几乎是无往不利的，尤其是在活动挂图的支持下，它会帮助我确保我已经理解了对方提供的消息。

我现在要介绍的第二点是，到目前为止，我们所讨论的某些知识需要以持久存在的形式记录下来。而且要认识到，目前这些知识里的大部分内容**长时间保持稳定**，这是一件好事。这很幸运，所以在这种情况下，我们可以使用任何**常青文档**形式：wiki、文本等。但是，我们必须确保不要混入任何易变而短暂的知识，否则会立即失去常青文档的优势，因为常青文档可以在不做任何维护的情况下一直（或很长一段时间）保持正确。

这里还有一点：我们理解的"深度链接"概念是在线文献中已经记录的标准概念。因此，它是**现成的知识**。我们可以添加网上的链接，这样就不需要再对它进行解释了。我们是很懒的。

在这个示例中，我们开始看到的最后一点是，通过关注文档，即使是了解项目知识的人也可以在这个过程中学到并获得额外的认识。这说明了"超越文档"的好处，而且这可能是活文档最大的价值。

13.3.3　是时候讨论代码了

在提出所有针对背景和问题方面的疑问后，我想要了解更多有关解决方案方面的信息，即代码，所以问了代码是如何组织的。

然后，我们在活动挂图上画出了文件夹层次结构，这个结构非常像六边形架构。在这里，我有点激怒这位团队成员："想象一下，项目交付之后，你们都走了，也没有多余预算来保留你们的职位。一年后，这个项目必须继续，而且需要交付其他功能，因此组建了一个新团队。你认为新团队损害现有系统的风险是什么？"

在这种虚拟的情况下，这位团队成员回答起来就比较容易了："我认为，刚接触这个项目的初级开发人员可能会将业务逻辑放在 REST 端点中，这么做很不好。"

"当然，"我说，"那样不太好。不过，我认为现在还没有必要讨论这个问题，因为现在的专业开发人员都应该知道这一点。"

这位团队成员说，他们所做的一切都相当标准，没有让人措手不及的做法。对我来说，这意味着不需要为所有标准内容编写文档。另外，代码很干净，并且从中能看出代码是**如何完成的**。但是，它并没有说明**为什么**是这样完成的。

我问，任何其他新团队成员是不是都有可能会意外损害系统设计。

这名团队成员说："实际上，我们设计了一个包含列表和一个排除列表机制来过滤导出的内容，具体取决于外部合作伙伴。但是我们处理后的代码对外部合作伙伴来说是完全不可知的。只有它们的配置是特定的。"

"你的意思是，你们让代码对外部合作伙伴完全不可知的这种操作，在没有给出任何提示的情况下，不一定会从代码中体现出来吗？"我问。

她答道："是的，新人需要支持合作伙伴某个特定行为时，可能会迅速地加一个 IF 语句，而这么做最终可能会破坏设计。

13.3.4　决策日志和导览

我告诉这名团队成员，我们应该记录她刚刚描述的设计决策。我们可以在**决策日志**中完成这个操作，并以纯文本 Markdown 文件的形式保存在源代码控制系统的项目根目录下。决策日志非常简洁：日期、决策、依据和结果。三句话就足够了。

还有什么？这个项目的代码还不错，但是仍然不够显而易见，用它在系统的所有阶段跟踪用户请求是不够的。

我说："为此，我们可以做一个导览。"我解释并展示了如何在导览中创建自定义注解 @GuidedTour 来标记导览中的每个步骤。这名团队成员很快设计了导览的最佳七步骤，并在每个步骤上添加了注解。引入第一个导览花了 20 分钟。

此外，通过导览，我发现整体行为的一个重要部分是一个对 Web 服务计算的缓存（以一种**通读**的方式）：这又是一个现成的知识，网上已经有描述了。

然后，我们创建了另一个自定义注解@ReadThroughCache 来标记这个知识，并附带了简短的定义和指向网络上标准解释的链接。

在经过 2.5 个小时的交谈和创建注解来支持我们的第一个活文档后，是时候从这名团队成员那里获得反馈了。我听到的反馈也令人很受鼓舞："我喜欢这个使用注解编写文档的理念，它是轻量级的，而且添加注解很容易，不需要请求权限。我可以自己先开始在本地这么做。相比之下，我认为其他方法（如活图表）更像是一个团队决定。添加指向现成知识的链接可以节省时间，而且比我试着自己以书面形式解释更准确。"

当提到这是嵌入式学习方法的一部分时，她说道："核心中的简单注解也为团队成员提供了一些文献中的有趣理念，他们可能并不知道这些理念。"我表示同意。

但是，对于这种嵌入式学习适用于所有人的观点，她并不完全认同："是的，我的一些同事会意识到他们不知道而且会好奇地想要学习更多。有些人会阅读链接的内容并自己学习，但有些人可能不会，而是来问我。"

"但是我认为这是一个特点，"我说，"它引发了讨论，提供了另一个学习的机会，可能对你们俩来说都是如此。"

13

13.4　针对活文档的普遍反对意见

你想开始制作活文档并不意味着你周围的所有人都这么想。也许他们没有这种需求，或者没觉得活文档有什么好处。

13.4.1　注解并不是用来编写文档的

针对活文档的最常见的反对意见之一是，注解并不是用来编写文档的。关于这个异议的讨论可能是这样的。

> 团队成员：“我不喜欢将注解用来编写文档，因为不喜欢添加无法执行的代码。”
>
> 我：“你知道吗？当你将代码标记为[Obsolete]或@Deprecated 时，你已经这么做了。”
>
> 团队成员：“哦，是的。有道理。”

我建议不再讨论是用注释还是注解这个问题，转而讨论是好还是坏：“注释不好，应该避免。但是如果要记录的信息确实很重要，那么它就值得有自己的自定义注解。”

13.4.2　“我们已经在做了”

> 如果你要参加很多技术会议，可能表示你的团队内部文档可以做得更好。
>
> —— @ploeh

几乎所有事情，大家反对时都会说“我们已经在做了”。在某种程度上，所有的事情看起来都是相似的。

是的，你可能确实已经在执行本书中描述的一些做法，但是你真的采用了活文档方法吗？这里的关键词是**刻意的**。如果你碰巧执行了本书中讨论的某些做法，那很好，但最好是刻意地做这些事情。你所在的团队需要决定从哪里开始并确定文档策略。这种策略必须是紧急和刻意的。它必须适合你的特定环境，并被所有相关人员接受。

你的文档策略将包含你已经在执行的一些做法，进一步推动其中一些做法，并引入听起来很有希望的新做法。随着时间的推移，你会调整这些做法，希望能以最小的努力获得最大的收益。

有人可能会说：“我们已经有了所需的全部知识。”

也许这个团队成员确实拥有所有的知识，因为他/她比其他团队成员更早加入这个团队。但是其他人都是这么认为的吗？

也许你只是讨厌文档，而我完全能理解这一点。但重要的是承认你不知道的信息。

13.5　将遗留文档迁移到活文档中

如果有遗留文档，你可以利用它。这样做可以避免出现白页综合征[①]，而且让你有机会以新的视角回顾过去的知识。你有旧的 PowerPoint 文档吗？将它转换成活文档吧！将 PPT 中的知识提取出来，放到源代码中最合适的位置。

- □ 愿景和目标可以放入 README 文件中，以 Markdown 文件的形式。
- □ 可以将伪代码或序列图做成纯文本图表或 ASCII 图表，或者将它们替换为对执行相同场景测试的引用。
- □ 可以通过一些类级别和模块级别的注释、注解和命名约定，在源代码本身中完成对主要模块和方法的描述。
- □ 注释可以放在配置项中。

注意，所有这些知识都可以从共享磁盘和 wiki 中获得，并能放到源代码控制系统中。

同样令人震惊的是，当你将所有旧内容移到活文档中时，所有这些只集中出现在几张幻灯片或 Word 文档中的旧内容分散到了整个代码库中。这听起来好像很糟糕。有时你可能更想将一些概述幻灯片放在一起作为一个文档。但是，对于大多数实用知识来说，最好将它们放在尽可能靠近你需要它们的地方。

你可以对所有现有的书面文档进行文档挖掘，包括电子邮件、Word 文档、报告、会议记录、论坛帖子、各种公司工具的条目（例如应用程序目录）等。如果一个知识"经过那么久后听起来仍然很重要"，那么它可能值得保存。

实际上，你可能会弃用或删除旧内容，取而代之的可能是重定向到新位置以获取类似的知识或者一份关于以后如何找到这些信息的说明。我之前的一位同事 Gilles Philippart 称这种迁移为"绞杀你的文档"，这与 Martin Fowler 用于重写部分遗留应用程序的绞杀者模式类似。

13.6　边际文档

你并不需要在第一次尝试时就完成所有文档工作。它应该随时间演进。当你愿意改进某些方法时，通常比较好的一种方法是专注于边际工作。例如，你可能会说："从现在开始，每一项新工作都要遵循一个更高的标准。"

一点点改进你的文档。从现在开始，密切关注你的工作，随着时间的推移，即使那些仍然重要的遗留代码部分也会得到处理。而且，你也不需要太担心其他事情。

有时候，你可以将新添加的对象隔离出来，让其只存在于自己干净的气泡上下文中。这会使

---

① 白页综合征是指当你打开一个空白的文档时，不是忘了要写什么就是不知道怎么开始写作，因为文档上没有任何文字。——译者注

它们更容易清楚地达到更高的活文档标准要求，而这个标准就是针对所有内容的更高标准，包括命名、代码组织方式、顶级注释、代码中可见的清晰醒目的设计决策以及更"典型"的活文档内容，例如活词汇表和活图表、强制性规则等。

13.7　案例研究：在批处理系统中引入活文档

这个真实的例子是关于将信用授权从一个应用程序导出到外部系统的批处理。这个团队的成员在这个项目里的年限平均不足三年，因此对于文档的需求没有争议。团队成员和管理层人员听说了活文档方法，表示很感兴趣，因此我们最终花了一个小时讨论可以做些什么。

在考虑做什么时，我们试着关注应记录的所有内容，从而改善开发团队成员的生活。然后，通过查看可用文档的当前的状态，我们可以提出一些措施来更好地管理知识。

目前，有团队成员说："我们有一些文档，但是它们的内容已经过时了而且并不可靠。当我们需要一些知识执行某项任务时，我们通常需要一直向那位最了解项目的团队成员请教。"

这里有很多地方可以改进，包括一些速赢的方案。我们可以引入以下各节中讨论的所有方法来开始活文档之旅。

13.7.1　README 文件和现成的文档

他们的源代码存储库的根目录中并没有 README 文件。因此，这个团队可以首先在模块的根目录中添加 README 文件。

在这个 README 文件中，这个团队应该明确提及这个模块采用的是数据泵模式，对这个模式作简要说明，并提供链接指向网络上的参考信息。从活文档的角度来看，这个团队将会参考现成的文档。

为了使这个 README 文件更有用，这个团队可以在这个文件中通过描述主要参数来详细说明这个数据泵。

- **目标系统和格式**：使用公司标准的 XML 方言。
- **治理**：这个数据泵属于 Spartacus Credit Approval 组件，并作为其一部分进行管理。
- **依据**：选择数据泵模式而不是通过服务端点进行更标准的集成，因为目标系统采用了批量集成的方式，每天会在两个系统之间传输大量数据。

这些仍然有点抽象，因此最好在这个 README 文件中包含一个文件夹链接，该文件夹中包含一些描述组件输入和输出的示例文件：

```
1 可以在'/samples/'中找到输入和输入的示例文件，
2 带有指向'target/doc/samples'的链接
```

13.7.2　业务行为

这个模块的核心复杂性是确定**资格**的领域概念。最好由已经在 Cucumber JVM 中进行了部分自动化的业务场景进行描述，这些场景位于一个名为 eligibility.feature 的功能文件中。

这个团队可以重用其中一些场景来生成前面提到的示例文件。这样，示例文件会一直保持最新。

拥有业务可读的场景很好，但是这个团队需要能被非开发人员理解的场景。基本的 Cucumber 报告可以以一个在线网页的形式显示这些场景。这个团队可以考虑使用 Pickles 来代替 Cucumber，以更好的形式并配上一个搜索引擎，使所有人都能在线获取活文档。

13.7.3　显露式运行和单一信息源

用于生成 XML 报告的代码转换同时在代码和 Excel 文件中做了定义：

```
1  | input field name | output field name | formatter        |
2  | trade date       | TrdDate           | ukToUsDateFormatter |
```

这个团队意识到，知识重复在这里并没有特别的好处。如果出现分歧，以谁作为权威？一般电子表格文件应该被认为是权威，但是过一会儿可能就是代码了。

通过将电子表格文件确定为代码转换的单一信息源（又称黄金来源），团队可以改进这种情况。然后，代码会解析这个文件并对其进行解释来驱动它的行为。在这种方法中，文件本身就是它自己的文档。例如，解析器代码可能看起来像伪代码，如下所示：

```
1  For each input field declared in a data dictionary (e.g. the XLS file)
2      Fetch the value from the input field
3      Apply the formatter to obtain the value
4      Lookup the corresponding output field
5      Assign the formatted value to the output field
```

这个团队可能会反其道而行，并确定代码是单一信息源，因此直接从代码中生成文件。如果代码主要由很多 IF 语句组成，那么这种方法将不起作用。为了能从代码中生成可读的文件，代码设计必须采用泛型结构。基本上，这个代码里会嵌入旧的电子表格文件的等效内容，但是这些内容会硬编码为字典（例如，在 Java 的 map 中）。

然后，这种数据结构可以导出为不同格式（.xls、.csv、.xml、.json 等）的文件，供非开发人员使用。

13.7.4　供开发人员使用的集成文档和供其他干系人使用的活词汇表

这个团队真的需要生成 Javadoc 报告吗？在 IDE 中浏览代码非常容易，所以这个团队可能不太会使用 Javadoc 报告。现在，你可以在 IDE 中直接获得 Javadoc 报告。对于类及其类型层次结

13

构的 UML 类图，也是如此。所有这些都是已经内建到团队编辑器中的集成文档。

如果这个团队确实需要一份参考，供非开发人员访问概念描述，它可能会引入一个活词汇表，该词汇表会扫描 /domain 包中的代码，从而生成一份 Markdown 和 HTML 格式的词汇表，表中包含从代码中的类、接口、枚举常量，可能还有一些方法名称和 Javadoc 注释中提取的所有业务领域概念。当然，为了生成一个好用的词汇表，团队可能需要审查并修复许多 Javadoc 注释。

13.7.5 展示设计意图的活图表

如果内部设计遵循一个已知的结构（例如六边形架构），那么这个团队可以通过相应模块的命名约定使这个结构清晰可见。这种命名约定和结构名称必须记录在 README 文件中：

```
1 这个模块的设计遵循六边形架构模式（链接到网络上的一个参考信息）
2
3
4 根据约定，
5 这个领域模型代码在 src/*/domain*/ 包中，
6 其他的都是基础架构代码
```

这是更现成的文档。

这个团队可能包含一个到领域模型包的链接，但是重构变更（例如将领域文件夹移到另一个文件夹）不能影响它。为了使链接更加稳定，团队可以直接将链接改为一个根据正则表达式 src/*/domain*/ 表达的命名约定得到的书签搜索。

13.7.6 联系信息和导览

有问题时应该与谁联系？根据公司架构师的要求，服务注册表（在本例中是 Consul）应提供这个信息。

使用自定义注解创建仅用于批处理的导览并不是很难，但是对于开发人员来说可能不是很有用。这个批处理是使用 Spring Batch 框架构建的，这个框架非常标准而且有文档记录。它完全控制了处理的方式。可以肯定地说，所有开发人员都知道这个框架及其工作方式，或者所有开发人员都可以从标准文档和教程中学习这个框架。所以，不需要为这个框架创建其他自定义导览。

13.7.7 微服务总图

在一个由很多微服务组成的更大的系统里，数据泵模块如何发挥作用？回答这个问题有点费劲。一种方法是在启用了分布式跟踪的某些环境中定期运行**旅程测试**（即一种端到端方案，它遍历系统的大量组件）。你可能会想到诸如 Selenium 等用于运行这种测试的工具和像 Zipkin 等用于分布式跟踪的工具。然后，这个团队可以将这些分布的轨迹生成一个导览，该导览会揭示每次旅程测试时服务之间发生了什么，从而提供系统的总体概况。与活文档一样，要从大量细节（服务之间的所有调用以及它们之间消息总线上的所有事件）中筛选出重要内容（例如，在这个场景中哪些服务正在与其他服务对话），知识管理是关键。

13.8 向管理层推销活文档

对于任何新方法，一个普遍的问题是："我怎么说服管理层试一下？"根据具体情况，这个问题有不同的答案。

第一个答案，也是我的首选答案，是由团队选择满足其他干系人期望的方法。每个人都希望能共享知识，但是团队真的需要批准才能决定如何有效地开展工作吗？请记住，团队中的每个人（开发人员、测试人员和业务分析人员）也是项目的干系人。为了更好地将项目结果交付给其他干系人，他们必须先做好自己的事。他们还需要足够的自主权来尝试各种做法，然后，正如 Woody Zuill 所说的那样，"放大好处"或许还能阻止那些没有做到这一点的做法。

如果你的公司和管理层为能够做到"真正的敏捷"和"为他们的团队赋能"而感到自豪，那么他们就应该信任他们的团队，而且你不需要任何正式的批准就可以尝试活文档或任何相关的推荐做法，甚至是最激进的做法（例如结对编程和 Mob 编程）。当然，这种自主权伴随的是对实际结果负全部责任。

也就是说，情况可能是这样的：第一次实施活词汇表或活图表需要花费半天到两天的时间。如果这项工作不在正式的待办任务清单中，那么时间就太长了。在这种情况下，你需要说服某些人。

如果有文档预算，或者文档任务已经计划好了，那么你可能还想重新利用这段时间来做活文档。同样，这可能需要批准。

13.8.1 从实际问题出发

在引入新方法时，你不应该喋喋不休地说教。相反，你应该展示新方法的好处，而要做到这一点的最佳方法是准备解决一个实际问题。

为了找到一个真正的知识问题，你可能会问周围的人："有什么工作是你不愿意独自一人完成的？"或者"有什么事情是你不清楚的吗？"你也可能不问任何问题，只是注意观察一天、一周或一次迭代中提出的问题，其中一些问题会成为文档编写的素材。

要知道什么是重要的，一个有效的方法是仔细记录在每个新人入职期间你提到或解释过的所有内容。如果你要求新入职人员提供惊讶报告，那么这个报告可能会包含一些应被修改或记录的内容。

如果你发现了一个知识共享问题，要确保每个人都承认这是一个真正值得解决的文档问题。然后，提出一个受本书启发得到的解决方法。你不必使用**活文档**一词，只需提到你知道一种方法已经在其他公司实践过了，不仅在大型企业里用过，还在小型初创公司用过。

你也可以利用自己的时间做一些小事情，然后展示给你想说服的管理层人员看。它可以是一份报告、一个图表、或者包含管理层特别感兴趣的一些指标的混合文档。必须向他们强调使用这种方法你可以节省多少时间并能提高满意度。

项目完成后，所有的优势应该足以说服人们继续采用这个方法。如果你没有找到优势，请告诉我，这样我才能改进这本书。尽管如此，即使在最坏的情况下，你也会在这个过程中学到一些有价值的东西，而且可能会有一个传统文档示例，只是这个文档比典型的传统文档贵了一点。

13.8.2　活文档计划

如果你有很多紧迫的文档问题，可能想从一个有点雄心壮志的活文档计划开始。本书可以帮助你推进这个想法，而且能让它成为一个可供参考的标准组件。将本书推荐给你想说服的人吧，也可以给他们看一下关于这个主题的演讲视频。我做过很多这样的视频，深受好评。

首先，在公司内部展示"试点"案例的好处通常是最好的选择。一开始可能没什么人关注，但是早期取得成功后，更多的人会为了自己的职业发展而尝试复制这个计划甚至让它成为正式计划。只要我们讨论一个确定的计划，就必须说服高层管理人员为团队投入时间是值得的，同时可能也需要投入一些额外的指导和咨询。兜售活文档的一种方法是将它看作实现可持续连续交付的前提条件，有点像测试也是前提条件：就像需要自动化测试策略快速完成测试一样，你也需要一份活文档策略。

采用活文档方法的许多关键原因已经摆在你眼前了，而且显示在你的每周时间跟踪记录和当前的知识管理状态中。

总的来说，我觉得管理层认为文档很重要。团队成员之间的技能和知识传播问题已经成为管理层焦虑的普遍根源。它代表了时间成本，更重要的是还代表了缺陷和错误的成本：

- ❑ 技能矩阵的开发和更新
- ❑ 人事变更率
- ❑ 新人入职培训的时间
- ❑ 与卡车因素有关的焦虑（即团队成员吃完午餐回来时如果被卡车撞了，可能会引发关键知识丢失的风险）
- ❑ "我原来不知道"这种想法引起的缺陷和事故的比例

就像缺乏测试一样，文档的缺失是一项隐性成本。每一次变更都需要进行完整的调查和评估，有时甚至需要预先研究。每次都必须再次挖掘隐藏的知识。或者，新的变更与系统原来的愿景不符，这会使应用程序变得越来越臃肿，并且随着时间的推移问题会变得更糟。这种成本可能会表现为以下情况：

❑ 交付变更所需的时间增加
❑ 任何代码质量指标的负向趋势，其中最能说明问题的就是代码库的大小（如果代码库定期增大，可能是因为设计太糟糕。开始时没有足够的重构，而且每次变更都使代码库变得更大）

关于文档本身或者缺乏文档本身也存在争议：

❑ 未完成的文档任务，或者明显更新频率不足的文档
❑ 针对文档的合规性要求
❑ 在编写或更新现有文档上花费的时间
❑ 搜索正确的文档所浪费的时间
❑ 阅读不正确的文档所浪费的时间

你可能想要对现有的看起来像是你需要的文档进行质量审核，关注的重点是各种指标，例如：

❑ 在多少个地方可以找到文档（包括源代码、wiki、每个共享驱动和团队成员的计算机）
❑ 最近一次更新的时间
❑ 完成了最近几次更新但是已经离开团队的作者所占的比例
❑ 文档中依据（说明**为什么**而不只是**做什么**）的数量
❑ 仍可信赖的页面、段落或图表的数量
❑ 源代码和另一种文档之间重复知识的数量
❑ 针对一组随机问题的简短调查，例如"你知道我在哪里可以找到这方面的知识吗？"

你可以想到很多其他点子来帮助了解文档的实际状态。如果一切都很好而且处于控制之中，那么活文档唯一可以改进的就是长期成本。这是因为团队成员更紧密的合作、自动化以及各种浪费的减少。

如果一切都**没**处理好也不受控制，活文档可以让你再次完成文档，而且成本合理，并具有确定的附加价值。

在价值方面，值得强调它带来的最大好处：不仅是知识共享，更是在这个过程中附带地改进了软件（请参见第 11 章）。

13.8.3　对比当前的状况与承诺的更美好的世界——实现人们的愿望

Nancy Duarte 在《沟通：用故事产生共鸣》一书中提供了一些关于如何通过演说激发兴奋和热情的建议。你首先要知道为什么想要做出改变。如果你已经决定将活文档引入你的团队或公司，可以先回答这几个问题："我为什么要分享和推广这个方法？这个方法为什么令我感到兴奋？"

然后，你可以对比当前的状况和你要推广的新做法。以下就是一些普遍令人感到沮丧的示例，你可以将它们与活文档方法的优点进行对比。

13

- 你没有写文档，并对此感到内疚。
- 向团队成员、新成员和团队外部的干系人解释说明总是需要大量时间。
- 你写了文档，但是你更喜欢写代码。
- 你正在找文档，但是当你找到一些文档时，你又无法相信它们，因为它们的内容已经过时了。
- 创建图表时，你感到很沮丧，因为这个工作需要很长时间。
- 寻找正确的文档需要花很长时间，但收效甚微，所以你经常放弃并试着在没有文档的情况下直接工作。
- 当你通过大量的对话以敏捷方式进行协作时，你会感到不舒服，因为你所在的组织希望你能交付更多可追溯和归档的文档。
- 你手动完成了大量烦琐的工作，包括部署、向外部人员解释内容以及文书工作，而且你觉得这种人工操作应该可以避免。

当然，你可以根据团队的实际情况来定制和确定上述哪些问题对你们的影响最大，并确定活文档的哪种操作可以最大程度地解决你的问题。

以下真实地概括了开发人员的想法。

- 他们不喜欢写文档。
- 他们喜欢写代码。
- 他们喜欢代码，而且发现用代码做更多的事很有吸引力。
- 他们讨厌需要手动完成的重复性任务。
- 他们喜欢自动化。
- 他们会为自己写的漂亮代码而感到骄傲。
- 他们喜欢纯文本和他们最喜欢的工具。
- 他们喜欢有逻辑的事情（例如，文本优先、DRY）。
- 他们喜欢展示专家和极客文化。
- 他们希望自己的技能被认可。
- 他们会体谅现实生活中的混乱情况。

以下则真实地概括了管理层的想法。

- 他们喜欢团队的工作能更加透明。
- 他们喜欢事情以他们能感受到的方式呈现，这样他们就能知道事情是变好了还是变坏了。
- 他们喜欢能向别人展示并为之自豪的文档。
- 他们希望有了文档后可以不担心人员流失。

能同时兼顾两者很重要。对于一个文档策略而言，展示一个所有人真正希望看到的愿景至关重要。

13.9 在精神实质上合规

活文档方法在精神上（而不是字面上）能满足最苛刻的合规性要求。

如果你的领域是受监管的，或者你的公司出于合规性原因（例如，ITIL）需要大量文档，那么你可能会在文档任务上花费大量时间。活文档理念可以满足合规性目标，减轻团队的负担并节约时间，同时提高产出的文档和产品的质量。

监管机构通常重点关注需求跟踪和变更管理来提高质量。例如，美国食品药品监督管理局在《软件验证的基本原则：企业和 FDA 人员的最终指导准则》中写道：

> 软件代码中看似微不足道的变更都会给软件程序的其他地方造成意想不到的非常重要的问题。软件开发过程应进行充分地规划、控制和记录，以检测和纠正软件变更带来的意外结果。
>
> 鉴于对软件专业人员和高度流动性的工作人员的高需求，对软件进行维护性变更的软件人员可能并未参与原始软件开发。因此，准确而详尽的文档至关重要。

这份 FDA 文件还描述了测试、设计和代码审查的重要性。

乍一看，似乎敏捷实践不太注重文档，因此不适合苛刻的合规性要求。但事实恰恰相反。实施敏捷实践（属于活文档范围的一部分）时，你实际拥有的文档过程比所有传统的繁重文档过程都更加严格。

实例化需求（BDD，带有自动化场景、活图表和活词汇表）为每个构建提供了详尽的文档。如果你在一小时内提交了五次，那么你可以每小时更新五次文档，而且它总是准确的。纸质文档过程无法实现如此高的性能！

与同事共同努力，以确保至少有三四个人知道每次变更，这也能极大地促成满足各种合规性要求，即使这些知识不一定要写在源代码以外的地方。

在这里，你会看到这样的想法：能很好地掌握敏捷开发实践和原则（包括活文档和其他持续交付理念）的开发团队已经非常接近满足大多数合规性要求，甚至是像 ITIL 这样以繁重著称的需求。

请记住，敏捷实践通常不一定符合公司合规性准则的**实施细节**，这些细节往往充满烦琐的程序和文书工作。但是，敏捷实践经常会达到甚至超过合规机构旨在实现的更高层级的目标，这些目标都是为了降低风险和实现可追溯性。在开发团队或合规办公室中，无论敏捷与否，我们都希望降低风险、实现合理程度的可追溯性、质量可控以及在所有方面都有改进。你不必完全遵循 ITIL 指南 2000 页的无聊描述。你可以采用其他更有效而且仍能达到大多数高层级目标的替代做法。

因此，检查合规性文档要求，并且针对每一项要求，确认如何使用活文档方法（通常使用轻量级声明、知识增强和自动化）能满足要求。以完全不同方式管理的知识（例如，源代码控制系统、代码和测试中的知识），能轻松地生成基于公司模板的强制性正式文档。如果要求严格合规，

13

请回到更高层级的目标，并确认如何通过你的实践直接满足这个目标。只要真的有差距，你就有机会改进开发流程。最后，请确保你的轻量级流程时不时会被合规团队审查，这样你的团队就被授予了永久性的预先批准权限。

你会惊讶于自己的活文档竟然能达到或超过合规性期望。

13.9.1　案例研究：遵守 ITIL 合规性要求

Paul Reeves 在他精彩的博客文章"敏捷还是 ITIL"中写道：

> 通常，人们认为，在必须遵循规则和流程的高度面向流程的环境中，快速部署、持续部署、每日构建等都是行不通的。（通常，他们只是不喜欢别人的规则。）
>
> 嗯，这里的流程是为了确保一致性、负责、责任心、沟通、可追溯性等，当然流程也**可以**被设计成障碍。它也**可以**被设计成允许快速通过发布。抱怨流程或 ITIL 的人只是不成熟。他们可能还会抱怨天气。

我从实施持续交付的理念中获得的经验确实表明，将开发团队内部轻量级、敏捷、低周期时间的流程映射到外部更传统的、通常更慢而且依赖纸张的流程是可行的。与普遍看法相反，你的敏捷过程可能比按 ITIL 指南逐字逐句描述管理的其他项目更严格：一天几次构建，每次构建时，自动化流程可以产生大量功能性文档、广泛的测试结果和覆盖范围、安全性和可访问性检查、设计图表、发布说明（带有请求的功能在工具里的链接）和发布决策电子邮件的归档，这种流程很难被打败。

如果严格的程序很重要，使用自动化和强制性规范是确保它们能在减轻手动实施负担的同时遵守这些程序的最佳方法。对机器而言程序很好，但是对人而言则不然。正确的工具在保护开发团队的同时会移除所有需要手动操作的任务。但是，这看起来可能像是一个悖论，好工具仍然会让人清晰地看到质量期望无法得到满足（无论何时），从而吸引人们关注质量期望。有了这种保护性措施，每个团队成员都会在工作中了解质量期望，同时满足于始终从事生产工作。

13.9.2　ITIL 示例

通过查看表 13-1 和表 13-2，我们重点关注在 ITIL 概念框架下管理变更请求的示例。

表 13-1　变更管理请求

变更活动	敏捷实践中被遗忘的做法示例	文档介质示例
收集变更请求	用户故事或 bug，以及对描述、来源、请求者、日期、业务优先级和期望收益等的改进	贴在墙上的即时贴和跟踪工具（例如 Jira）
研究和影响	BDD、TDD、测试	所有活文档工件
决策	决策、决策者姓名、目标版本、日期	CAB 报告（将电子邮件作为 PDF 文档）
追踪	尚未开始、正在进行中、已完成、已分配	跟踪工具（例如 Jira）

表 13-2 发布管理

发布活动	敏捷实践示例	文档介质示例
内容	发布说明，带有指向相关变更的链接、日期、中断时间、测试策略、影响（业务、IT、基础架构、安全性）	工单系统（可能是一个包括了预先写好的文档和生成的发布说明的自动化工具）
影响	根据变更研究和从迭代演示中获得的反馈	活文档，归档为 PDF 文档
发布检查	自动化测试，包括对 SLA 的测试、在预生产环境中的部署测试、冒烟测试	CI 工具、部署工具结果、测试报告
批准	决策、决策者姓名、实际交付日期、目标版本、上市日期、决策日期、决策条件	电子邮件保存为 PDF 文档
部署成功	部署和部署后测试	部署工具和部署后测试报告
持续改进	回顾说明，包括姓名、行动计划、问题	wiki、电子邮件、白板上的图片

请注意，敏捷实践会将工作分解成尽可能小的任务。如果一次迭代里有数十个任务（每个任务仅需要几个小时），在跟踪工具里对每个任务进行跟踪是很不方便的。但是，这种粒度级别对于变更请求的管理并不是很重要。因此，你可能只能在工具中对几个任务一起进行跟踪。

本章的重点是让你真正认识到，实施活文档方法能满足或超过要求最严格的合规性期望，同时将额外的合规性工作减到最少。如果你处在合规性要求严格的环境中，这本身可能就是引入活文档的动力。

13.10　小结

要引入活文档，最好先秘密实验，让你树立信心去推广更大的、更引人注目的计划。首先，你可以决定使用本书中介绍过的一些模式，将令人头痛的传统文档迁移到更具生命力的等效文档中。

如果你需要预算或时间来推广你的工作，请记住，管理层通常关心的是如何保留知识。如果你所在的行业比较特殊，必须受监管或者必须遵循严格的合规性框架，并因此遭到反对，请记住，你可以在精神实质上（而不是字面上）满足甚至超过合规性要求。

13

第 14 章

为遗留应用程序编写文档

> 宇宙是由信息组成的，但是没有意义——意义是我们创造的。搜索意义就是在镜子中搜索。
>
> —— @KevlinHenney

这句话说明了遗留系统的情况：遗留系统里充满了知识，但是通常是加密的，而且我们已经丢失了密钥。没有测试，我们就无法对遗留系统的预期行为做出清晰的定义。没有一致的结构，我们就必须猜测它是如何设计的、为什么这么设计以及应该怎么演进。没有谨慎的命名，我们就必须猜测和推断变量、方法和类的含义，以及每段代码负责的任务。

简而言之，当系统的知识不易获得时，我们便称这种系统是"遗留系统"。它们体现了我们所谓的"文档破产"。

14.1 文档破产

遗留应用程序非常有价值，不能简单地将它们移除。完全重写大型遗留系统的大多数尝试最终会失败。遗留系统是富有组织才会有的问题，它们存活得够久，获得的利润也足够多，才能将一个系统养成了遗留系统。

不过，由于环境不断变更，遗留应用程序必须演进，从而会引发一些问题，因为对它们进行修改通常代价高昂。变更的高昂代价与许多问题（包括重复和缺乏自动化测试）以及知识丢失有关。任何变更都需要对代码库中的知识进行漫长而痛苦的逆向工程（包括大量的猜测），直到最后能改掉一行代码。

但是，一切都没有丢失。在以下内容中，你会看到一些活文档技术，这些技术特别适用于在遗留系统中或为遗留系统工作。

14.2 遗留应用程序就是知识化石

你之前已经看到，任何可以回答问题的内容都可以被看作文档。如果你可以使用一个应用程序来回答问题，那么这个应用程序就是文档的一部分。对于遗失需求说明的遗留系统而言，这非常重要——你必须通过使用它来了解其行为。

如果你要重写遗留系统的一部分，将遗留系统视为知识的来源可能会很方便，因为新系统可能会继承旧系统的部分重要行为。对于将要加入新系统的每个功能，它的说明可以借鉴旧系统。在实践中，召开需求说明研讨会时，你可以检查应用程序的行为从而获取新应用程序的灵感。

谬论："根据同样的说明重写"

重写遗留系统的一种常见失败模式是根据完全相同的说明重写遗留系统。如果不做任何变更，重写系统几乎没有意义。这么做只会带来很大的风险和浪费。除非遗留系统需要的硬件在市场上已经找不到了而且已经没有仿真器了，否则仅变更技术栈也不会是什么好主意。

即使从纯技术角度来看，重写软件也是一项成本高昂的工作，提高回报率的最佳方式是趁机重新考虑说明。很多功能不再有用，还有很多功能应该根据新的用法和环境做出调整。UI 及其 UX 必须进行大量修改，而且这些修改会对基础服务产生影响。你还希望新的应用程序更便宜，以便更频繁地交付，因此，你还想要自动化测试。如 BDD 建议的那样，如果你用明确的说明作为具体示例开始测试，测试会便宜一点。

我强烈建议你不要使用同样的说明重写遗留系统。重写系统的一小部分，将它看作一个从零开始的项目，并从遗留系统、正在运行的应用程序及其源代码中获得启发。

因此，在重写部分遗留系统的环境中，请将遗留系统当文档用，作为说明讨论的补充，而不是将其作为指定的说明。确保业务人员（例如领域专家、业务分析师或产品负责人）与团队紧密合作。不要陷入这个谬论：遗留系统本身提供了充足的描述来重建新系统。利用重写系统的机会挑战遗留系统的各个方面：功能范围、业务行为、构造为模块的方式，等等。从一开始就重新获得对知识的掌控，用具体的场景和清晰的设计来明确需求说明。

理想的配置是有一个完整的团队，团队中有所有需要的技能和角色，并采用 Three Amigos 理念：业务角度、开发角度和质量角度。

与那些完全从零开始的项目相比，能访问正在工作的遗留应用程序及其源代码是一个好处。这就像团队中多了一位专家一样，即使它是一位很老的（有时无关紧要的）专家。毕竟，遗留系统是长期以来很多人的决策拼凑而成的结果。它是一块"化石"。

当一个遗留系统能回答"这个功能多久用一次"这个问题时，就说明它是可用的。

考古学

> 软件源代码是我们拥有的最密集的沟通形式之一。但是，它仍然是一种人类沟通方式。重构为我们提供了一个非常强大的工具，可以帮助我们更好地理解别人写的代码。
>
> ——Chet Hendrickson，*Software Archeology: Understanding Large Systems*

当你问一些关于遗留代码库的问题时，键盘旁边应该放有一张纸和一支笔，以便随时用于做笔记和画图。你需要为手头的任务创建领域范围的按需地图。在研究代码并在运行时或在调试器中使用代码时，你需要写下输入、输出以及发现的所有影响。你需要记下读取或写入的内容，因为你最终关心的是它们的副作用。了解这个信息对于模拟或估计变更带来的影响也很重要。你应该画一幅草图，表达出每个功能与邻近功能之间的依赖关系。Michael Feathers 在《修改代码的艺术》一书中将这种技术称为**影响草图**。

在这个过程中，切记不要使用高科技工具，这样，在处理手头的任务时你就不会分散注意力。这个文档工作需要专注于某个特定的任务，因此现在无须将它变得整洁而正式。但是，完成这个任务后，你可以回顾笔记和草图，并选择一两个关键信息。这些信息要足够通用，会用到很多任务中。它们可以成为一个简洁的图表、一个新增部分或者现有文档的一个补充。你可以通过沉淀机制来扩充文档（请参见第 10 章）。

当然，你可能会碰到一些代码回答不了的问题。也许是代码比较晦涩难懂或者出人意料。在这种情况下，你需要帮助，最好向身边的同事求助，然后人与人之间的沟通自然就有了。遗留系统不仅仅是代码；wiki 上有各个年代的文档、幻灯片、旧博客文章和页面——当然，现在看来，它们都有某种程度的错误。

遗留环境还包括一些一开始就参与项目的人。以前的开发人员现在可能已经去了其他岗位，但是他们可能还能回答一些问题，尤其是多年前导致做出某些决策的背景这种问题。

14.3　气泡上下文

即使是在遗留系统中，你也希望尽可能在一个一切都美好又干净的理想环境中工作。如果你要构建一些功能，那么你可能会决定在一个新的空白气泡上下文中构建。实际上，它可以是一个新的特定模块、命名空间或项目，这意味着之后可以轻松地使用注解、命名约定和强制性规范为它编写文档。有了气泡上下文，你就可以在一个全新的项目中舒适而高效地从零开始编写软件。实际上，这个项目集成在一个更大的遗留环境中（请参见图 14-1）。

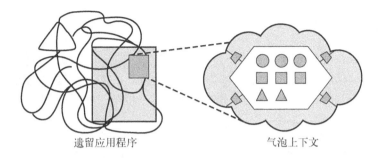

图 14-1　一个集成在混乱遗留系统里的空白气泡上下文

气泡上下文是遗留项目中一个从零开始的项目，因此它也是在有限功能区域内实践 TDD、BDD 和 DDD，从而交付大量相关业务价值的理想场所。

因此，如果你需要对遗留系统做大量修改，请考虑创建一个气泡上下文。气泡上下文定义了自己与系统其余部分之间的边界。在这些边界内部，你可以用不同的方式重新编写代码，例如采用测试驱动的开发方式。在气泡上下文中，你可以通过采用活文档方法对知识进行投入。相反，如果你确实需要部分遗留应用程序的完整文档，请考虑使用最新的测试、代码和文档实践，该部分系统重写为一个气泡上下文。

对气泡上下文中的代码寄予厚望是一个好的开始。它的架构和规范应作为一组强制性规范，通过自动化工具强制实施。例如，你可能希望禁止任何新的提交里直接引用（Java 的 import 或 C#的 using）弃用的组件。你可能要求并强制规定测试覆盖率高于 90%，不能有重大违规，代码复杂度最高为 2，以及每个方法最多包含五个参数。

在编码风格上再进一步，如果使用了气泡上下文，你可以声明针对整个气泡的严格要求，例如使用包级注解，如下所示：

```
1  @BubbleContext(ProjectName = "Invest3.0")
2  @Immutable
3  @Null-Free
4  @Side-Effect-Free
5  package acme.bigsystem.investmentallocation
6
7  package acme.bigsystem.investmentallocation.domain
8  package acme.bigsystem.investmentallocation.infra
```

上述代码中的第一个注解只是声明这个模块（Java 包或 C#的命名空间）是一个名为 Invest3.0 的项目对应的气泡上下文的根。其他注解记录了这个模块中期望的编码风格：偏向不可变性，而且避免有空值和副作用。然后可以通过结对编程或代码审查来强制实施这些编码风格。

气泡上下文由 Eric Evans 于 2013 年引入。它是重写部分遗留系统的完美技术，就像 Martin Fowler 的绞杀者模式一样。后者的思想是重建一个一致的功能区域，然后逐步取代旧系统。

14.4　叠加结构

特别是创建集成在较大的遗留应用程序中的气泡上下文时，定义新旧系统之间的边界很难。甚至只是对它进行清晰的讨论都很困难，因为很难讨论遗留系统。你可能期望看到一个简单而清晰的结构，但实际看到的是一个庞大的、非结构化的、乱糟糟的东西（见图 14-2）。

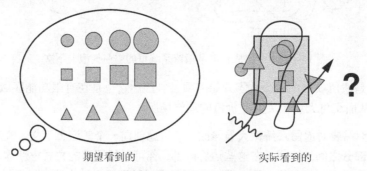

期望看到的　　　　　　　　　实际看到的

图 14-2　心理期望与实际情况

即使系统有结构，这个结构通常也是随意的，而且它带给你的误导可能比帮助还要大（见图 14-3）。

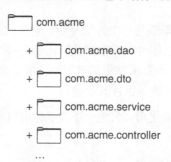

图 14-3　典型的项目结构

对于遗留代码，你通常需要付出很多努力才能使它可测试。测试后你才能做出变更，但这还不够。要进行变更，你还需要在大脑中重构一个遗留应用程序的思维模型。它可以针对一个功能中的局部，也可以像完整的业务行为加完整的技术架构一样大。

为了更好地理解遗留系统的行为，你需要阅读代码、采访以前的开发人员，并修复 bug。同时，你需要动脑筋去理解你看到的信息。结果就是你的头脑中有了一个结构，它是对现有应用程序的**投影**。由于现有应用程序没有显示出这个结构，因此你可以将新的清晰的结构叠加到现有应用程序上。

因此，在创建气泡上下文、添加功能或修复遗留系统中一个很难的 bug 时，请创建这个遗留系统的思维模型。阅读遗留代码时，这个模型不必是可见的。这个新结构只是对旧系统的一种投影，是一种虚构。使用任何形式的文档来记录这个构想，将来讨论或决策时，它就会成为你所用语言的一部分。

这种新结构是一种幻觉（即一种构想），它不能从当前构建的系统中直接提取出来。你可以将它看成系统**应该如何构建**和**实际如何构建**的对比描述，因为回顾时所有人都对系统有了更好的理解。

你可以将新模型叠加到遗留系统上方，用一张简单的草图向所有相关人员展示。显示新结构与当前状态的关系是可取的，但是鉴于当前系统的结构可能完全不同，如果你想要一些新模型的细节，可能很难做到。你可以花时间将它制作成一个合适的幻灯片，在路演期间展示给所有干系人看。你也可以决定将它写入代码，让它更清楚，并为进一步的转换做好准备。

以下是一些叠加在遗留系统上的思维模型示例。

❏ **业务管道**：这种业务角度类似于销售人员的标准销售漏斗。它将系统看作一个阶段管道，其中的阶段以它们在一个典型用户旅程中出现的顺序排列：访问者找到目录（目录阶段），将商品添加到购物车（购物车阶段），审核订单（订单准备阶段），付款（付款阶段），收到确认信息和产品，并在出现问题时获得售后服务。这个模型假定每个阶段的体量都大量减小，这对于从技术角度和操作角度设计每个阶段都是一个很好的见解。

❏ **主要业务资产，就像在资产捕获中一样（Martin Fowler）**：这个角度着眼于业务领域的两到三个主要资产，例如电子商务系统中的客户和产品。每个资产都可以看作一个维度，它本身可以分为多个部分，例如客户部分和产品部分。

❏ **领域和子领域，或者限界上下文（Eric Evans）**：这种角度要求在 DDD 和整个业务领域方面都有一定的成熟度，但是它也有最大的优势。

❏ **责任层级**：从业务角度来看，存在操作、战术和战略层级。Eric Evans 在《领域驱动设计》一书中提到了这一点。

❏ **这些视图的混合**：例如，你可能考虑三个维度（客户、产品和处理过程），每个维度都细分为阶段、客户部分和产品部分。你也可以从左到右混合使用业务管道，并从下到上混合使用操作、战术和战略层级。

无论叠加的结构如何，一旦有了它，讨论这个系统就会简单很多。例如，你可以建议"重写付款阶段的所有内容，将可以下载的产品作为第一阶段"。或者你可能会决定"仅为 B2B 客户重写目录部分"。当你有了一个叠加的结构后，沟通就更高效了。

但是，团队中的每个成员会以他们理解的方式来解释这些句子。因此，使叠加结构更清晰是有用的。

14.5　突出结构

叠加结构可以链接到现有代码。如果运气好的话，叠加结构与代码的现有结构之间的映射就是大量混乱的一对一关系。如果你不走运，这可能就是一个不可能完成的任务。

你可以在每个元素上添加叠加结构的固有信息。例如，图 14-4 中所示的一个 DTO 是计费领域的一部分，另一个是目录领域的一部分，等等。

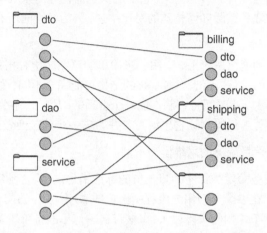

图 14-4　技术结构和业务驱动结构之间的映射示例

为了使新结构清晰可见，你可以在类、接口、方法，甚至模块或项目级文件上使用注解。为了对它们进行分组，一些 IDE 还提供了方法来标记文件，但是这取决于 IDE，而且这些标记通常不存储在文件本身中。在以下示例中，你会用注解标记每个模块里的类，以表示它们所涉及的子领域：

```
1  module DTO
2    OrderDTO @ShoppingCart
3    BAddressDTO @Billing
4    ProductDTO @Catalog
5    ShippingCostDTO @Billing
```

这将为下一步做准备：将处理计费的类移到同一个计费模块中。但是即使在执行这个操作之前，如果你通过@Billing 注解进行搜索，你的代码仍有一种显示了业务领域的显式结构：

```
1  module Billing
2    BillingAddressDTO // 重命名，用于修复缩写问题
3    ShippingCostDTO
4    ShippingCostConfiguration
5    ShippingCost @Service
```

叠加结构最终应该成为系统的主要结构而不再是叠加结构。不幸的是，在很多情况下，这永远不会发生，因为你可能永远达不到“最终状态”。但是，这种方法仍然很有价值，因为它同时可以交付宝贵的业务价值。即使遗留代码的结构很糟糕，只要你使用更好的结构对它进行推理，也会通过做出更好的决策而从中受益。

14.6 外部注解

有时候我们不想仅仅为了添加一些知识而去动一个脆弱的系统。有时只是为了添加一些额外的注解而去修改并在大型代码库中提交是很难的。你不想冒险引入随机回归。你不想动提交历史记录。构建可能很难，所以除非绝对必要，否则你不想构建它。或者，你的老板可能根本不允许你"仅仅为了文档"而修改代码。

在这种情况下，你仍有可能应用大多数活文档技术，只是那些固有文档技术（例如注解、命名约定）必须由外部文档替代。例如，你可能需要一个会将包名称映射到标签的文本文件：

```
1 acme.phoenix.core = DomainModel FleetManagement
2 acme.phoenix.allocation = DomainModel Dispatching
3 acme.phoenix.spring = Infrastructure Dispatching
4 ...
```

有了这种文档，你就可以构建工具，解析源代码并利用这些外部注解，就像它们利用常规内部注解一样（参见图 14-5）。

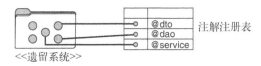

图 14-5　使用注册表，这样就不用动代码了

这种方法的问题在于它是一种外部文档，因此遗留系统的变更很容易影响它。例如，如果你在遗留系统里重命名了一个包，就必须更新相关的外部注解。

14.7　可降解的转化

当一个临时过程完成后，它的文档应该随之消失。许多改造遗留系统的宏大计划都涉及系统从一个状态到另一个状态的转化。这样的转化可能需要很多年，并且可能永远无法真正达到最终状态。但是，你要向所有团队解释这种转化，而且应该将其作为活文档的一部分，供大家查看。

14.7.1　示例：绞杀者应用程序

假设你正在构建一个绞杀者应用程序，你希望随着时间的推移它会替换旧的应用程序。这个绞杀者应用程序可能会存在于它自己的气泡上下文中。你可以将这个气泡上下文注解为绞杀者应用程序。但是，它作为绞杀者应用程序的状态是暂时的，并不一定是新的应用程序所固有的；当它成功地绞杀了旧的应用程序后，就会成为名义上的应用程序，此时这个注解就变得毫无意义了。因此，这个绞杀者应用程序策略就是**可降解的转化**。

同时，每位开发人员都需要知道他们要使用新的绞杀者应用程序，而不是那个正在被绞杀的应用程序。因此，你需要在被绞杀的应用程序中添加一个 StrangledBy ("new bubble context

14

application")注解，来说明这个程序正在被绞杀（见图 14-6）。当可以放心删除它时，这个注解也会随之消失。

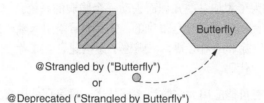

图 14-6   注解说明一个应用程序正在被另一个应用程序绞杀

当然，你仍然可以将新应用程序标记为 StranglerApplication。但是，当绞杀完成时，你必须删除这个标记。如果这个绞杀过程一直没完成，它就是一个提示，暗示这是一个没完成的计划。

14.7.2   示例：破产

有一些遗留应用程序非常脆弱，当你想要修改它们时，它们随时可能崩溃，然后你需要花数周时间来使它重新稳定。当你意识到这一点时，可能会决定正式声明这类应用程序“破产”，这意味着所有人都不应该修改它们。

在大型遗留系统中，如果有新的应用程序在绞杀旧的应用程序，你不会想同时维护两个应用程序，因此你也可以将旧的应用程序标记为 frozen（冻结）或 bankrupt（破产）。你可以用很多方法将应用程序标记为破产。

- 在包上使用注解或者在 AssemblyConfig 文件中使用属性。
- 使用 BANKRUPTCY.txt 文件来说明你需要了解和需要做（或者要避免做）的事情。
- 取消所有人的提交权限，如果有人试图提交并询问为什么不能提交，趁机告诉他们这个程序已经破产了。
- 一个不太推荐的选择是，监视所有的提交，并在破产的应用程序被修改时发出警报。

14.8   商定标语

很多有共同目标的人会对遗留系统做出重大修改。你可以使用标语来共享愿景，就像《软件再造：面向对象的软件再工程模式》一书建议的那样。

当有了遗留系统转化策略时，你需要确保每个人都知道这个策略。你可能已经创建了一个叠加结构，还可能已经在项目代码中注解了气泡上下文。但是，在需要与所有人共享的所有信息中，有几个关键决策是你确实希望每个人都始终牢记的。在这种情况下，使用标语就是一个有力的解决方案，而且这些标语已经存在很多年了。

因此，创作一些标语，将最关键的知识传播给所有人。经常重复这些标语来宣传它们。使它们押韵来增强效果。

如果你的项目仅是为了重写大型遗留系统的一部分，你又只想重写那些对当前绝对有用的部分（即计费引擎），而不想重写其他部分，你可以使用这样的标语："一次一个工作站点（计费引擎）。"这已经成了我在大型遗留系统项目中最喜欢的标语之一。它是为了提醒大家在项目里工作时不要分心，他们只需要关注主要"工作站点"就可以了。

> "入乡随俗"对应了这个"单个工作站点"的标语。换句话说，如果你碰巧走出了这个主要工作站点，就不要进行创新或做太多改变，即使你不喜欢，也要尽量按局部风格做最小的修改。处理不会被重写的遗留代码时，要保守。

Gilles Philippart 提出的另一个针对遗留系统的标语极为有力："不要投喂怪物！（不要改进这个遗留的'大泥球'，否则只会让它活得更久）。"

我发现标语是一种有价值的文档形式。重要的是只要觉得合适就经常重复它们，最好是每天至少重复一次。标语的格式就是为了让你坚持使用，而这可能就是你想要尝试一下的原因。标语还有助于分享团队回顾时达成共识的结论。

14.9　强制执行的遗留规则

可能遗留系统转化还没完成，执行转化的人就已经离开了。自动强制执行重大决策来保护这种转化。

假设在一个遗留应用程序中，你已经决定，除了某个特定的地方外，其他部分都不应该再调用某个方法。例如，你可能已经决定将一个可读可写的遗留应用程序转变成**遗留读取模型**，该模型不应接受任何更新请求，除非这个请求来自负责将这个读取模型与其他权威模型同步的侦听器。这个设计决策可以在决策日志中声明：

> 这个模型是一个读取模型。因此，它是只读的。除非将权威写入模型发送的事件同步到这个读取模型的侦听器，否则请勿调用这个 Save 方法。

你可能会加上以下依据：

> 事实证明，这个遗留系统已经无法维护了，因此我们不想在这个系统中再做任何开发。这就是我们要构建另一个系统来替代它的原因。但是因为它与那么多外部系统集成，所以我们一次只能删除一部分。这就是我们决定为了集成而将这个旧系统保留为遗留读取模型的原因。

你也可以直接在代码中记录这个内容。

❏ 使用自定义注解@LegacyReadModel 标记设计决策，并包括消息和依据。

14

❑ 将方法标记为@Deprecated。

但是，在一个遗留系统中工作也意味着可能有一些旧的团队，有些可能是远程工作或在其他部门工作，你永远无法确保他们会看你的文档或电子邮件，也无法确保他们会注意到你在每日站会中提到的设计决策。而且你知道，如果某些开发人员不遵守设计决策，事情就糟糕了。由于数据管理策略不一致，你会遇到 bug 并要为额外的意外复杂度付出代价。

我的同事 Igor Lovich 想出了一种简单的方法：将这种决策记录为强制执行的规范。假设你按以下方式表达设计决策：

> 除非你在负责同步的一两个类的白名单中，否则切勿调用这种弃用的方法。

这是一个自定义设计规则，在运行时可能与其他代码一起强制执行。

❑ 在方法中捕获栈跟踪，以找出调用者，并确保它是允许的代码段（例如，在 try-catch 中抛出异常并在 Java 中提取其栈跟踪）。
❑ 检查栈跟踪中至少有一个调用者在被允许的调用者方法的白名单中。
❑ 如果要在某些环境（但不是全部环境）中快速失败，检查一下 Java 的 assert。
❑ 当检查失败时，以触发特定后续操作的方式记录日志。（如果它被处理掉了，那么它实际上就是一个缺陷。）

此外，通过禁止提交到代码库的特定区域，你可以将标语"不要投喂怪物！（不要改进遗留系统）"纳入强制执行的遗留系统规则中。还可以在这种区域完成提交时发出警告。人们往往会错过或忽略冗长的解释，而这种强制执行要简单而有效得多。

实际上，遗留系统使一切变得比预期更复杂。提出一些相对"不太差"的解决方案需要勇气和一些创造力！

14.10　小结

遗留系统对活文档方法提出了广泛的挑战。关于遗留系统的代码和代码的知识，我们是比较悲观的。这些知识大多已经在那里了，但是被"石化"了，所以你觉得无法理解，需要使用一些专门的技术使其能再次被理解，例如使用叠加结构和突出结构。如果代码太脆弱或无法合理修改，你必须退而使用外部注解。

因为一般只有在迁移时才会关注遗留系统，所以这意味着要进行重大修改（添加和删除几个完整的部分）。所有这些修改都是由很多人在较长的时间段内完成的：它需要可降解的文档方法，这种文档会随着代码一起删除。然后，除了在工件中实现的知识之外，你还需要一种方法让大家用同样的方式处理问题，例如通过共享标语。显然，你还需要很大的勇气！